中文全彩铂金版

Animate CC 动画设计案例教程

赵一丽　衷文　封绪荣 / 主编
岳夏梦　汤凡　吴亚陆 / 副主编

中国青年出版社

图书在版编目（CIP）数据

Animate CC中文全彩铂金版动画设计案例教程 / 赵一丽，衷文，封绪荣主编. 一 北京：中国青年出版社，2018.6（2024.8重印）

ISBN 978-7-5153-5059-2

I.①A… II.①赵… ②衷… ③封… III. ①超文本标记语言一程序设计一教材 IV. ①TP312.8

中国版本图书馆CIP数据核字（2018）第044085号

Animate CC中文全彩铂金版动画设计案例教程

主　　编：赵一丽　衷文　封绪荣
副 主 编：岳夏梦　汤凡　吴亚陆

编辑制作：北京中青雄狮数码传媒科技有限公司
责任编辑：张军
策划编辑：张鹏
出版发行：中国青年出版社
社　　址：北京市东城区东四十二条21号
网　　址：www.cyp.com.cn
电　　话：010-59231565
传　　真：010-59231381

印　　刷：北京瑞禾彩色印刷有限公司
规　　格：787mm×1092mm　1/16
印　　张：12.5
字　　数：318千字
版　　次：2018年6月北京第1版
印　　次：2024年8月第6次印刷
书　　号：ISBN 978-7-5153-5059-2
定　　价：69.90元（附赠1DVD，含语音视频教学+案例素材文件+PPT电子课件+海量实用资源）

如有印装质量问题，请与本社联系调换
电话：010-59231565
读者来信：reader@cypmedia.com
投稿邮箱：author@cypmedia.com

Preface 前言

首先，感谢您选择并阅读本书。

软件简介

在计算机信息技术飞速发展的今天，由于多媒体、互联网以及移动通信等技术的普及应用，彻底改变了人类传统的工作、学习、生活和思维方式。信息技术的不断推陈出新，应用领域的不断普及，迫使我们要不断学习，与时俱进。

Adobe Animate CC 2017是著名影像处理软件公司Adobe最新推出的二维动画制作软件，其前身是Adobe Flash Professional CC。Animate CC在维持原有Flash开发工具支持外，新增HTML 5创作工具为网页开发者提供更适应现有网页应用的音频、图片、视频、动画等创作支持。本书旨在使读者快速掌握Animate CC软件的应用，并创作出所需的动画作品。

内容提要

本书以功能讲解+实战练习的形式，系统全面地讲解了Animate CC动画制作的基础知识和综合应用。

基础知识部分在介绍Animate CC的各个功能时，会根据所介绍功能的重要程度和使用频率，以具体案例的形式，拓展读者对软件的实际操作能力。每章内容学习完成后，还会以“上机实训”的形式对本章所学内容进行综合练习，使读者可以快速熟悉软件功能和设计思路。

综合案例部分，根据Animate CC软件的应用热点并结合实际工作中的具体应用，有针对性地精心挑选了供读者学习的案例。通过这些实用性案例的学习，使读者真正达到学以致用的目的。

为了帮助读者更加直观地学习本书，随书附赠的光盘不但包括了书中全部案例的素材文件，方便读者更高效地学习，还配备了所有案例的多媒体有声视频教学录像，详细地展示了各个案例效果的实现过程，扫除初学者对新软件的陌生感。

适用读者群体

本书面向动画制作的初中级用户和各类网页设计人员，也可作为相关专业大、专院校师生或社会培训班的教材。对于初次接触Animate CC的读者而言，本书是一本很好的启蒙教材和实用工具书。对于已经使用过Flash早期版本的网页创作高手来说，本书也可为他们尽快掌握Animate CC 2017的各项新功能助上一臂之力。

本书在写作过程中力求谨慎，但因时间和精力有限，不足之处在所难免，敬请广大读者批评指正。

编　者

Contents 目录

第一部分 基础知识篇

第1章 初识Animate CC

第2章 图形的绘制与编辑

第3章 对象的编辑与修饰

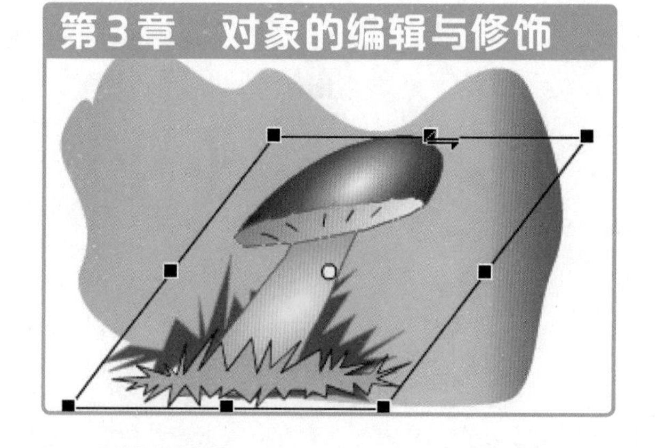

第4章 文本的应用

冰淇淋

第5章 元件与库的应用

第6章 基础动画的制作

第7章 图层与高级动画应用

第8章 外部素材的应用

第二部分 综合案例篇

第9章 制作新年电子贺卡

第10章 制作Banner动画

第11章 制作MG动画

第一部分

基础知识篇

基础知识部分主要对Animate软件的各知识点的概念和功能应用进行全面地介绍，其中包括软件的工作界面、图形的绘制、图形的编辑操作、文字的应用、元件和库的应用以及动画的制作等。本书采用理论结合实战的方式，让读者充分理解和掌握软件的各种功能。通过基础知识的学习，为后续综合案例的学习奠定良好的基础。

第1章 初识Animate CC

本章概述

本章主要对Animate CC 2017的基本应用进行介绍，包括Animate CC软件的启动与退出、工作界面介绍、文件操作等。掌握本章所学的知识，将为后续图像的编辑和动画的制作打下良好基础。

核心知识点

❶ 了解Animate CC的功能概述
❷ 熟悉Animate CC软件的启动与退出
❸ 掌握Animate CC工作界面的组成
❹ 掌握Animate CC文件的基本操作

1.1 Animate CC概述

在介绍Animate CC软件之前，我们先来了解Flash软件的相关知识，Flash的前身是Future Wave公司的Future Splash，是世界上第一款商用二维矢量动画编辑软件。1996年底，Macromedia公司收购了Future Wave，并改名为Flash。后Flash又于2005年12月被Adobe公司收购。

对于Flash软件相信很多用户都不会感到陌生，这是一款功能十分强大的二维动画制作软件。2015年底Adobe公司宣布将Flash Professional更名为Adobe Animate CC，并加入对HTML 5的支持。Animate CC是用于动画创作与应用程序开发的软件，使用Animate CC制作的动画不仅占用计算机存储空间小，而且动画品质高，不管怎么放大或缩小，图像都清晰可见。

1.2 Animate CC的启动与退出

在学习使用Animate CC进行图形图像处理和动画制作前，首先需要掌握如何启动与退出该软件。

1.2.1 Animate CC的启动

启动Animate CC的方法有多种，除了常用的双击桌面快捷图标外，用户还可以通过单击桌面左下角的开始按钮，在打开的菜单列表中选择Adobe Animate CC 2017选项来启动该程序，如下左图所示。

此外，用户还可以在开始菜单列表中选择Adobe Animate CC 2017选项并右击，在弹出的快捷菜单中选择“固定到‘开始’屏幕”命令，如下右图所示。即可将Animate软件启动图标固定到开始屏幕，直接单击开始按钮，选择Adobe Animate CC 2017软件图标，即可启动软件。

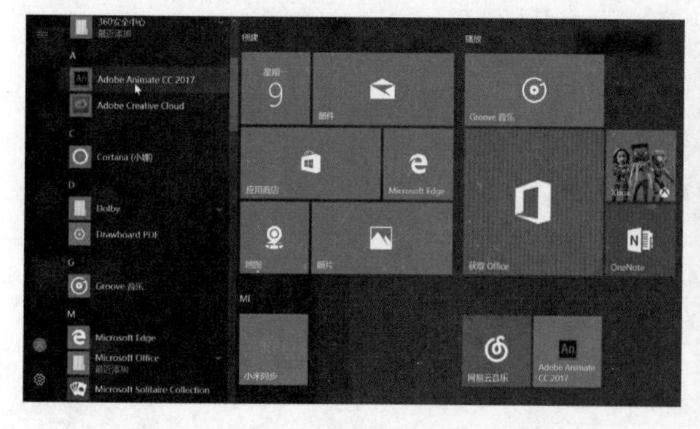

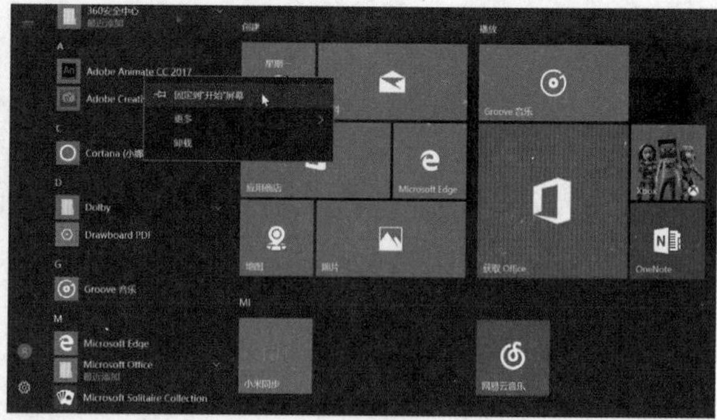

1.2.2 Animate CC的退出

如果需要退出Animate CC应用程序，用户可以直接单击操作界面右上角的“关闭”按钮，如下左图所示。或者在菜单栏中执行“文件>退出”命令，如下右图所示。

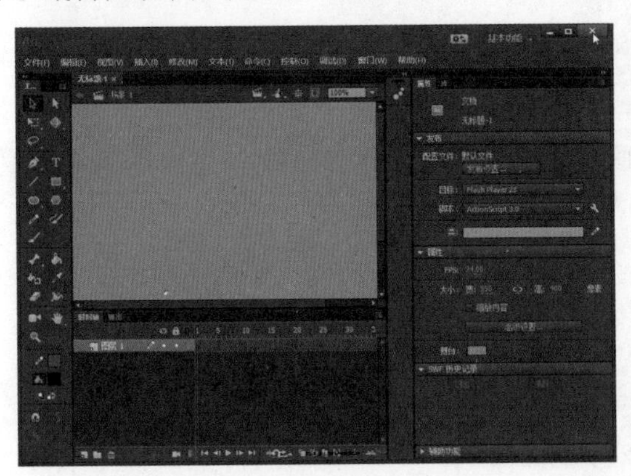

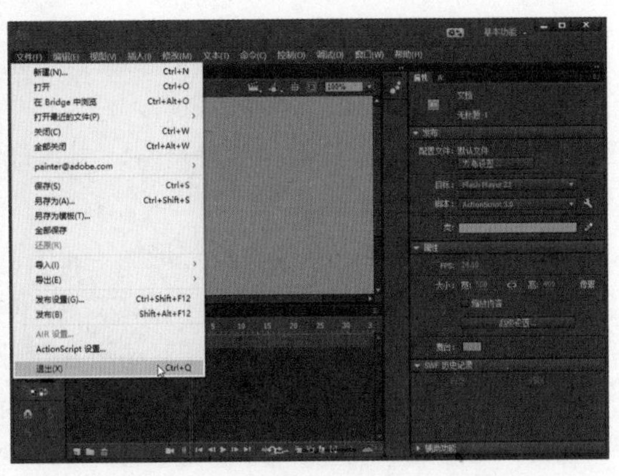

1.3 Animate CC的工作界面

启动 Animate CC 2017应用程序后，可以看到其工作界面由菜单栏、场景舞台、“时间轴”面板、工具箱、“属性”面板、浮动面板等组成，如下图所示。

1.3.1 菜单栏

菜单栏中的各菜单选项提供了图形处理和动画编辑的主要功能，选择相应的菜单选项后，在打开的菜单列表中有的命令包含向右箭头，把光标移至该命令上，可以自动弹出相应的子菜单列表。

菜单栏包括“文件”“编辑”“视图”“插入”“修改”“文本”“命令”“控制”“调试”“窗口”和“帮助”菜单，如下图所示。

文件(F) 编辑(E) 视图(V) 插入(I) 修改(M) 文本(T) 命令(C) 控制(O) 调试(D) 窗口(W) 帮助(H)

下面介绍各菜单的含义。

- **文件**：该菜单包含了最常用的文件操作命令，如文件的“新建”“保存”“导入”和“导出”等。
- **编辑**：该菜单主要包括文档的“复制”“粘贴”“撤销”“重做”“全选”“时间轴”和“编辑元件”等命令。
- **视图**：该菜单包括设置舞台属性的命令，如“放大”“缩小”“缩放比率”等命令。同时还有“标尺”“网格”“辅助线”等辅助功能。
- **插入**：该菜单主要包括“新建元件”“补间动画”“补间形状”“传统补间”“时间轴”和“场景”等命令。
- **修改**：该菜单主要提供对动画“形状”“位图”“元件”等属性进行修改的命令。
- **文本**：该菜单中的命令主要用于对文本的字体、大小和样式进行设置。
- **控制**：该菜单中的命令主要用于对动画进行测试和播放。
- **调试**：该菜单主要提供对ActionScript脚本语言进行调试的命令。
- **窗口**：在该菜单中选择相应的命令后，将打开对应的面板。
- **帮助**：该菜单提供了文档的帮助功能及在线帮助支持。

1.3.2 工具箱

工具箱中集合了Animate CC的大部分工具，每个按钮都代表一个工具，有些工具按钮的右下角显示黑色的小三角标识，表示该工具下包含了相关系列的隐藏工具，单击该工具按钮，即可打开隐藏的工具列表，直接选择所需工具，如下图所示。

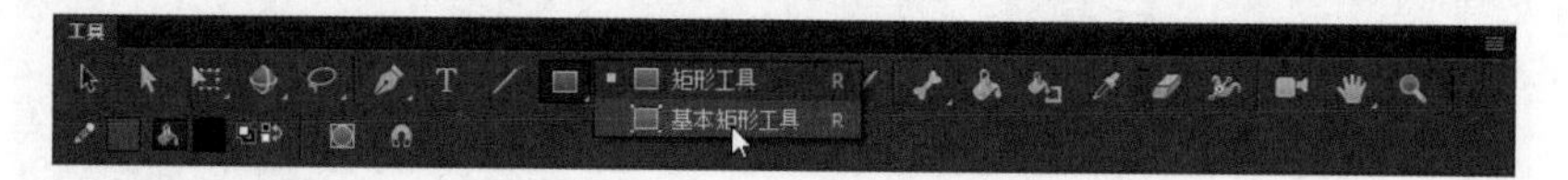

1.3.3 “时间轴”面板

Animate CC中的“时间轴”面板主要用于组织和控制在一定时间内的图层和帧中的文件内容。像播放视频或影片一样，Animate CC文档也可以将动画划分为多个帧，图层就像是堆叠在一起的多张幻灯片，每一帧都包含一个不同的图层并显示在舞台中。在“时间轴”面板的左侧显示图层，如下图所示。

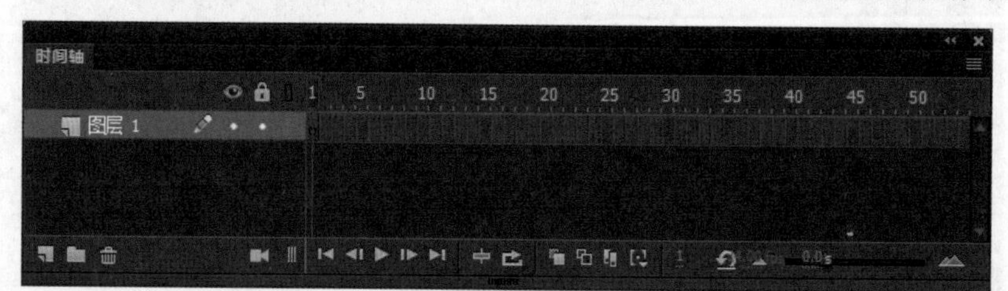

> **提示：在“时间轴”面板中显示当前帧的信息**
>
> 默认情况下，在“时间轴”面板底部显示的时间轴状态指示所选的帧编号、当前帧频及到当前帧为止的播放时间等信息。

1.3.4 场景和舞台

场景是由图层组成的，图层是由帧组成的，而帧又是由各种对象或元件组成。为了满足大量图片项目，场景可以是一个也可以是多个。单击“场景”面板底部的“添加场景”“重制场景”和“删除场景”按钮，可以进行场景的添加、复制及删除操作，如下图所示。

舞台是新建Animate CC文档时，用于放置图形内容的矩形区域。创作环境中的舞台相当于Animate Player 或是Web浏览器窗口中播放期间显示文档的矩形空间。黑色轮廓表示舞台的轮廓视图，要在工作时更改舞台的视图，可以使用放大和缩小功能。若要在舞台上定位项目，可以使用网格、辅助线和标尺。

1. 设置舞台的大小

在“属性”面板中勾选“缩放内容”复选框，可以根据舞台大小缩放舞台上的内容，如果调整舞台大小，其中的内容会随舞台等比例调整大小，如下图所示。

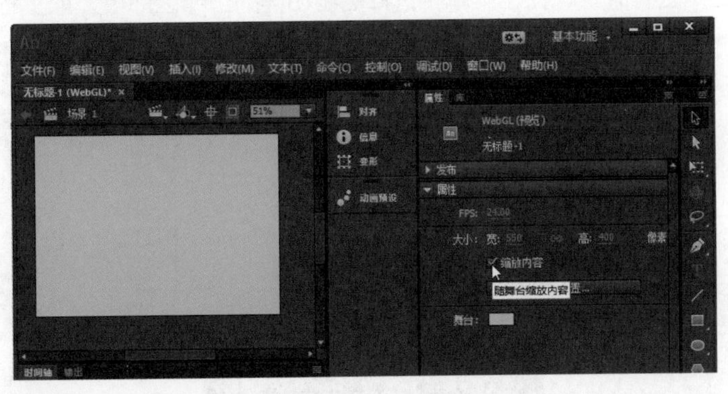

2. 设置粘贴板颜色

粘贴板上的颜色是可以根据用户界面主题固定的，在Animate CC 2017中，粘贴的颜色可以与舞台的颜色相同，该功能可以让用户使用一个没有边界的画布。勾选“应用于粘贴板”复选框前后的对比效果如下图所示。

提示：设置粘贴板颜色输出时显示的内容

为粘贴板设置和舞台相同的颜色时，注意一定要在舞台中绘制作品，因为执行输出作品操作时只显示舞台中的内容。

1.3.5 绘图工作区

绘图工作区是用于图像的编辑功能，对象产生的变化会同时自动反映到绘图窗口中。用户可以使用各种窗口元素，如菜单栏、面板及窗口等来创建和处理文档文件，这些窗口元素的任何排列方式都为工作区。不同于工作流程的工作区具有不同的组成部分，用户可以根据需要在各个工作区之间轻松切换，也可以自定义创建所需要的工作区，以适应自己的工作方式。

1. 新建工作区

通过将界面的当前大小和位置存储为工作区后，即使移动或是关闭当前界面后，用户还可以恢复该工作区。已存储工作区的名称会出现在应用程序上的工作切换器中。

首先选择“窗口>工作区>新建工作区”命令，打开“新建工作区”对话框，输入新建工作区的名称并单击“确定”按钮，即可完成工作区的创建。

2. 显示或切换工作区

如果需要显示已经创建的工作区或从当前工作区切换至其他工作区，都可以在“窗口>工作区”子列表中选择，下面介绍具体操作方法。

步骤 01 打开Animate CC软件，执行“窗口>工作区>新建工作区”命令，如下左图所示。

步骤 02 打开“新建工作区”对话框，在“名称”文本框中输入新工作区名称，如下中图所示。

步骤 03 执行“窗口>工作区”命令，在子菜单中选择需要切换的工作区即可，如下右图所示。

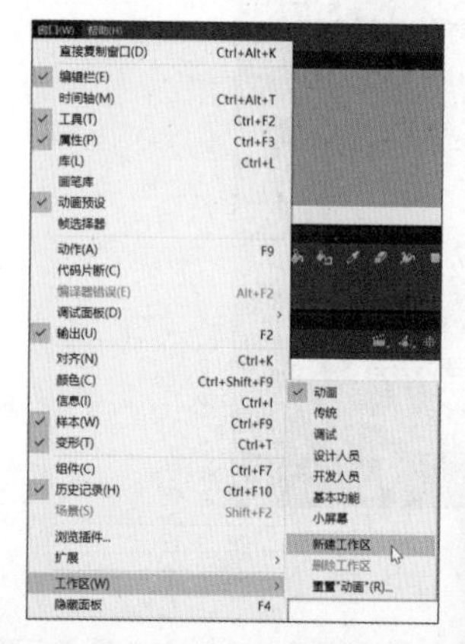

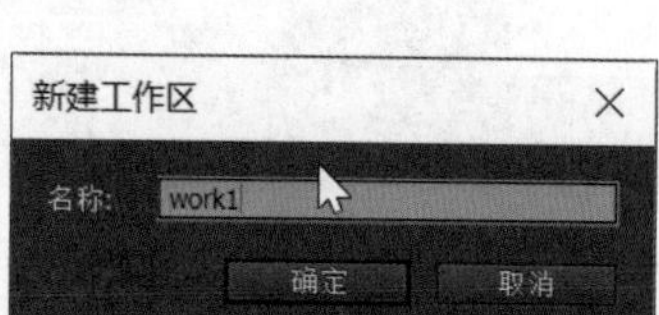

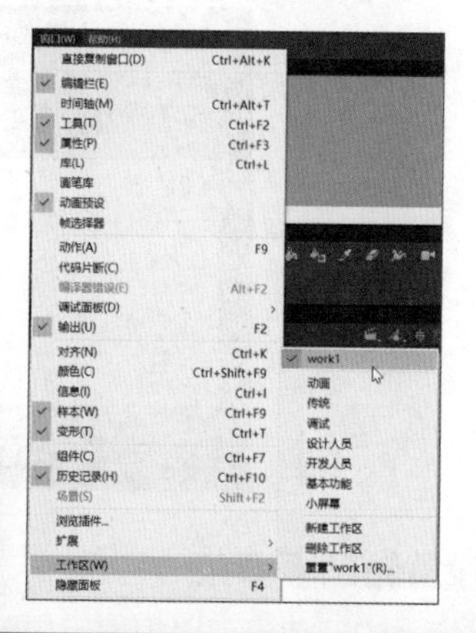

提示：工作区名称的唯一性

在“新建工作区”对话框中输入工作区名称时，若工作区名称已经存在了，会打开右图所示的对话框。单击“确定”按钮，替换已存在的工作区；单击“取消”按钮，可以重新命名工作区名称。

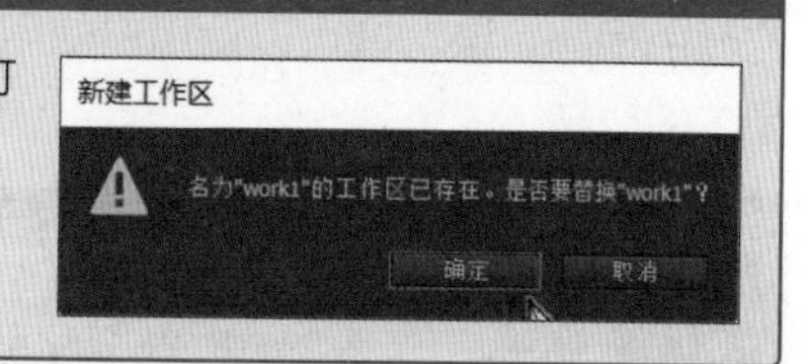

3. 删除工作区

若需要删除工作区，则执行“窗口>工作区>删除工作区”命令，即可删除当前使用的活动工作区。

4. 恢复默认工作区

要恢复默认已存在的工作区，则执行“窗口>工作区>重置工作区”命令即可。

1.3.6 “属性”面板

“属性”面板是Animate CC中功能最为丰富的面板，是一种动态面板，随着用户在舞台中选取对象的不同或在工具箱面板中选用工具的不同，会自动发生变换，以显示不同对象或工具的属性。

用户新建文档后，在“属性”面板中将显示Animate CC文档的属性，如长度、宽度、舞台中的背景颜色等，如下左图所示。选中工具箱的任意工具后，“属性”面板内的参数会随之变化，下右图为选择线条工具后的相关参数。

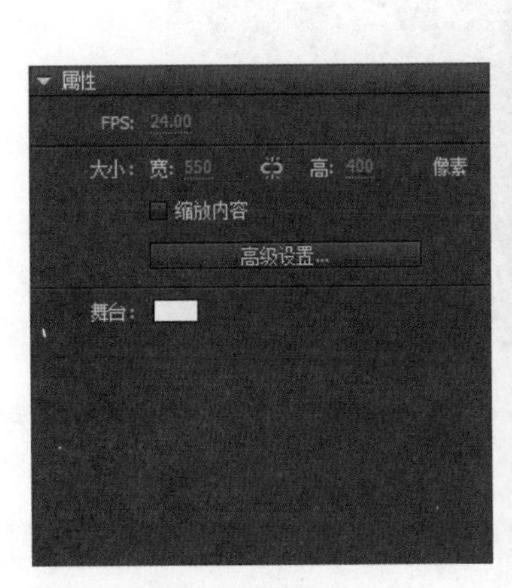

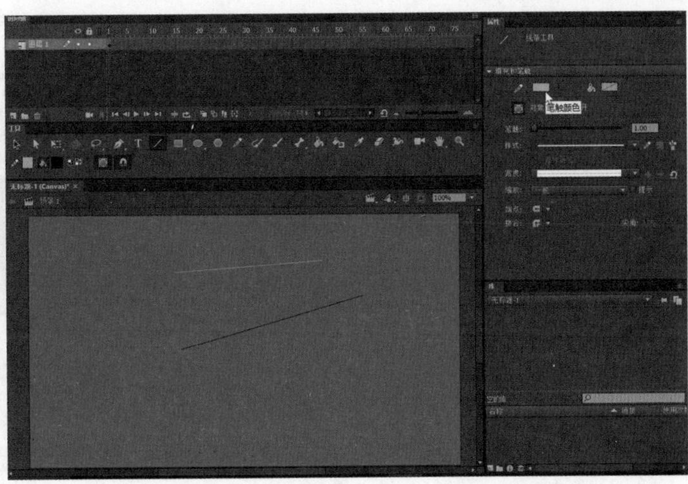

1.3.7 浮动面板

Animate CC的浮动面板包括“库”面板、“颜色”面板、“对齐”面板等，“属性”面板其实也是浮动面板。用户可以在“窗口”菜单列表中选择相应的命令来显示或隐藏对应的面板。浮动面板可以在窗口中任意位置显示。

Animate CC的浮动面板有助于查看、组织和更改文档中的元素。面板上的可用选项控制着元件、实例、颜色、类型、帧和其他元素特征。常见的浮动面板如下图所示。

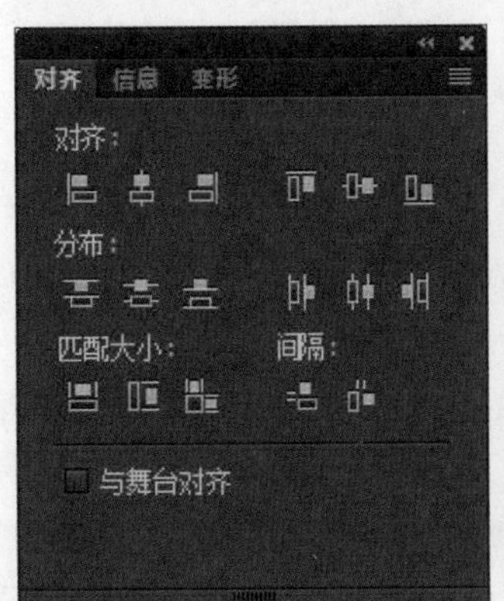

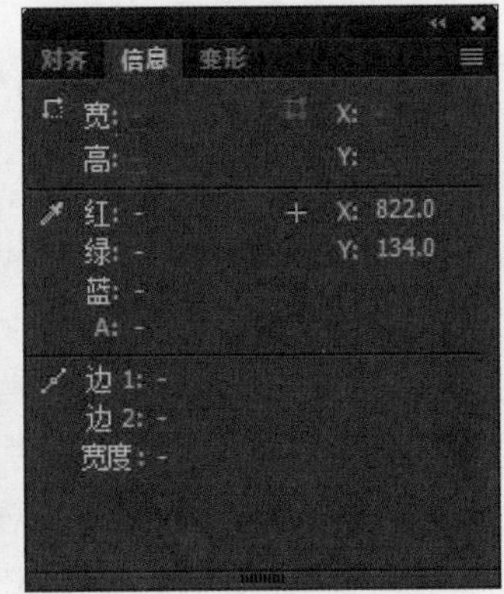

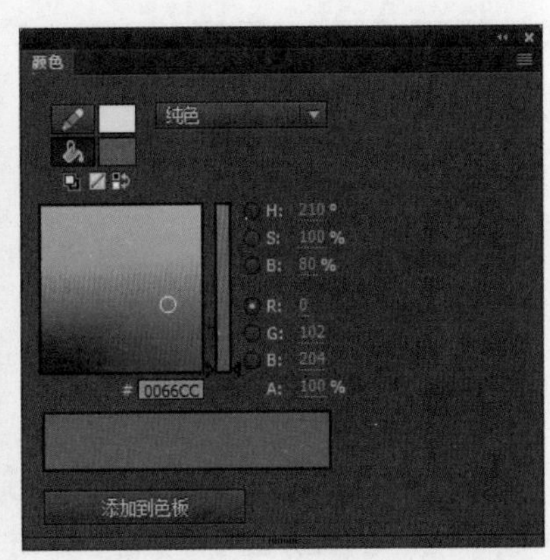

1.4 Animate CC的文档操作

了解Animate CC的工作界面后，接下来介绍使用Animate CC进行文档处理的一些基本操作，包括文档的新建、打开、保存、导入、导出、另存为以及关闭等。

1.4.1 新建文档

要想在Animate CC中进行文档的处理操作，首先需要创建一个新文档，用户可以选择开始界面“新建”选项区域中的相关选项或按下Ctrl+N组合键，如下左图所示。

打开“新建文档”对话框，然后对新建文档的各参数进行设置，如“宽”“高”“标尺单位”“帧频”“背景颜色”等，然后单击“确定”按钮，即可创建一个空白的新文档，如下右图所示。

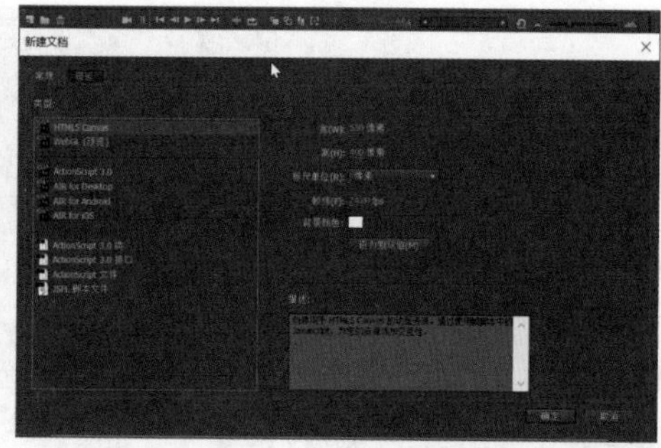

执行“文件>新建”命令，也可打开“新建文档”对话框，进行参数设置后单击“确定”按钮，完成新建文档操作。

提示：新建模板文档

除了创建空白文档外，用户还可以利用Animate CC的内置模板功能，创建带有通用内容的文档。执行“文件>新建”命令，在弹出的对话框中切换至“模板”选项卡，切换到“从模板新建”对话框，选择合适的模板，单击“确定”按钮，如右图所示，即可创建带有模板内容的文档，用户可以在此模板文档的基础上进行快捷编辑操作。

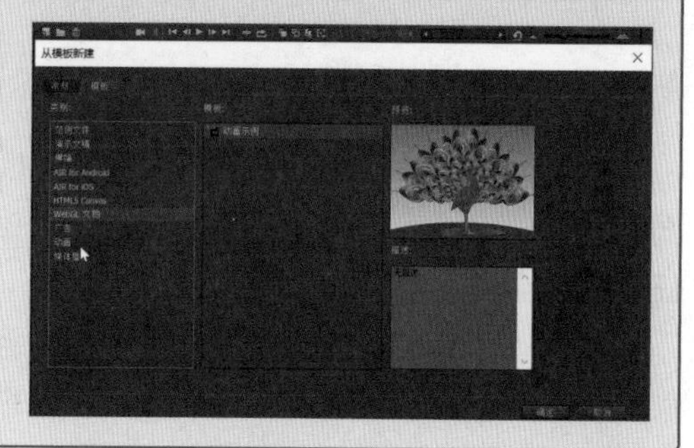

1.4.2 保存文档

在新建的文档中进行相应的编辑操作后，执行“文件>保存”命令，或者按下Ctrl+S组合键，即可打开“另存为”对话框，对文档的储存位置、名称和保存类型等参数进行设置，然后单击“保存”按钮保存文档。

对已保存过的文档进行编辑后，执行“文件>保存”命令，文档的当前操作将自动覆盖之前的编辑状态，如下左图所示。

对已保存过的文档进行编辑后，执行“文件>另存为”命令，在弹出的“另存为”对话框中可以重新设置文档的保存位置及名称等信息，单击“保存”按钮，即可另存文档，如下右图所示。原文档不保存编辑的操作效果。

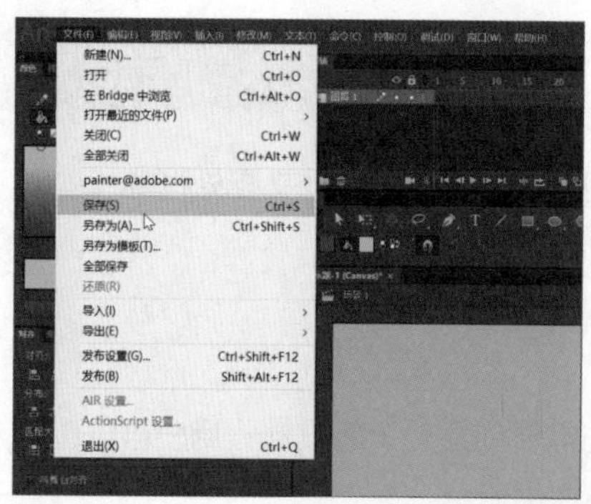
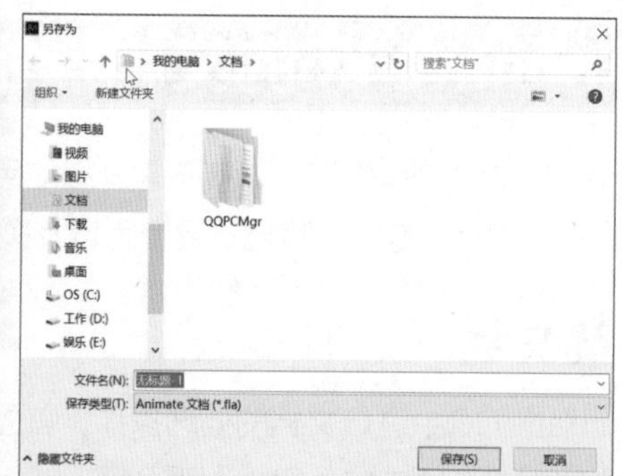

提示：还原文档

当需要还原到上次保存的文档状态时，则执行“文件>还原”命令即可。

1.4.3 打开文档

需要在Animate CC中打开已有的文档或素材时，可以直接按下Ctrl+O组合键，在打开的“打开”对话框中选择需要打开的文档，单击“打开”按钮，如下左图所示，即可在Animate CC中打开选择的文档，如下右图所示。

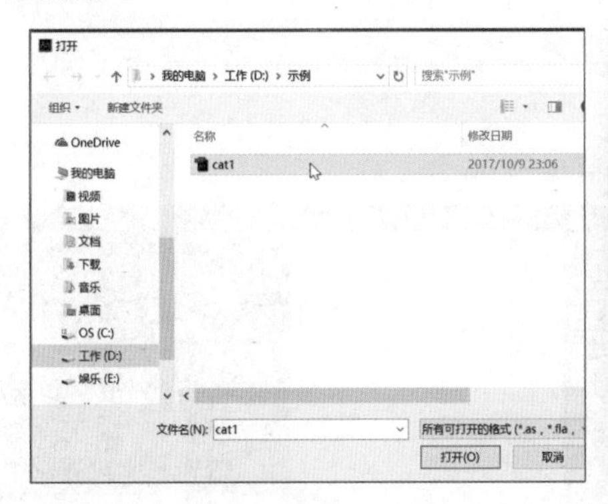

1.4.4 设置文档属性

在Animate的“属性”面板中，用户可以根据需要设置文档的相关属性。执行“窗口>属性”命令，打开“属性”面板，单击“高级设置”按钮，如下左图所示，即可打开“文档设置”对话框，详细设置文档的属性，如下右图所示。

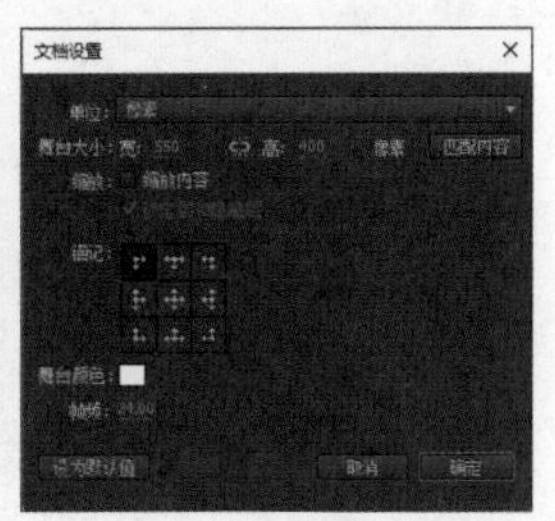

知识延伸：应用“首选参数”对话框

“首选参数”对话框中包括“常规”“同步设置”“代码编辑器”“脚本文件”“编译器”“文本”和“绘制”选项卡，可以进行软件的一些常规操作设置。

用户可以执行“编辑>首选参数”命令或按下Ctrl+U组合键，打开“首选参数”对话框，如下图所示。

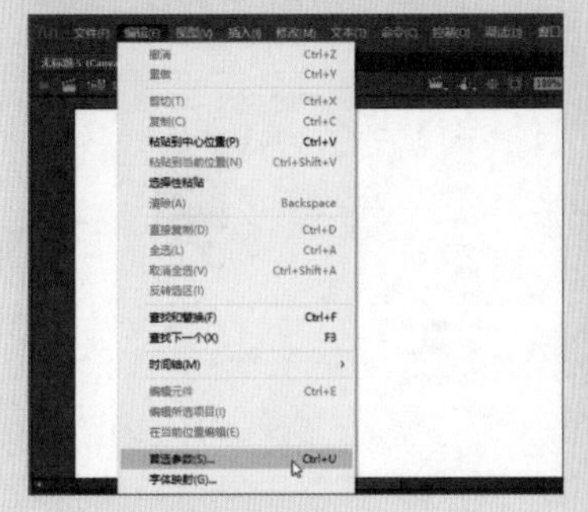

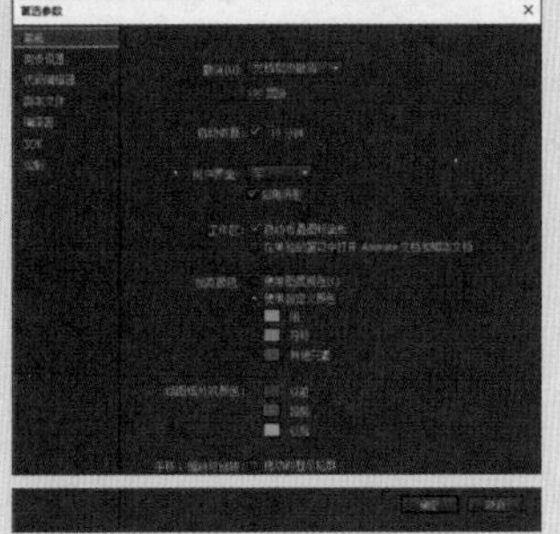

上机实训：创建并保存Animate文档

在Animate CC中制作各类作品并进行保存时，可以保存为fla或者xfl格式的文件，下面介绍将文档保存为fla格式的操作方法。

步骤 01 执行“文件>新建”命令，在打开的“新建文档”对话框中设置各项参数后单击“确定”按钮，如下左图所示。

步骤 02 执行“文件>导入>导入到舞台”命令，如下右图所示。

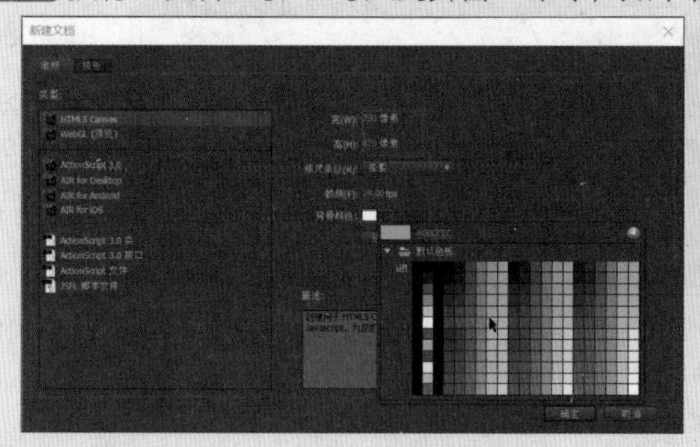

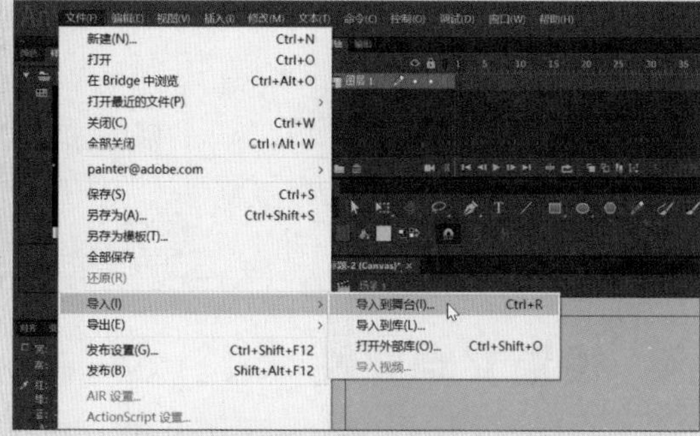

步骤 03 在打开的“导入”对话框中选择需要的图片，单击“打开”按钮，如下左图所示。

步骤 04 对导入的图片进行编辑，然后执行“文件>另存为”命令，如下右图所示。

步骤 05 在弹出“另存为”对话框里，输入保存文件的名称，单击“保存类型”下三角按钮，在列表中选择“Animate文档（*.fla）”选项，然后单击“保存”按钮，如下左图所示。

步骤 06 打开保存Animate文档的文件夹，可见设置的文档已保存为fla格式的文件，如下右图所示。

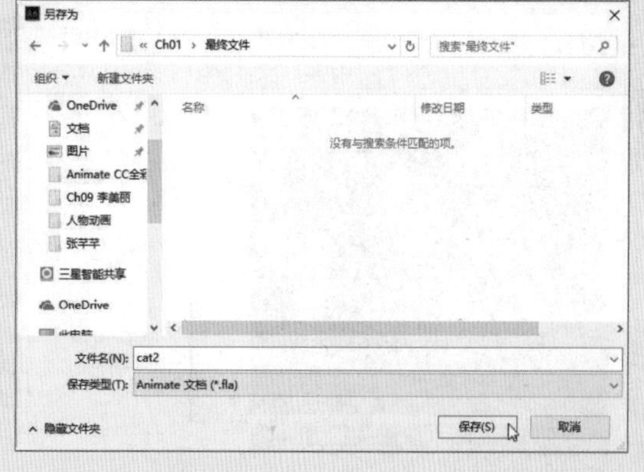

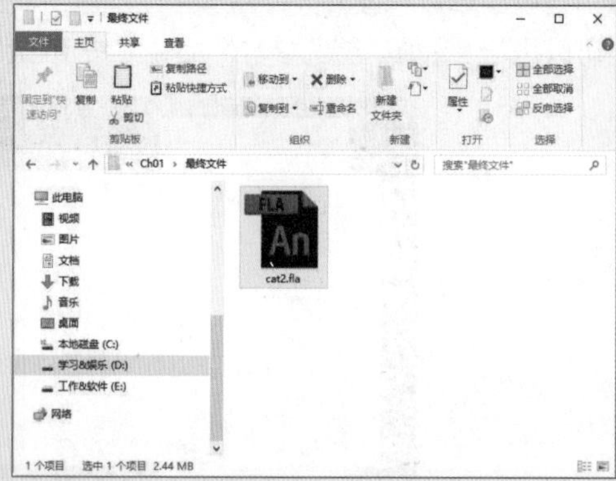

课后练习

1. 选择题

（1）在Animate CC 2017中新建文档的快捷键为（　　）。

A. Ctrl+Shift+N　　B. Ctrl+N

C. Ctrl+P　　D. Ctrl+Shift+P

（2）在Animate CC 2017软件中，“时间轴”面板的作用是（　　）。

A. 设置文件属性　　B. 储存旧文件

C. 设置舞台属性　　D. 制作动画情节

（3）在Animate CC 2017中打开文件的快捷键是（　　）。

A. Ctrl+R　　B. Ctrl+S

C. Ctrl+E　　D. Ctrl+O

（4）设置文档属性是制作动画的第一步，下列不属于打开文档属性的方法是（　　）。

A. 修改>文档　　B. Ctrl+J 组合健

C. 单击“属性”面板中的“高级设置”按钮　　D. Ctrl+R组合健

2. 填空题

（1）在Animate CC 2017中打开已有文档，可以直接按下________组合键，在打开的“打开”对话框中选择需要打开的文档。

（2）Animate CC 2017工作界面主要由菜单栏、________、________、________、________和浮动面板等组成。

（3）用户新建文档后，在________中会显示Animate CC文档的属性，如长度、宽度、舞台中的背景颜色等。选中工具箱的任意工具后，“属性”面板内的参数会随之变化。

（4）图像的分辨率越高，图像的清晰度也就越________，图像占用的存储空间也就越 ________。

3. 上机题

在Animate CC 2017 中新建文档后，执行“文件>新建”命令或按下Ctrl+N组合键，导入素材中的图片作为背景，再打开另一个素材文件，将该文件中的猫素材应用到新建的文档中，效果如下图所示。

第2章　图形的绘制与编辑

本章概述

本章主要对图形的绘制与编辑操作进行详细介绍，主要包括线条的绘制、基本图形的绘制、选择对象工具的使用、图形填充操作等。通过本章内容的学习，为后续动画的制作打下基础。

核心知识点

❶ 熟悉线条的绘制
❷ 熟悉基本图形的绘制
❸ 掌握选择工具的应用
❹ 掌握图形填充的操作方法

2.1　线条的绘制

Animate CC的绘图功能非常强大，操作也很方便，使用线条工具可以绘制任意长度和角度的直线、曲线以及弧度线条等。本小节将对Animate CC中的绘图工具的特点与使用方法进行详细介绍。

2.1.1　线条工具

线条工具是绘制直线的工具。选择工具箱中的线条工具，在舞台中单击确定起始点，然后按住鼠标左键拖曳出所需要的长度后，松开鼠标即可。使用线条工具可以绘制出各种长度和倾斜角度的直线图形，并且可以在“属性”面板中设置直线的样式、颜色和粗细，效果如下左图所示。

用户也可以在工具箱中选择线条工具后，在“属性”面板中先设置线条的属性再进行绘制，如下右图所示。

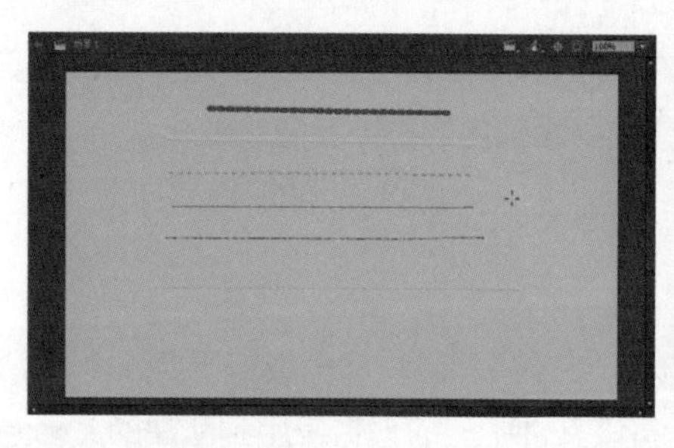

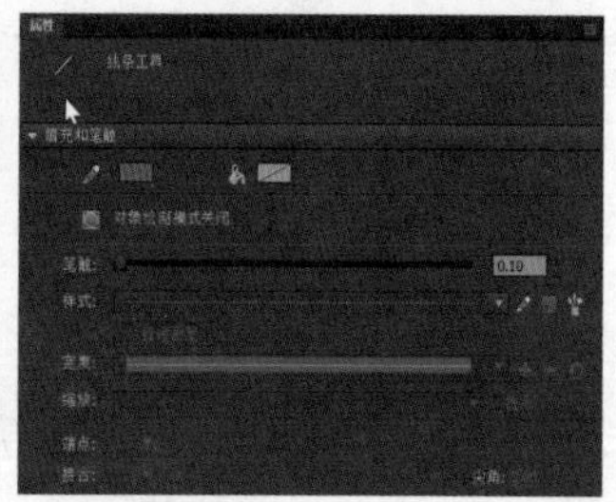

下面介绍“属性”面板的“填充和笔触”选项区域中各选项的含义。

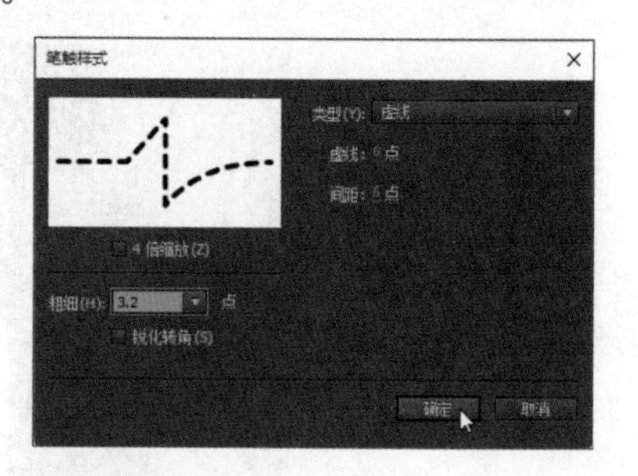

- **触笔颜色：** 用于设置绘制线条的颜色。
- **笔触：** 用于设置绘制线条的粗细。
- **样式：** 用于设置要绘制线条的样式。
- **编辑触笔样式：** 单击该按钮，在打开的“笔触样式”对话框中，可以设置线条的类型、粗细及锐化转角等参数，如右图所示。
- **宽度：** 在下拉列表中选择线条可变宽度的配置文件。
- **缩放：** 用于设置笔触缩放的类型，可以按方向缩放触笔。
- **提示：** 勾选此复选框时，可以将笔触锚点保持为全像素，防止出现模糊线。
- **端点：** 用于设置线条终点的样式，包括“无”“圆角”和“方形”3种类型。
- **接合：** 用于定义两条路径接触点的接合方式，包括“尖角”“圆角”和“斜角”3种方式。
- **尖角：** 用于控制尖角接合的清晰度。

2.1.2 铅笔工具

使用铅笔工具可以绘制出任意形状的线条，就像使用真正的铅笔一样。选择工具箱中的铅笔工具，待光标变为铅笔形状时，在舞台上按住鼠标左键进行绘制即可。绘制完成后还可以根据需要对线条进行拉直或平滑处理。选择工具箱中的铅笔工具，如下左图所示。

选择铅笔工具后，在“属性”面板中可以对铅笔工具的笔触颜色、笔触大小、样式、宽度、缩放、端点和接合方式等参数进行设置，如下右图所示。

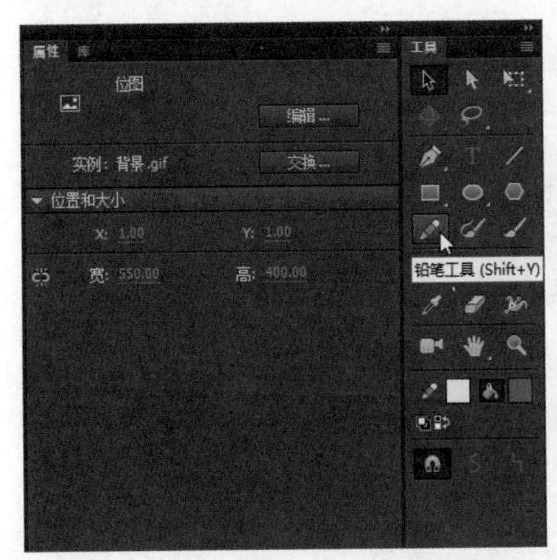

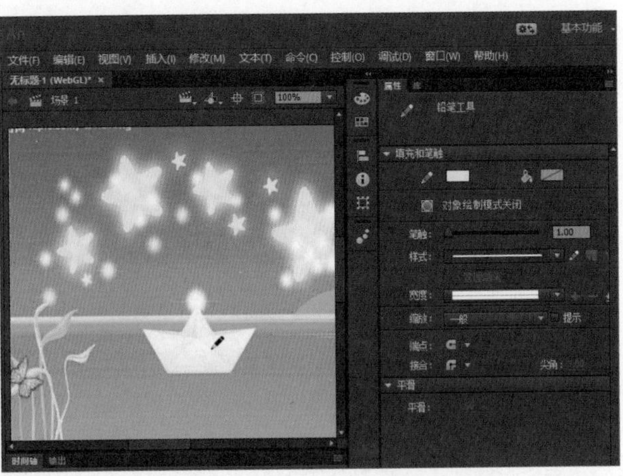

使用铅笔工具绘制直线时，按住Shift键不放的同时按住鼠标左键并拖动，即可在舞台上绘制水平或垂直的直线段，效果如下图所示。

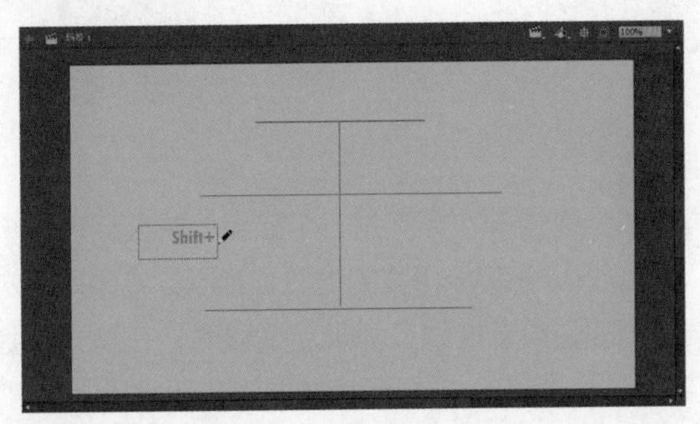

选择铅笔工具后，在工具箱的底部单击“铅笔模式”下三角按钮，在列表中可以选择“伸直”“平滑”和“墨水”3种线条绘制模式，如下图所示。

- **伸直**：选择该模式，在绘制过程中将线条自动伸直，使其尽量直线化。“伸直”模式可以画出平直的线条，也可以将近似于三角形、椭圆、矩形和正方形的图形转换为标准的几何图形。
- **平滑**：选择该模式，在绘制过程中将线条自动平滑，使其尽可能地成为有弧度的曲线。“平滑”模式可以绘制出平滑的曲线。
- **墨水**：选择该模式，在绘制过程中保持线条的原始状态，即“墨水”模式可随意绘制线条。

2.1.3 钢笔工具

钢笔工具可以很精确地绘制出平滑精致的直线和曲线。对于绘制完成的直线和曲线，可以通过调整线条上的节点来改变线段的样式。选择工具箱中的钢笔工具，如下图所示。

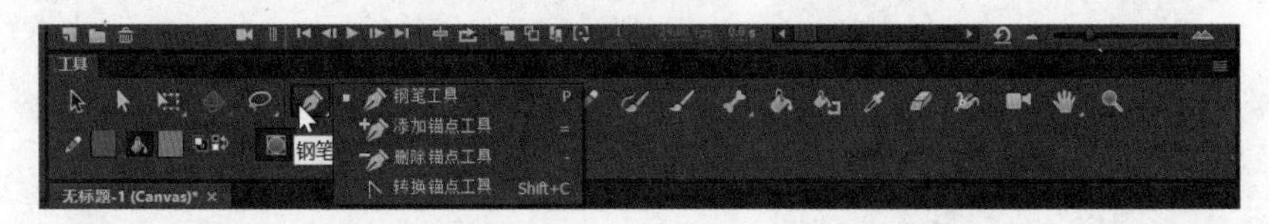

钢笔工具不但可以对绘制的图形进行非常精准的控制，还可以对绘制的节点、节点方向等进行处理控制。钢笔工具非常适合喜欢精准设计的用户，下图为使用钢笔工具绘制可爱的卡通形状。

下面介绍铅笔工具的使用方法。

- **画直线**：使用钢笔工具在舞台单击一次会产生一个锚点，并且和前一个锚点直线连接，在绘制的同时，如果按住Shift键，则将线段约束为45度的倍数，绘制的效果如下左图所示。
- **画曲线**：钢笔工具最强的功能是绘制曲线。添加新线段时，在某一位置按住鼠标左键不放并拖曳，则新的锚点与前一个锚点用曲线相连，并显示控制曲线的切线控制点，绘制的效果如下右图所示。

- **添加锚点**：在绘制复杂的曲线时，可以在曲线上添加一些锚点。选择添加锚点工具，然后将光标移至需要添加锚点的位置，待光标右上方出现一个加号标志时单击，即可添加一个锚点。
- **删除锚点**：删除锚点与添加锚点操作正好相反，选择删除锚点工具，将光标移至需要删除的锚点上，待光标下面出现一个减号标志时并单击，即可删除锚点。
- **转换锚点**：使用转换锚点工具，可以转换曲线上的锚点类型。当光标变为ↀ形状时，移至曲线的锚点上并单击，该锚点两边的曲线将转换为直线，调整直线即可转换锚点，如下图所示。

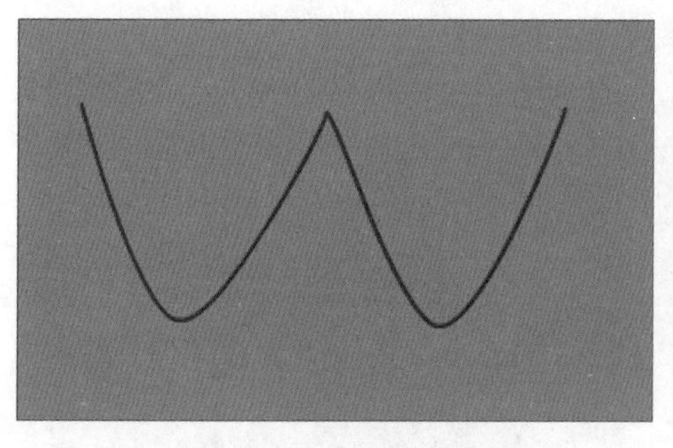
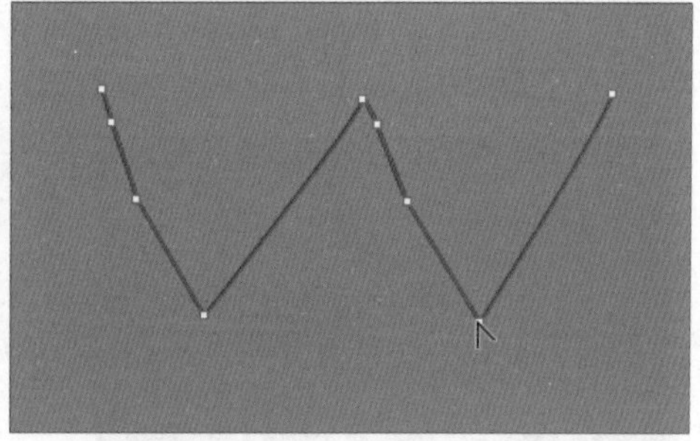

- **曲线点与角点转换**：若需要将转角转换为曲线点，则使用部分选择工具选择该点，然后按住Alt键拖动该锚点。若需要将曲线点转换为转角点，则使用转换锚点工具单击该锚点。

提示：钢笔工具使用技巧

将钢笔工具移至曲线起始点处，当光标变为钢笔右下方带小圆圈时单击，即可连成一个闭合的曲线，并填充默认的颜色。

实战练习 绘制圣诞老人矢量图形

下面我们通过一个具体案例来介绍利用钢笔工具把位图图形制作为矢量图形的方法。通过本案例的学习，让读者能够熟练掌握钢笔工具的使用方法，下面介绍具体操作方法 。

步骤 01 首先创建一个空白文档，具体参数设置如下左图所示。

步骤 02 执行“文件>导入>导入到舞台”命令，将“圣诞素材.png”文件导入到舞台，如下右图所示。

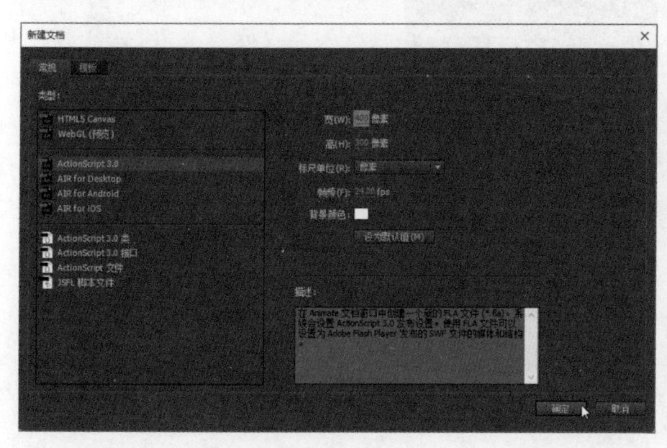

步骤 03 使用任意变形工具，按住Shift键将图片同比缩放调整到合适的大小，如下左图所示。

步骤 04 在“时间轴”面板中锁定“图层1”图层，然后新建“图层2”图层，如下右图所示。

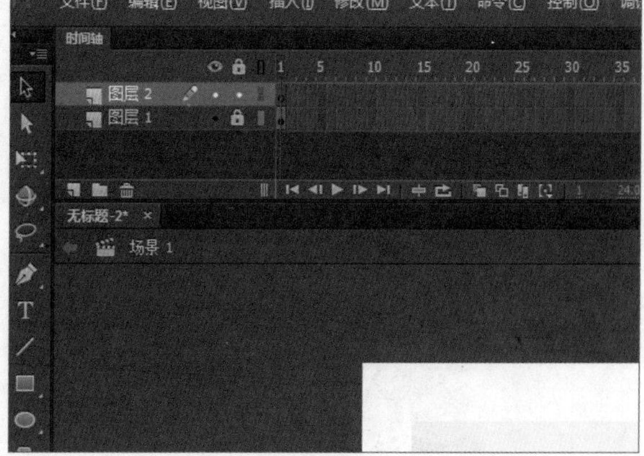

步骤 05 选择钢笔工具，在“属性”面板中设置笔触样式，如下左图所示。

步骤 06 然后沿着圣诞树的边缘绘制出圣诞树的轮廓，如下右图所示。

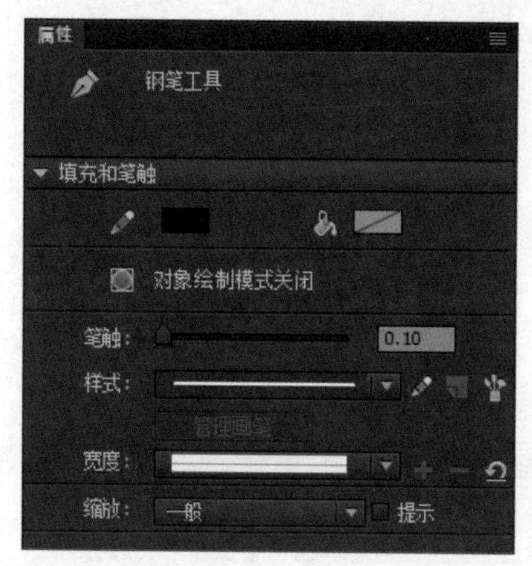

步骤 07 绘制结束时一定要使黑色线条呈闭合状态，如下左图所示。

步骤 08 选择滴管工具，将光标移至圣诞树上并吸取颜色，此时“填充颜色”色块变成圣诞树的绿色，如下右图所示。

步骤 09 选择“图层2”图层，绘制的闭合线条会呈选中状态，如下左图所示。

步骤 10 使用颜料桶工具，把闭合形状填充为绿色，如下右图所示。

步骤 11 锁定“图层2”图层后，新建“图层3”图层，然后把“图层2”图层隐藏，如下左图所示。

步骤 12 在“图层3”图层中使用钢笔工具绘制出每层树叶阴影的线条并填充颜色，如下右图所示。

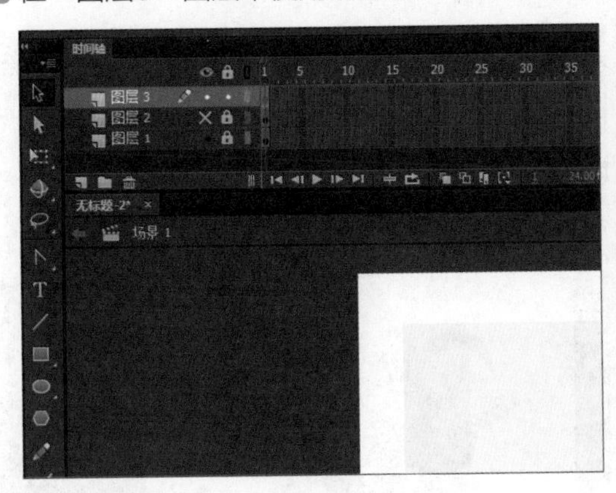

步骤 13 在“图层2”图层下面新建“图层4”图层，使用钢笔工具绘制出松树的树干和树干的阴影，如下左图所示。

步骤 14 把“图层2”图层和“图层3”图层解锁，同时选中“图层2”图层、“图层3”图层、“图层4”图层，按下Ctrl+G组合键把3个图层的素材分别成组，如下右图所示。

步骤 15 选中“图层2”图层、“图层3”图层、“图层4”图层，按下Ctrl+X组合键，剪切3个图层的素材并粘贴到“图层4”图层上，如下左图所示。

步骤 16 在“图层2”图层上使用钢笔工具绘制出礼包上的红色丝带，如下右图所示。

步骤17 在“图层3”图层上使用钢笔工具勾画出礼包盒的边框，并填充颜色，如下左图所示。

步骤18 剪切“图层2”图层的红色丝带，然后粘贴到“图层3”图层上，礼包绘画完成，如下右图所示。

步骤19 在“图层2”图层上使用钢笔工具绘制圣诞帽轮廓并填充相应的颜色，如下左图所示。

步骤20 使用钢笔工具绘制出圣诞老人的面部五官，并把每个五官都分别成组，如下右图所示。

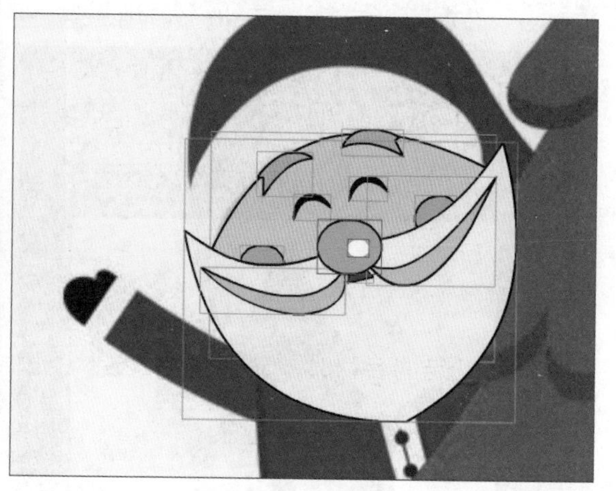

步骤21 使用钢笔工具绘制圣诞老人的一个胳膊，然后复制绘制的胳膊，执行“修改>变形>水平翻转”命令，如下左图所示。

步骤22 依次绘制圣诞老人的身体和腿，调整图层，整个圣诞老人图形绘制完成，如下右图所示。

步骤23 按照绘画圣诞老人的步骤把麋鹿绘画出来，如下左图所示。

步骤24 所有图形绘画完成后，删掉“图层1”图层的图片，矢量图形绘制完成，如下右图所示。

2.1.4 标尺

选择“视图>标尺”命令，或者按下Ctrl+Alt+Shift+R组合键，即可显示标尺，如下左图所示。若再次执行“视图>标尺”命令，或者按下Ctrl+Alt+Shift+R组合键，即可隐藏标尺。

一般情况下，标尺的度量单位是像素，用户也可以根据需要进行更改。选择“修改>文档”命令，打开“文档设置”对话框，单击“单位”下三角按钮，在下拉列表中选择所需的单位选项，如下右图所示。

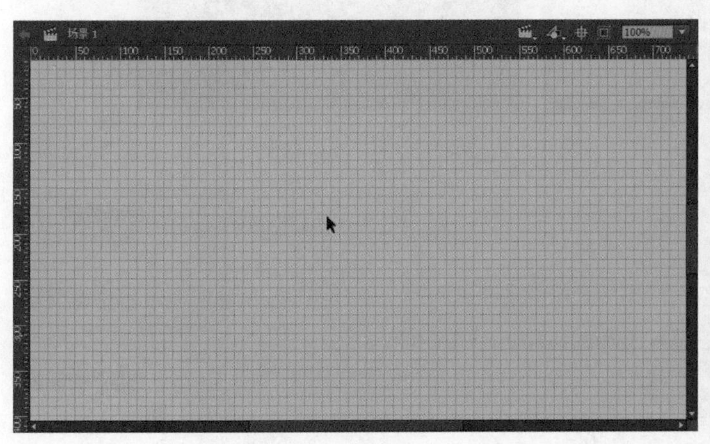

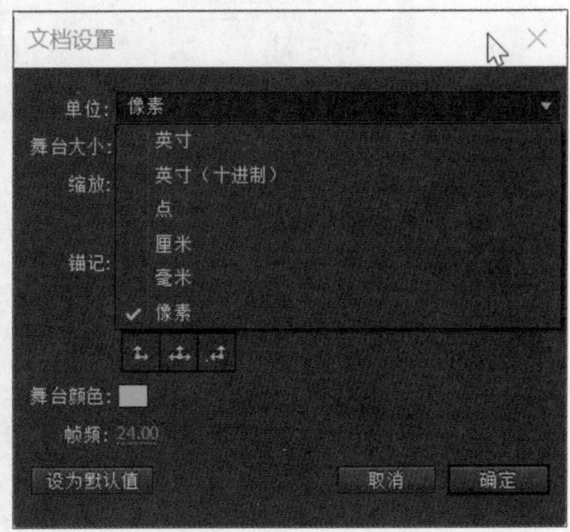

2.1.5 辅助线

使用辅助线前，首先需要将标尺显示出来。选择“视图>辅助线>显示辅助线”命令，或者按下Ctrl+;组合键，可以显示或隐藏辅助线。在水平标尺上按住鼠标左键并向舞台拖动，会显示水平辅助线，垂直辅助线的操作方法相同，辅助线的默认颜色为绿色，如下左图所示。

使用辅助线可以对舞台中的对象进行位置规划，对各个对象的对齐和排列情况进行检查时，还可以提供自动吸附功能。

选择“视图>辅助线>编辑辅助线”命令，在打开 的“辅助线”对话框中，可以对辅助线的颜色进行设置，还可以设置显示辅助线、贴紧至辅助线、锁定辅助线及贴紧精确度等参数，如下右图所示。

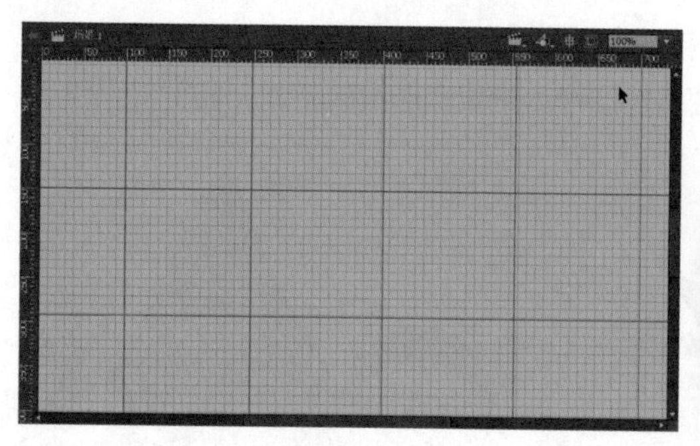

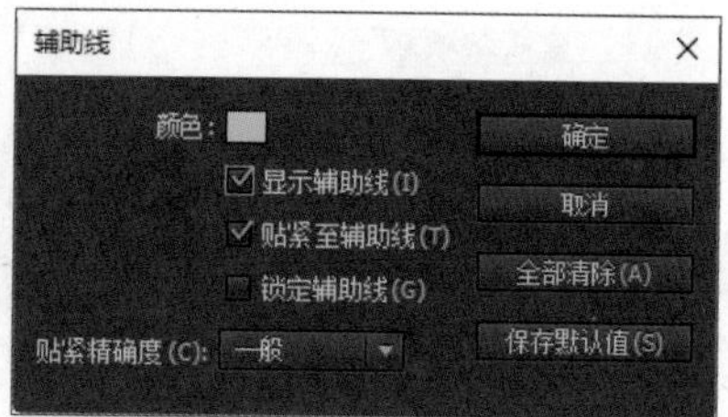

2.1.6 网格

选择“视图>网格>显示网格”命令，或者按下Ctrl+’组合键，即可显示网格，如下左图所示。若再次执行该命令，则可隐藏网格。

选择“视图>网格>编辑网格”命令或按下Ctrl+ Alt+G组合键，打开 “网格”对话框，在该对话框中可以设置网格的颜色、间距和紧贴精确度等参数，如下右图所示。若勾选“贴紧至网格”复选框，则可沿着水平和垂直网格线紧贴网格绘制图形，即使不显示网格时，也可以紧贴网格线绘制图形。

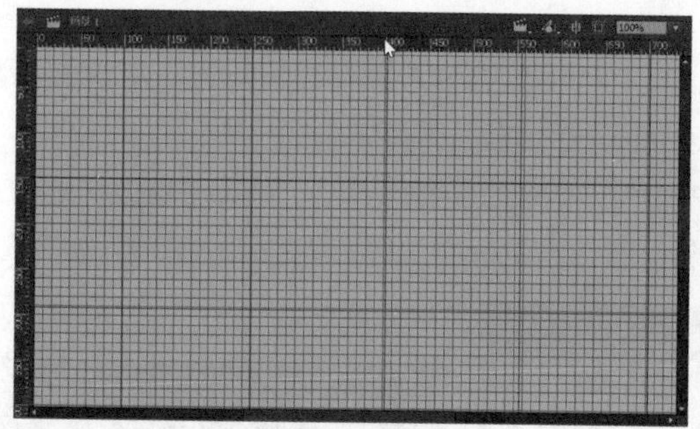

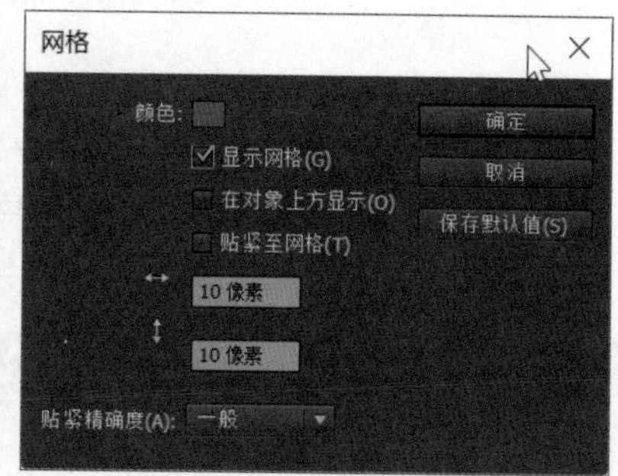

2.2 基本图形的绘制

随着Animate CC软件功能的不断完善，图形绘制也越来越强大。常用的图形绘制工具包括矩形工具、椭圆工具和多角星形工具等，下面对这几种工具的应用进行详细地介绍。

2.2.1 矩形工具

矩形工具主要用于绘制长方形和正方形。选择矩形工具■，在舞台中单击鼠标左键并拖曳至合适的位置释放鼠标，即可绘制矩形，如下左图所示。在绘制矩形时，若同时按住Shift键，可以绘制正方形，如下右图所示。

选择矩形工具，在“属性”面板中可以设置矩形的相关属性，例如填充颜色、笔触颜色、样式大小等。在“矩形选项”选项区域中可以设置矩形四个角的圆滑度，以绘制出圆角矩形，如下左图所示。在舞台上绘制圆角矩形的效果，如下右图所示。

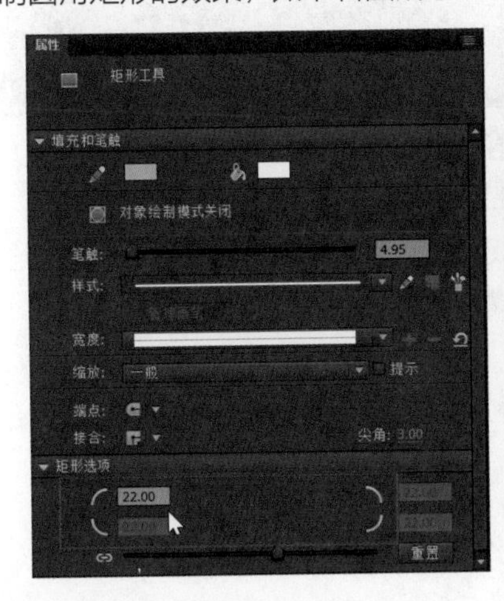

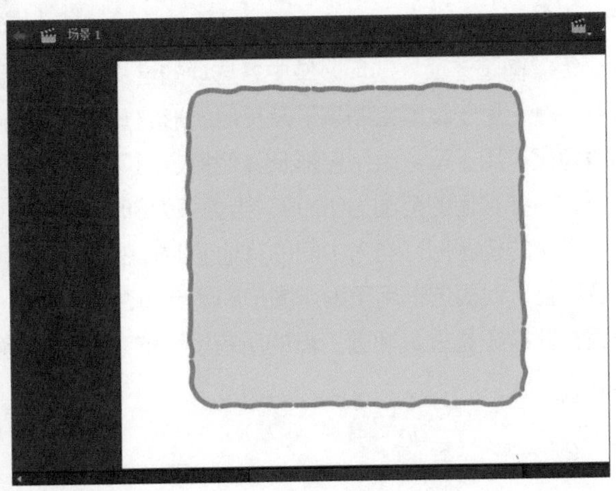

2.2.2 基本矩形工具

矩形工具组中包括基本矩形工具和矩形工具，使用基本矩形工具绘制的矩形更容易修改。选择基本矩形工具，在舞台上单击鼠标左键并拖曳，即可绘制出基本矩形图形，如右图所示。

提示：基本矩形工具的使用技巧

使用基本矩形工具绘制图形时，可以通过键盘的上、下方向键来改变圆角的半径。

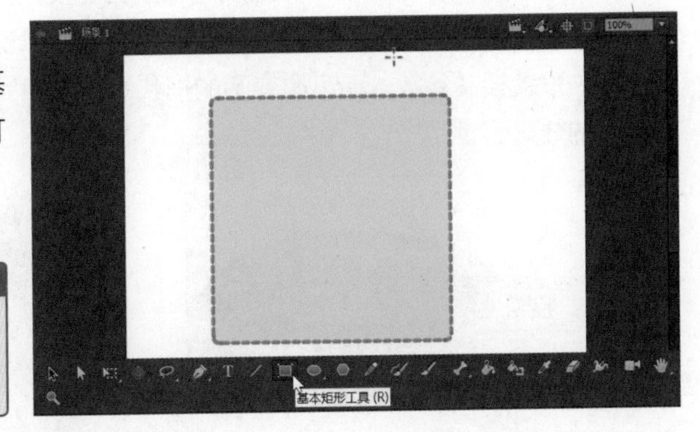

2.2.3 椭圆工具

椭圆工具是用于绘制椭圆或圆的图形工具。使用椭圆工具，可以绘制出各式各样简单而生动的矢量图形。

选择工具箱中的椭圆工具或按下O快捷键，即可调用椭圆工具，在舞台中按住鼠标左键并拖曳，当椭圆达到所需形状及大小时释放鼠标，即可绘制椭圆，如下左图所示。在绘制椭圆时按住Shift键，即可绘制正圆，如下右图所示。

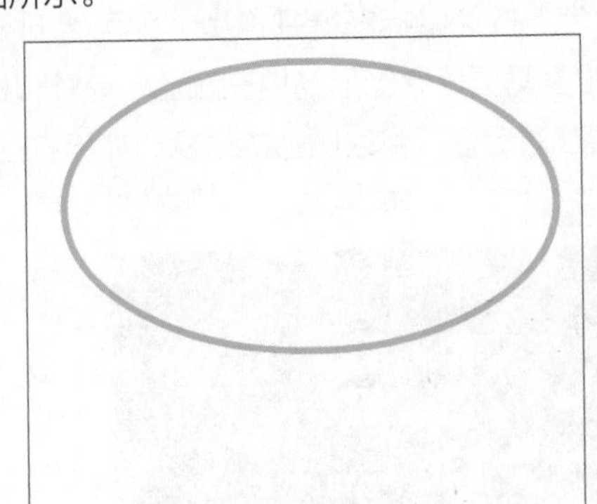

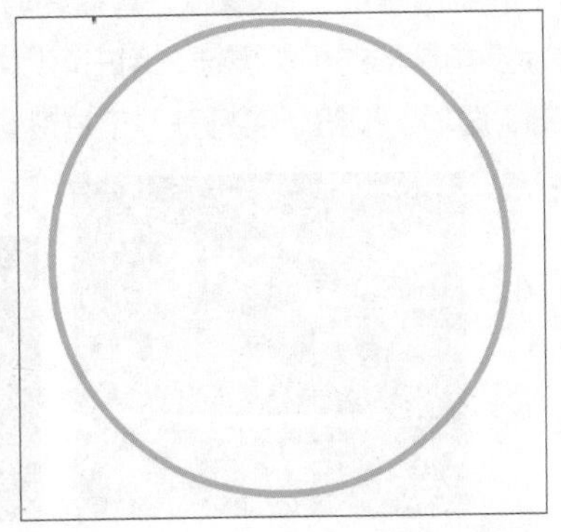

在“属性”面板中，用户可以对椭圆工具进行的填充颜色、笔触颜色和笔触样式等参数进行设置。在“椭圆选项”选项区域中，可以设置椭圆的开始角度、结束角度和内径值，如右图所示。

下面介绍“椭圆选项”选项区域中各选项的含义。

- **开始角度**：用于设置绘制扇形及其他图形的开始开口的角度。
- **结束角度**：用于设置绘制扇形及其他特定图形结尾的开口角度。
- **内径**：该参数值的范围为0-99。当数值为0时，绘制的是填充的椭圆形；当数量为99时，绘制的是只有轮廓的椭圆形；当为中间的其他值时，就会绘制出内径大小不同的圆环。
- **闭合路径**：此复选框用于确定图形的闭合与否。
- **重置**：此按钮是重置椭圆工具的所有设置的参数，并将在舞台上绘制的椭圆形状恢复为原始大小和形状。

2.2.4 基本椭圆工具

椭圆工具组中包括基本椭圆工具和椭圆工具，选择基本椭圆工具，在舞台上按住鼠标左键并拖曳，可绘制基本椭圆图形；按住Shift键的同时在舞台上按住鼠标左键并拖曳，可绘制正圆形。此时绘制的圆形是有锚点，如下左图所示。用户可以根据需要使用选择工具拖动节点或在“属性”面板中的“椭圆选项”选项区域中设置相关参数，即可改变圆的形状。下中图为拖曳椭圆中心锚点的效果，下右图为拖曳椭圆边缘上锚点的效果。

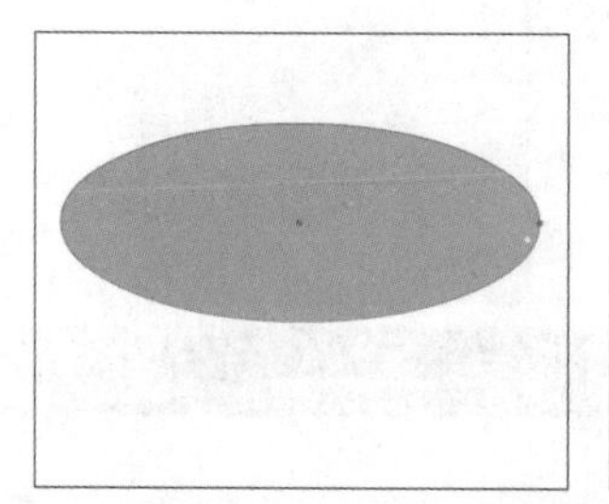
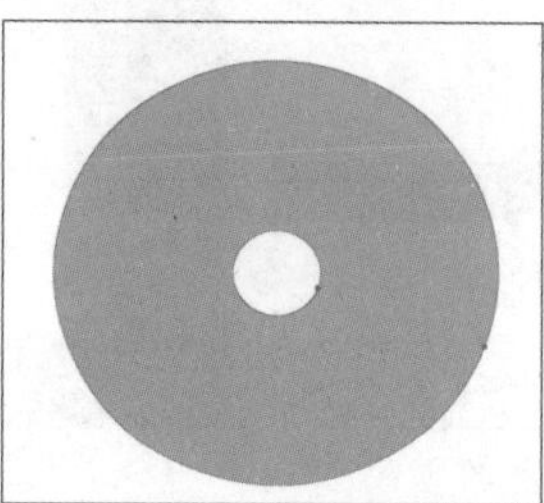
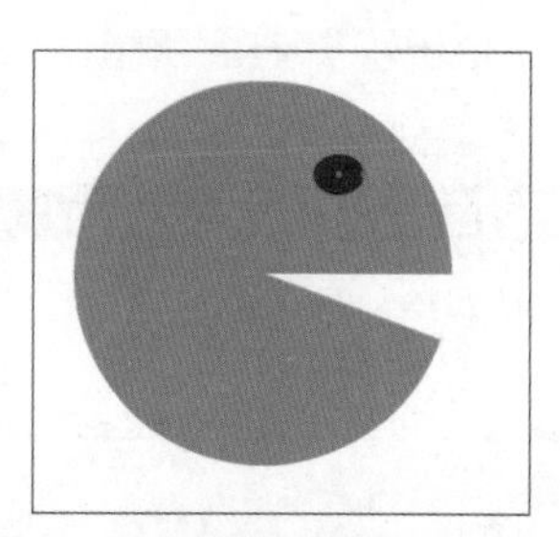

> **提示：图形的打散操作**
>
> 使用基本矩形工具或基本椭圆工具创建的图形，可通过打散得到普通矩形和椭圆形，操作方法是选中图形后按下Ctrl+B组合键，即可打散图形。

2.2.5 多角星形工具

选择工具箱中的多角星形工具后，直接在舞台上按住鼠标左键并拖曳，即可绘制多角星形。此时“属性”面板将显示多角星形的相关属性，用户可以根据需要修改图形的填充颜色、笔触和样式等参数，如下左图所示。单击“选项”按钮，将打开“工具设置”对话框，修改图形的形状，如下右图所示。

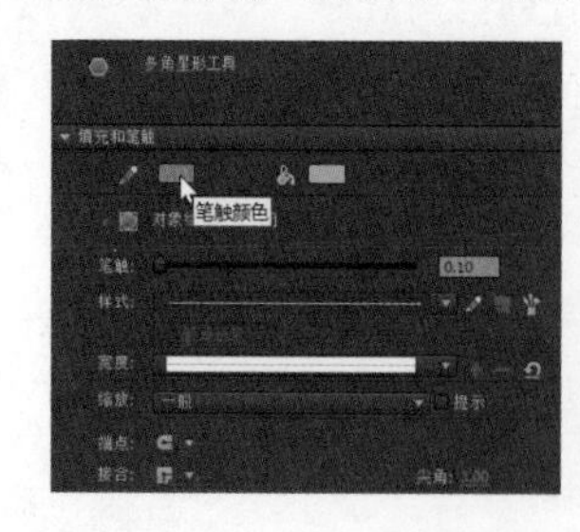

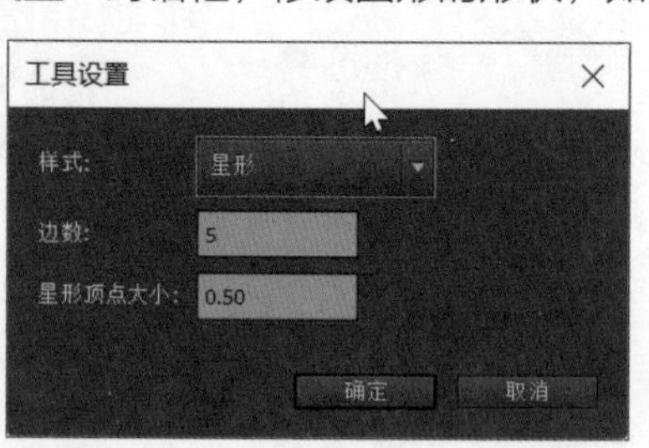

在“工具设置”对话框中的“样式”下拉列表中可选择“多边形”或“星形”选项；在“边数”数值框中输入所需数值，确定形状的边数；在选择星形样式时，可以通过改变“星形顶点大小”数值来改变星形的形状，如下图所示。

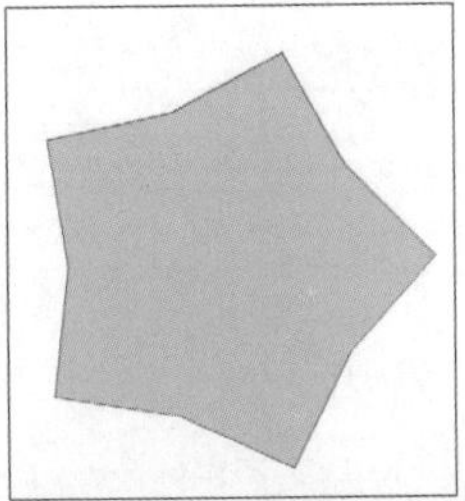
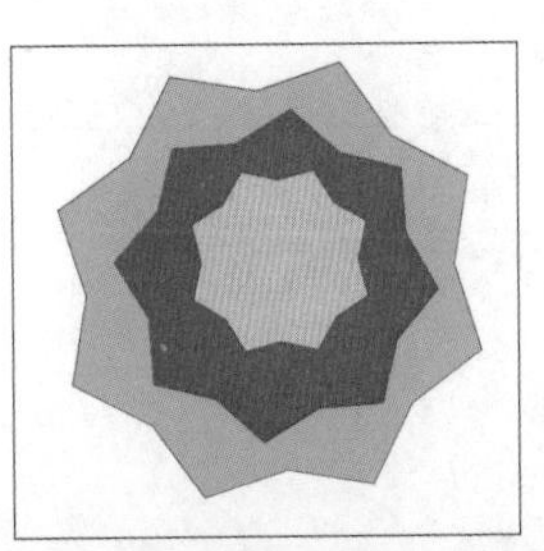

提示：多角星形工具的使用技巧

在使用多角星形工具绘制星形时，用户可以在“工具设置”对话框中设置星形的样式，设置“星形顶点大小”的数值越接近零，创建的顶点就会越深。若绘制多边形，则一般采用默认的设置。

实战练习 绘制愤怒的小鸟

根据前面介绍的知识，相信用户对图形绘制工具有了一定的了解，下面通过绘制一只愤怒的小鸟图形，来进步学习各种工具的使用技巧，具体操作方法如下。

步骤 01 首先创建一个空白文档，具体参数设置如下左图所示。

步骤 02 选择椭圆工具，在“属性”面板中设置为无填充颜色，描边颜色为紫色，笔触为0.10，如下右图所示。

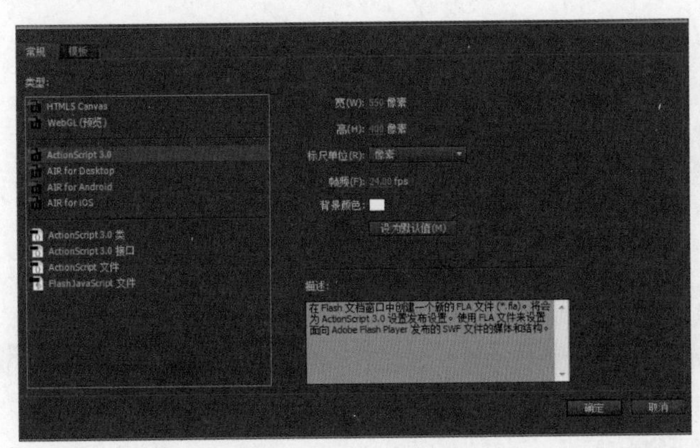

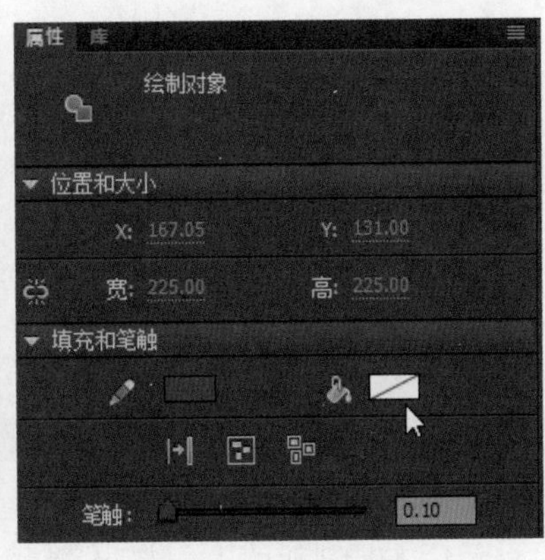

步骤 03 按住Shift键的同时，在舞台中绘制正圆形，如下左图所示。

步骤 04 继续使用椭圆工具绘制一个小的圆形，然后按住Alt键不放，选中绘制的圆形并拖曳，复制出另一个圆形，如下右图所示。

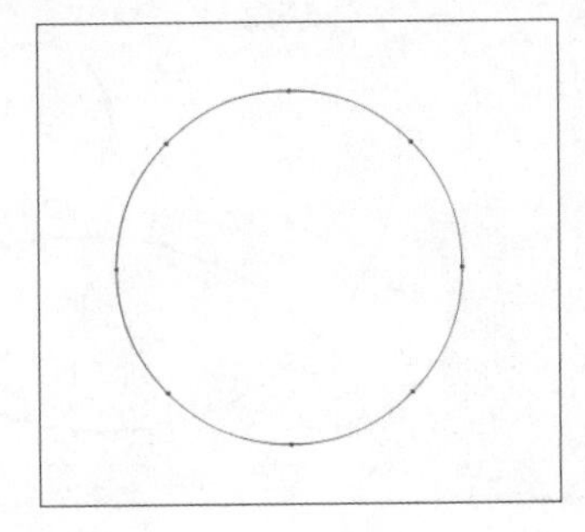
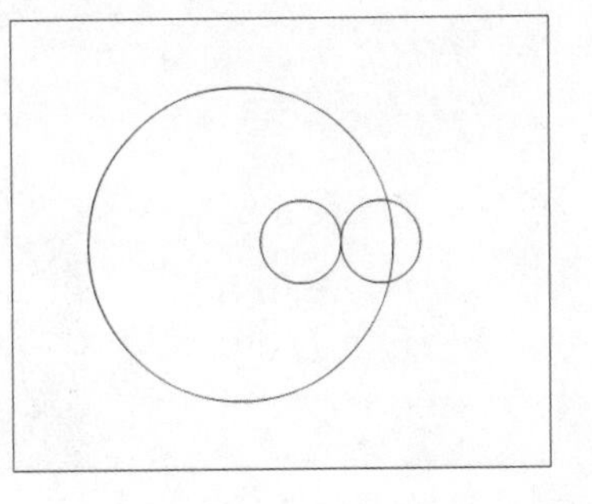

步骤 05 此时可以看到有一个眼睛画到大圆外面去了，则选中该圆形，使用任意变形工具来调整其形状和大小，如下左图所示。

步骤 06 接着选择线条工具，按住Shift键的同时拖曳鼠标左键，绘制一条平行于上半圆的直线，如下右图所示。

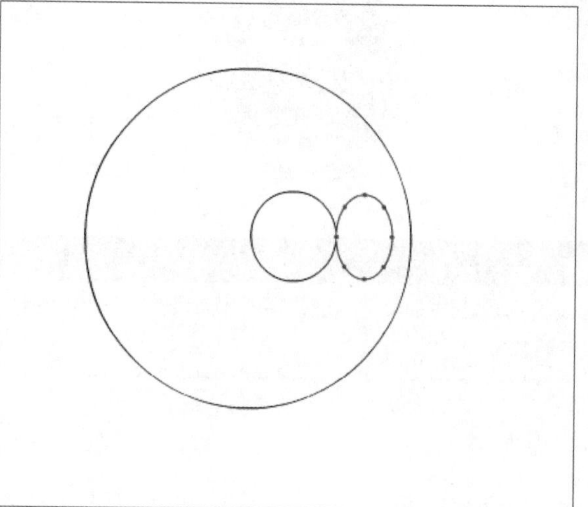

步骤 07 继续使用线条工具，绘制小鸟的嘴巴，如右图所示。

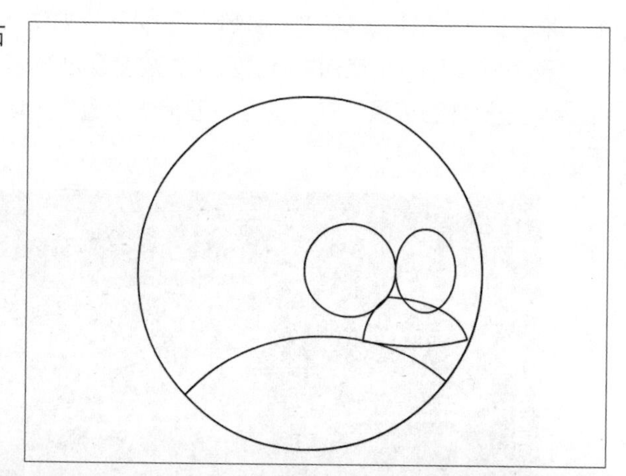

提示：创建组的好处

在绘制小鸟嘴巴的时候，用户可能觉得形状有些难调整，这时可以按住Shift键的同时选中绘制的3条线，按下Ctrl+G组合键，快速为小鸟嘴巴形状创建组。双击进入组，然后再进行调整，如右图所示。调整好之后按下Ctrl+B组合键将其分离即可。这种方法在制作Flash动画时，会反复用到。

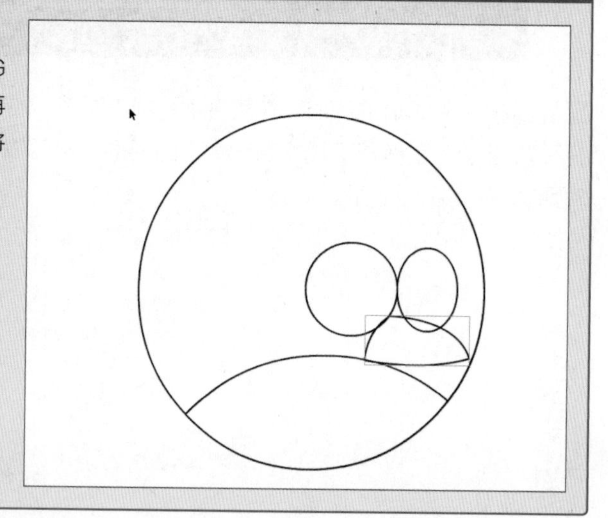

步骤08 使用线条工具绘制小鸟下嘴巴的形状，继续使用创建组的方法进行形状调整，如下左图所示。

步骤09 使用矩形工具绘制小鸟的两条眉毛形状，使用选择工具双击矩形，拖曳矩形的四个控制点来调整其形状，如下右图所示。

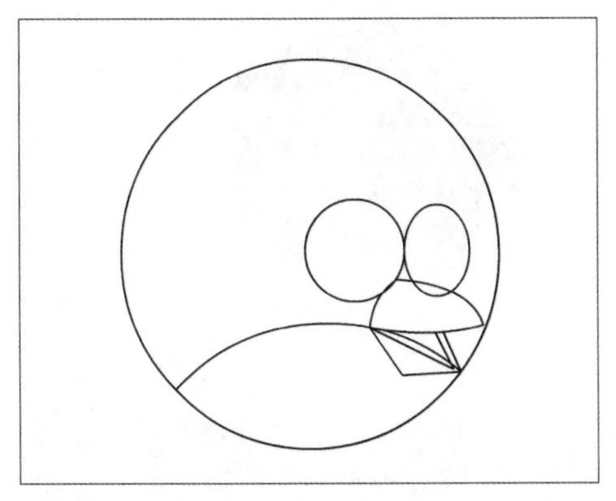

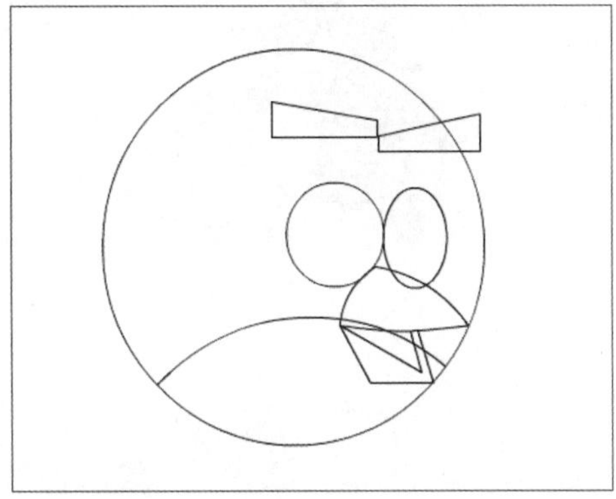

步骤10 使用椭圆工具绘制小鸟的头发后，按下Ctrl+A组合键全选小鸟图形，然后按下Ctrl+B组合键，将其全部打散，如下左图所示。

步骤11 接着使用选择工具删除多余的线条，效果如下右图所示。

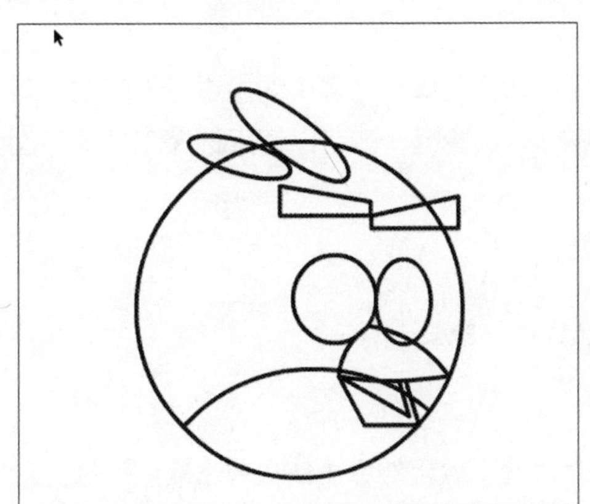

步骤12 使用线条工具绘制小鸟的尾巴形状后，使用椭圆工具绘制小鸟的一个眼球，按住Alt键同时拖曳鼠标左键，复制出另一个眼球，如下左图所示。

步骤13 按下Ctrl+A组合键全选图形，再按下Ctrl+B组合键将图形打散。选择油漆桶工具，单击“颜色”面板右上角的“填充颜色”按钮，选择油漆桶的颜色，如下右图所示。

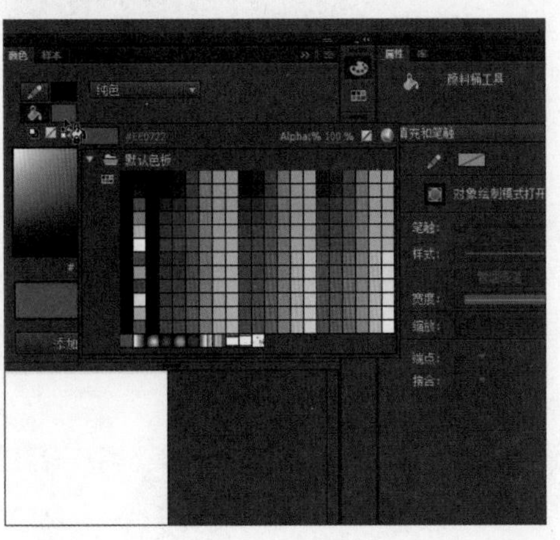

步骤 14 此时光标会变成油漆桶形状，选中需要填充颜色的形状即可，如下左图所示。

步骤 15 同样的方法为小鸟的其他部位填充所需的颜色，效果如下右图所示。

2.3 选择对象

在绘制图形之前，首先要选择图形，Animate CC提供了多种选择对象的工具。例如选择工具、部分选取工具、套索工具、多边形工具及魔术棒工具等，下面将对几种常用的选择工具进行介绍。

2.3.1 选择工具

选择工具是进行动画制作时非常常用的工具，当用户需要对单个或多个对象进行选择时，就可以使用选择工具进行处理。选择工具箱中的选择工具或按下V快捷键，即可以调用选择工具。下面介绍使用选择工具选择对象的方法。

1. 选择单个对象

使用选择工具，在需要选择的对象上单击，即可选择该对象。

2. 选择多个对象

若需要选择多个对象，首先选择一个对象，按住Shift键不放，然后再依次单击需要选择的对象，如下左图所示。用户也可以在空白区域按住鼠标左键不放，拖曳出一个矩形的范围，将要选择的对象都包含在矩形范围内，即可选择多个对象，如下右图所示。

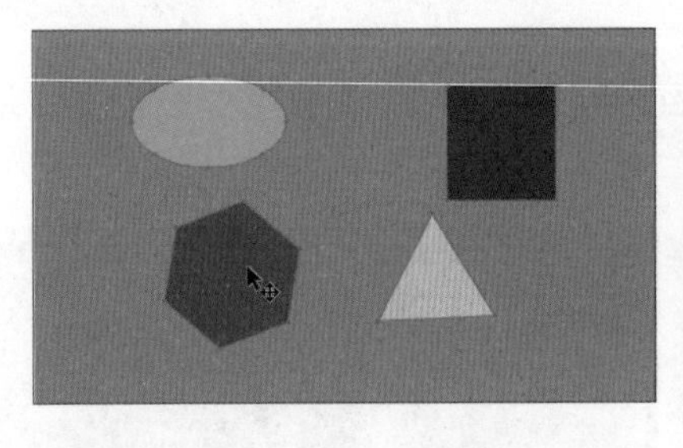
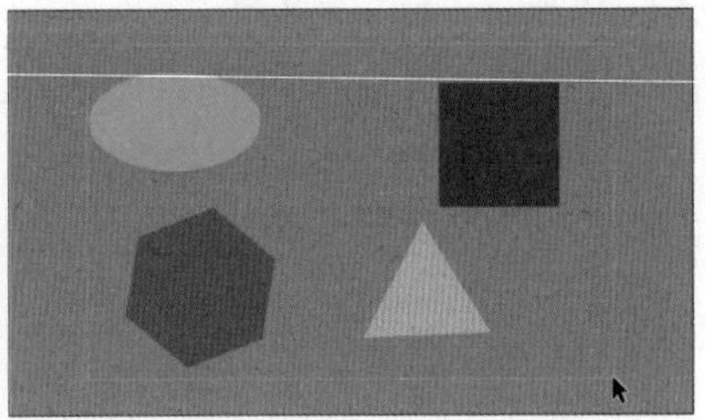

3. 取消选择对象

选择对象后，若在空白区域单击，会取消对象的选择；若在已选择的多个对象中取消部分对象的选择，则按住Shift键的同时，将光标移至需要取消选择的对象单击即可。

4. 双击选择对象

使用选择工具，在对象上双击可将其选中。若是在线条上双击，则可以将颜色相同、粗细一致、连接在一起的线条同时选中。

5. 移动选择的对象

使用选择工具指向已经选择的对象时，光标将变为形状，按住鼠标左键并拖曳，可以将该对象移到需要的位置。

6. 修改选择对象的形状

使用选择工具可以对对象的外框线条进行修改，在修改外框线条之前必须取消该对象的选择，然后将光标移动到两条线的交角处，此时光标变为形状，如下左图所示。按住鼠标左键并拖曳，可以拉伸线的交点，使图形变形，如下右图所示。如果将光标移到线条附近，当光标变为形状时，按住鼠标左键并拖曳，则可以使牵引线变形。

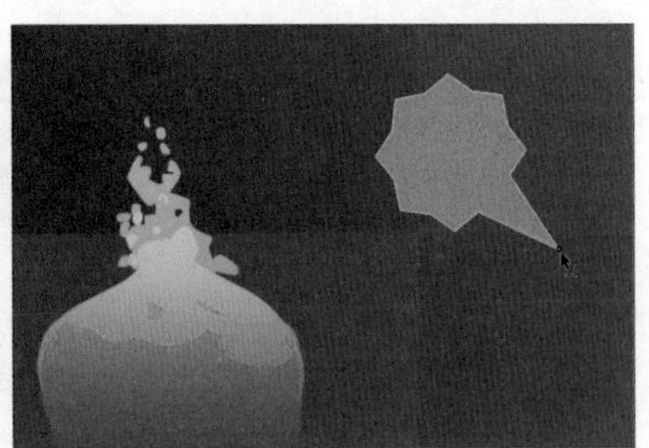

2.3.2 部分选取工具

部分选取工具主要用于选择矢量图形上的节点。用户如果需要选择对象的节点并对节点进行拖曳，或调整图片中路径的方向，则可以使用部分选取工具。

选择工具箱中的部分选取工具或按下A快捷键，在不同情况下光标会变为不同的形状。

- 当光标移动到曲线上时，将变为形状，这时按住鼠标左键并拖动，可以移动整个图形的位置。
- 当光标移到某个节点上时，将变为形状，这时按住鼠标左键并拖动，可以改变该节点的位置。
- 当光标移到调节柄上时，将变为形状，这时按住鼠标左键并拖动，可以调整与该节点相连的线段的弯曲度。

使用部分选取工具选择对象后，该对象的周围将出现许多节点，可以用于连接线条、移动线条和编辑锚点以及锚点的方向等。利用部分选取工具选择图形前后的效果如下图所示。

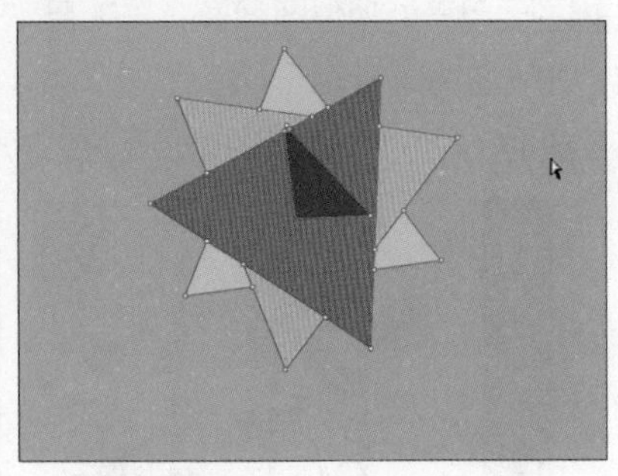

2.3.3 套索工具

当用户需要将图形中的某部分选取出来时，可以使用套索工具。套索工具主要是用于选取不规则的图形，选择套索工具后，按住鼠标左键并拖曳，圈出需要选择图形的范围，然后释放光标左键，即可自动选取套索工具圈出的封闭区域的图形，如下图所示。当线条没有封闭时，将用直线连接起点和终点并自动闭合曲线。

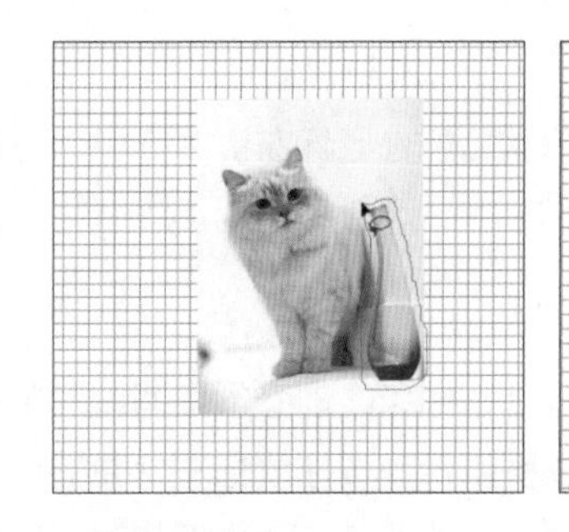
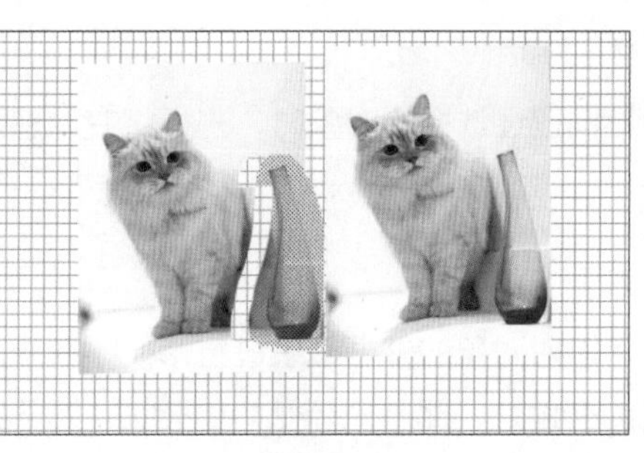

在工具箱中的套索工具选项组中有三个工具选项，分别为套索工具、多边形工具和魔术棒工具，如下图所示。

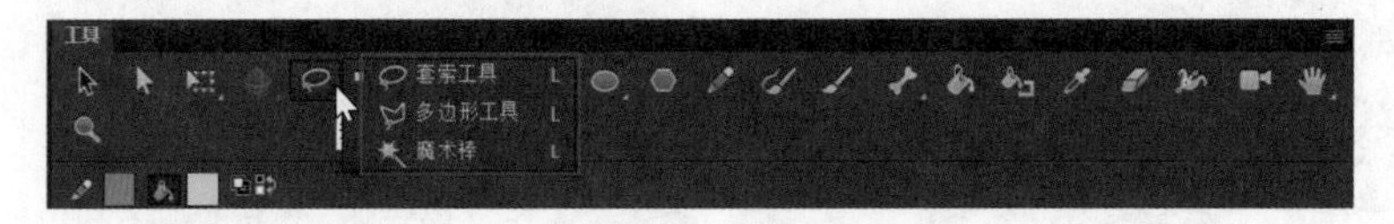

2.3.4 多边形工具

多边形工具主要用于精确选取不规则的图形。选择工具箱中的多边形工具后，每单击一次鼠标左键，就会确定一个点，最后将光标到起点处双击，如下左图所示。即可形成一个多边形的范围，即选择范围，如下右图所示。

2.3.5 魔术棒工具

魔术棒工具主要用于处理位图图像，该工具不仅可以沿对象轮廓进行较大范围的选取，还可以对色彩范围进行选取，如下左图所示。

选择魔术棒工具时，“属性”面板中将显示魔术棒的相关参数，如下右图所示。

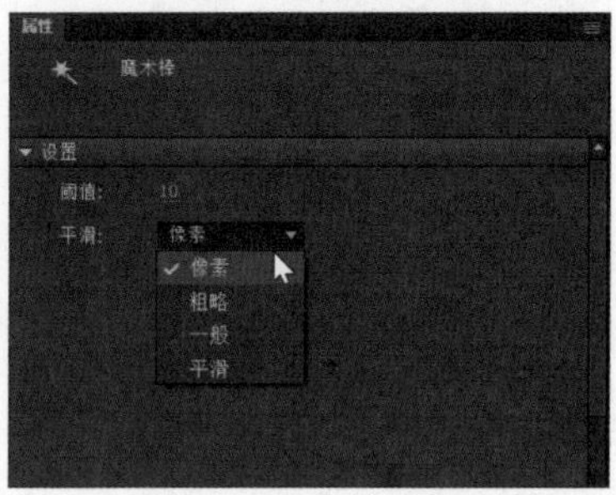

下面将对魔术棒的相关参数进行介绍。

- **阈值**：用于设置选取范围内的颜色与单击处像素颜色的相近程度，数值和容差的范围成正比。
- **平滑**：用于指定选取范围边缘的平滑度，包括“像素”“粗略”“一般”和“平滑”4个选项。

2.4 图形的填充

Animate CC提供了多种为图形填充颜色的工具，如画笔工具、颜料桶工具、滴管工具、墨水瓶工具及渐变变形工具等，下面将详细为大家介绍这几种工具的应用。

2.4.1 画笔工具

在Animate CC中，画笔工具是旧版本中的刷子工具。画笔工具和铅笔工具有很多相似的功能，都可以绘制任意形状的图形，不同的是画笔工具绘制的形状是有颜色的色块，同时还可以创建一些具有一定笔触效果的填充。在工具箱中有两种画笔工具，下面我们将分别进行介绍。

第一种，在工具箱中选择画笔工具（Y）或按下Y快捷键即可以调用，画笔工具“属性”面板，如下左图所示。在该面板中可以设置笔触颜色、填充颜色、笔触、样式、宽度、缩放、端点、接合、平滑及画笔选项，设置完成后，在舞台上即可绘制需要的图形。

在工具箱中选择画笔工具（Y）后，画笔模式包括伸直、平滑及墨水3种，各功能和铅笔工具中模式的含义一样，此处不再赘述。

第二种，在工具箱中选择画笔工具或按下B快捷键即可以调用画笔工具的“属性”面板，如下右图所示。在该面板中可以设置笔触颜色、填充颜色、样式、宽度、端点、接合以及画笔形状，设置完后，在舞台上即可绘制需要的图形。

在画笔工具的选项中，包括“对象绘制”、“锁定填充”、“画笔模式”、“画笔大小”及“画笔形状”5个功能选项按钮。

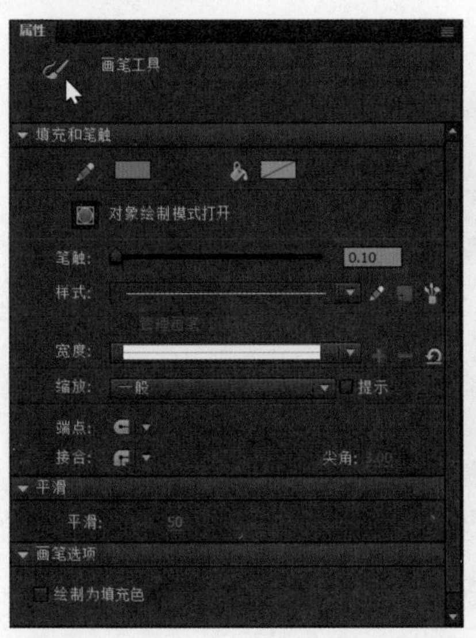

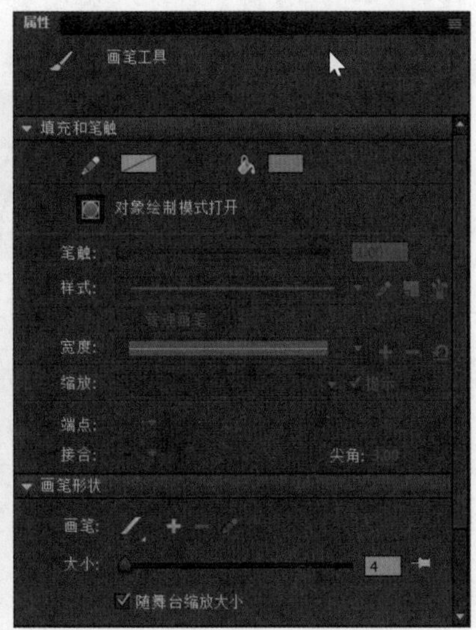

单击“画笔模式”下拉按钮，在弹出的下拉列表中选择一种涂色模式，如下图所示。用户还可以分别单击“画笔大小”和“画笔形状”下拉按钮，在弹出的下拉菜单中选择相应的选项。

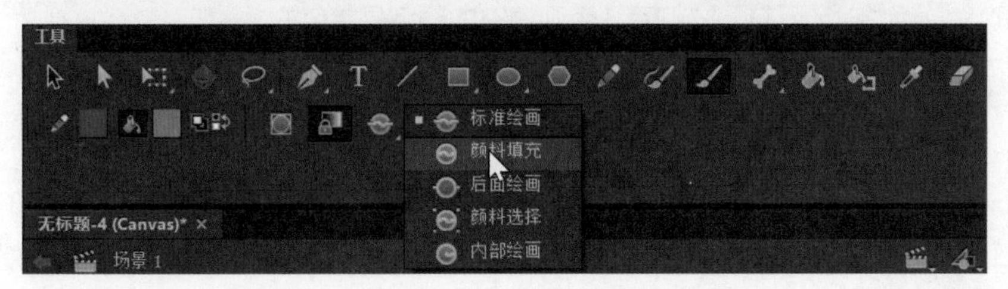

下面介绍“画笔模式”下拉列表中各选项的含义。

- **标准绘画**：使用此模式绘图时，在画笔经过的地方线条和填充全部被画笔刷填充覆盖。
- **后面绘画**：使用此模式时，必须要先选择一个打散后的对象，然后使用画笔工具在该对象所占有的范围内填充。
- **颜料填充**：此模式只对填充部分或空白部分填充颜色，不会影响对象的其他轮廓和填充部分。
- **内部绘画**：此模式下有三种状态，当画笔工具的起点和结束点都在对象的范围以外时，画笔工具填充空白区域；当起点和结束点有一个在对象的填充部分以内时，则填充画笔工具所经过的填充部分，不会对轮廓产生影响；当画笔工具的起点和结束点都在对象的填充部分以内时，则填充画笔工具所经过的填充部分。
- **颜料选择**：在此模式下，必须先选择一个打散的对象，然后使用画笔工具在该对象所占有的范围内填充。

2.4.2 颜料桶工具

颜料桶工具是Animate CC非常常用的工具，使用到颜料桶工具可以对图形进行颜色填充操作。颜料桶工具除了填充颜色功能外还有其他的应用，下面具体讲解颜料桶工具的应用方法。

颜料桶工具用于封闭区域的图形颜色填充。不管是空白区域还是有颜色区域，都可以填充颜色。如果进行适当设置，颜料桶工具还可以为没有封闭的图形区域填充颜色。

选择工具箱中的颜料桶工具或按下K快捷键，此时，工具箱会显示相关的按钮，如“间隔大小”和“锁定填充”按钮。若单击“锁定填充”按钮，当进行渐变填充或位图填充时，可以将填充区域的颜色变化规律锁定，作为这一填充区域周围的色彩变化规范。

单击“间隔大小”按钮，会弹出下图所示的下拉列表。

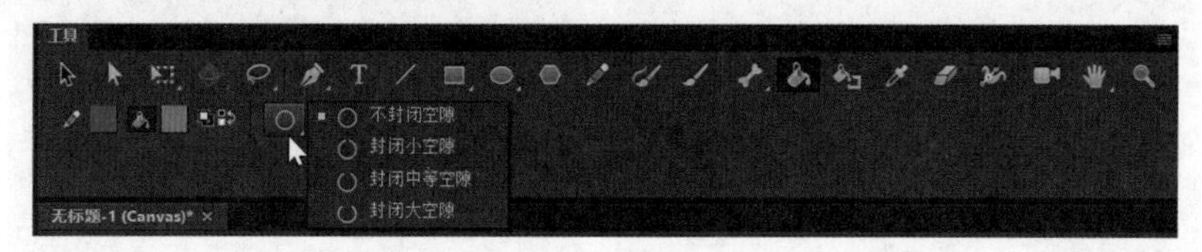

下面将对“间隔大小”下拉列表中各选项的含义进行介绍。

- **不封闭空隙**：选择此选项，只填充完全闭合的区域。
- **封闭小空隙**：选择此选项，可填充具有小缺口的区域。
- **封闭中等空隙**：选择此选项，可填充具有中等缺口的区域。
- **封闭大空隙**：选择此选项，可以填充具有较大空隙的区域。

2.4.3 滴管工具

在动画制作中，滴管工具是经常使用的工具之一，滴管工具类似于格式刷工具，可以从舞台中指定的位置快速吸取填充、位图、笔触等颜色属性，并应用于其他对象上。在将吸取的渐变颜色应用于其他图形时，必须先取消激活“锁定填充”按钮，否则填充的颜色是单色的。

选择工具箱中的滴管工具或按下I快捷键，即可调用滴管工具，下面对滴管工具的几种常用属性进行介绍。

1. 提取渐变填充色属性

选择滴管工具，在渐变填充色上单击，提取渐变填充色，然后在另一个区域中单击，即可以应用提取的渐变填充色。

2. 提取填充色属性

选择滴管工具，当光标靠近填充色时，单击即可获得所选择填充色的属性，此时光标变成了颜料桶工具的小图标，如果单击另外一个填充颜色，即可改变该填充颜色的属性。

3. 提取线条属性

选择滴管工具，当光标在线条上单击时，即可获得所选线条的属性，此时光标变成了颜料桶工具的小图标，单击另外一个线条，即可改变该线条的属性。

4. 将位图转换为填充色

滴管工具不但可以吸取位图中的某个颜色，还可以将整张图片作为元素，填充到图形中，具体操作方法如下。

步骤 01 选择图像并按下Ctrl+B组合键打散图像，然后选择滴管工具，将光标移到需要复制属性的区域，此时滴管工具旁边出现一个黑色的小正方形，如下左图所示。

步骤 02 单击即可吸取填充样式，然后选择椭圆工具，在舞台上绘制圆形，此时填充的颜色就是刚才所吸取的图像样式，如下右图所示。

提示：锁定填充

如果图形中只被一种颜色填充，这是因为锁定填充选项被自动激活，此时单击工具箱中的“锁定填充”按钮，取消锁定，再次填充渐变色即可。

2.4.4 墨水瓶工具

墨水瓶工具主要用于改变当前线条的颜色、尺寸和线型等，也可以为无轮廓的填充添加线条。即墨水瓶工具可为填充色描边。在墨水瓶工具的“属性”面板中可以设置相关参数，其中包括笔触颜色、样式、笔触高度和宽度的设置等，如右图所示。

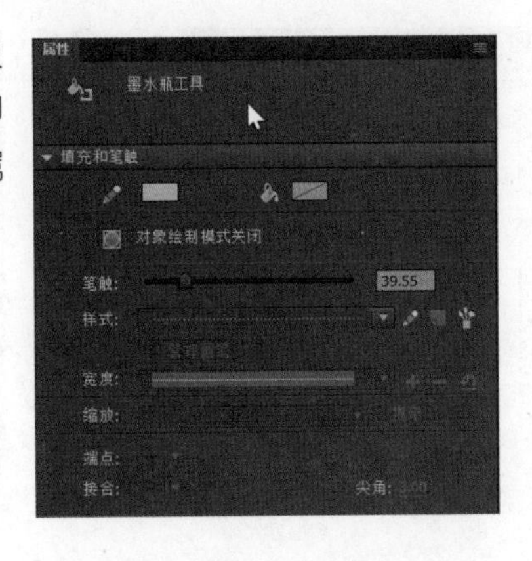

选择工具箱中的墨水瓶工具或按下S快捷键，即可调用墨水瓶工具。墨水瓶工具只影响矢量图形，下面介绍使用该工具进行描边操作的方法。

- **为填充色描边**：选择墨水瓶工具，在“属性”面板中设置笔触和样式等参数后，在舞台中光标会变成墨水瓶的图标，在需要描边的填充色上单击，即可为图形进行描边，下图为描边前后的对比效果。

- **为文字描边**：选择墨水瓶工具，在“属性”面板中设置笔触参数，按下Ctrl+B快捷键，将文字打散并在上方单击，即可为文字描边，下图为描边前后的对比效果图。

好好学习
天天向上

好好学习
天天向上

提示：描边时注意事项

在为图片或文字进行描边前，必须把对象打散，才能进行后续的操作，用户可以按下Ctrl+B组合键执行打散对象操作。

2.4.5 渐变变形工具

在绘制图形时，渐变色填充可以为画面增加丰富的色彩。使用渐变变形工具可以对渐变色的范围进行调整，下面将对“线性”和“放射状”两种渐变形式进行介绍。

1. 线性渐变色的调整

在工具箱中单击“填充颜色”按钮，在打开的面板中选择线性渐变后，使用矩形工具在舞台上绘制一个线性渐变的矩形，如下左图所示。

使用渐变变形工具单击矩形，会出现渐变填充控制柄，当光标移至空心圆点上时，会出现四个方向的箭头图标，拖曳鼠标可以改变填充色的中心位置，如下右图所示。

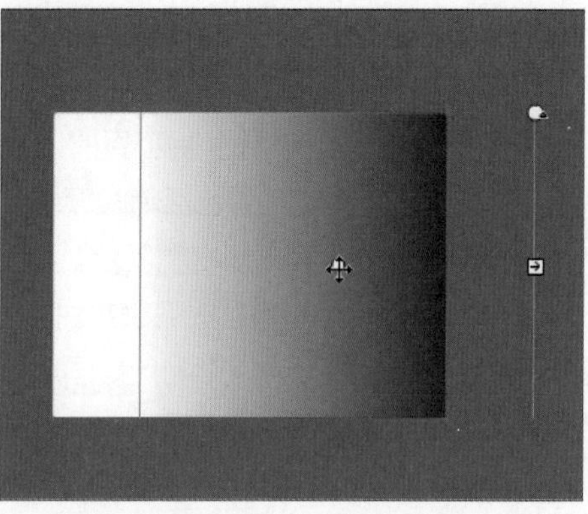

当光标移动到右上角出现黑色正三角形的圆点时，会变为旋转的四个箭头图标，按住鼠标左键并旋转，可以改变填充色方向，如下左图所示。

当光标移至右侧出现右方向箭头图标时，可以调整渐变色的范围，例如拉伸渐变色或使颜色过渡更细致，如下右图所示。

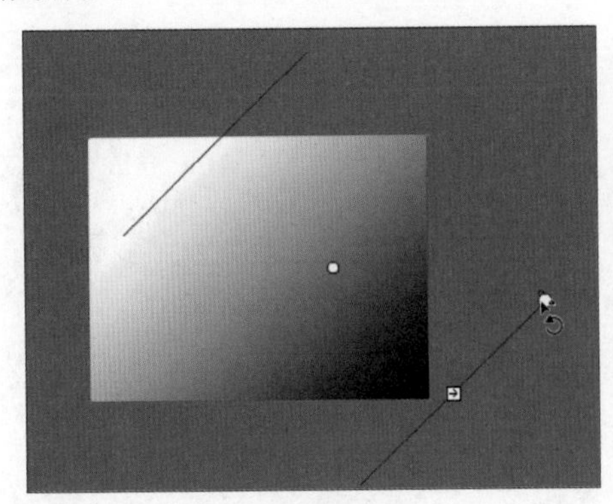

2. 放射状渐变色的调整

单击工具箱中的“填充颜色”按钮，选择放射状渐变形式，使用椭圆工具绘制一个放射状渐变的椭圆，如下左图所示。

使用渐变变形工具单击椭圆图形，会出现填充变形的控制柄。将光标移到空心圆点上时，按住鼠标左键进行拖曳，可以改变放射状的中心位置，如下右图所示。

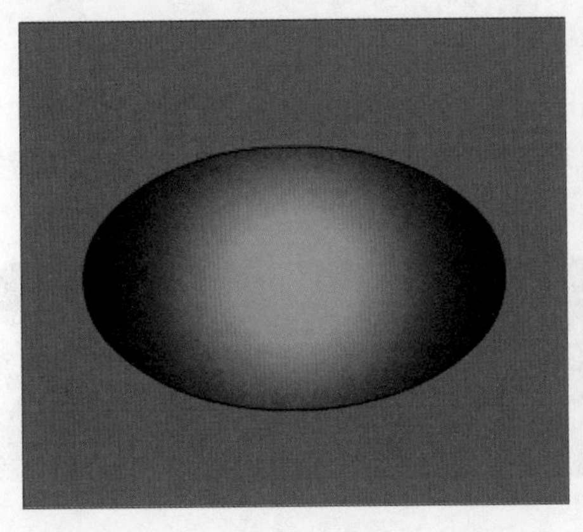

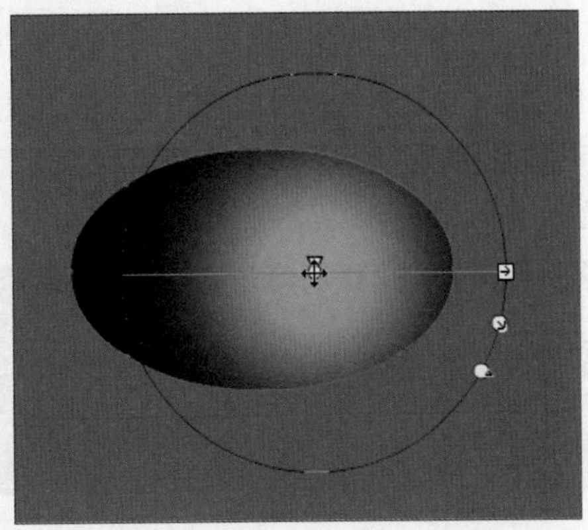

在中心圆点上方，有个倒立的三角形，移动该三角形可以改变放射状渐变的中心填充区域，如下左图所示。

将光标移动到右侧有指向箭头的图标上并拖动，可以改变放射状渐变的水平宽度，如下右图所示。

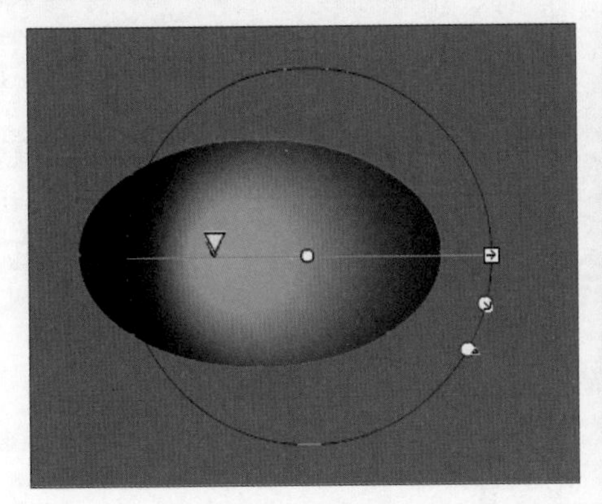

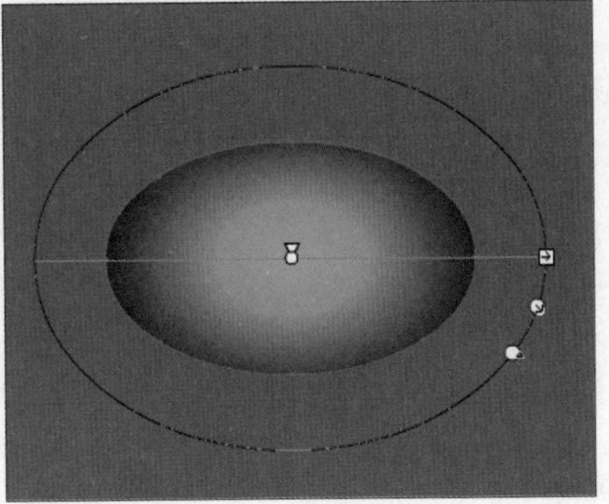

在箭头图标下方有指向右下方的黑色箭头的圆点图标，通过拖曳可以整体缩放放射状渐变的范围，如下左图所示。

最下面有个黑色正三角形的圆点图标，将光标移到上面并拖曳旋转，可以对放射状渐变进行旋转，如下右图所示。

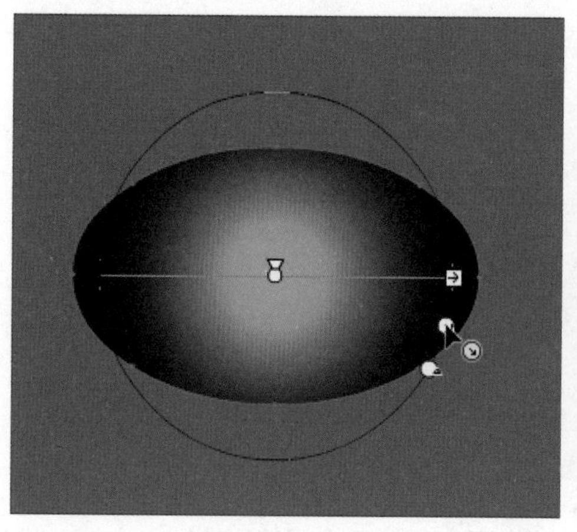

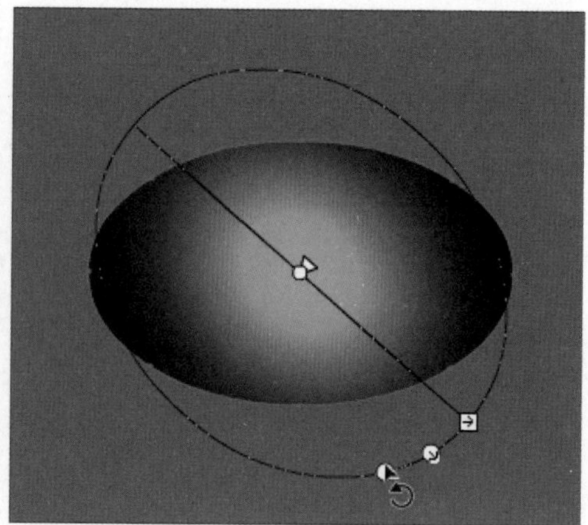

知识延伸：骨骼工具和绑定工具

Animate CC提供的骨骼功能，可以方便地为图形元件、影片剪辑元件和普通的图形添加骨骼，而作为骨骼工具下属的绑定工具，主要是针对骨骼工具为单一图形添加骨骼时使用的。工具箱中骨骼工具和绑定工具的位置，如下图所示。

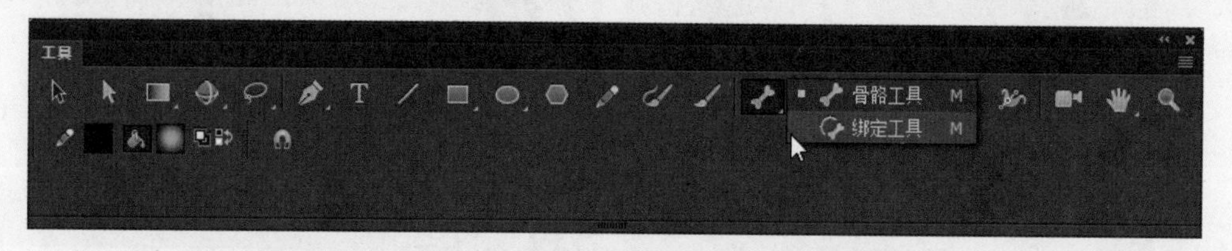

下面介绍这两种工具的使用方法。

步骤 01 使用矩形工具绘制一个矩形并填充颜色，使用骨骼工具为矩形添加骨骼，如下左图所示。

步骤 02 使用选择工具选中骨骼点并进行拖曳，可见矩形的形状随之改变，如下右图所示。

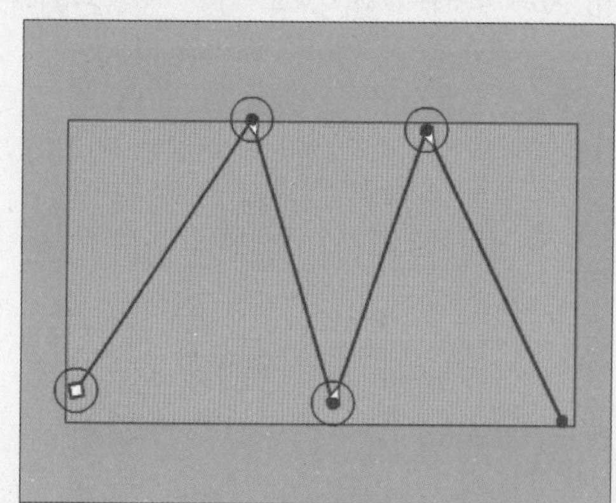

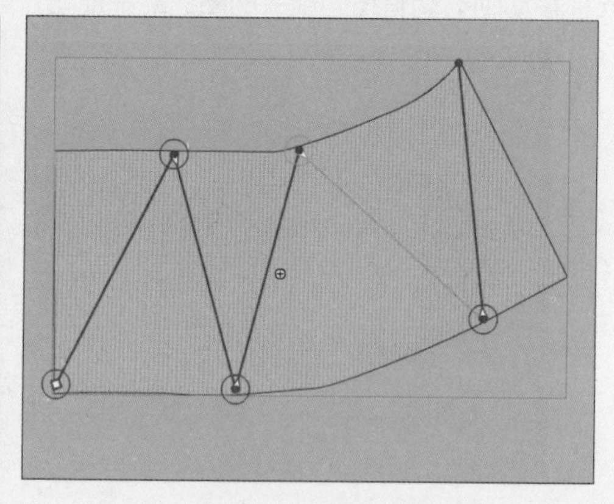

步骤03 重新绘制矩形，使用绑定工具选择骨骼点，选中的骨骼呈红色，按下鼠标左键向右下角的边线控制点移动，控制点为黄点，拖动过程中会显示一条黄色的线段，如下左图所示。

步骤04 当骨骼点与控制点连接，就完成了绑定连接操作。用户可以单一的骨骼绑定单一的端点，端点呈方块显示；也可以多个骨骼绑定单一的端点，端点呈三角显示，如下右图所示。

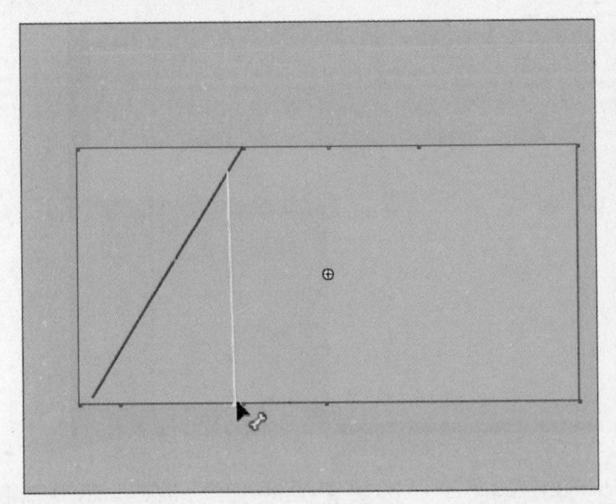

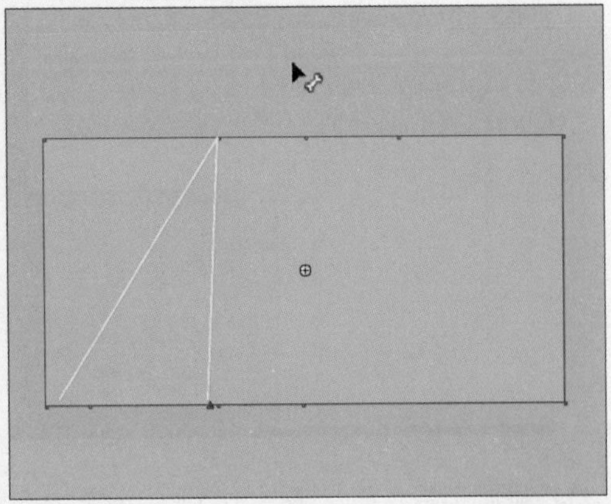

上机实训：绘制小猪佩奇卡通形象

通过本章理论知识的学习，下面以制作小猪佩奇动画人物来巩固和温习所学的知识，以达到学以致用的效果。本实训的目的是让用户熟练地应用工具箱中的工具进行图形绘制。

步骤01 创建空白文档，设置舞台尺寸为750×600像素，用户也可以根据自己的喜好设置舞台背景色，并命名为“小猪佩奇”，如下左图所示。

步骤02 将“图层1”重命名为“小猪”，选择工具箱中的椭圆工具，并在其“属性”面板中设置填充色为#FFCCFF，笔触颜色为#FF6699，在舞台上绘制椭圆作为小猪的头部，如下右图所示。

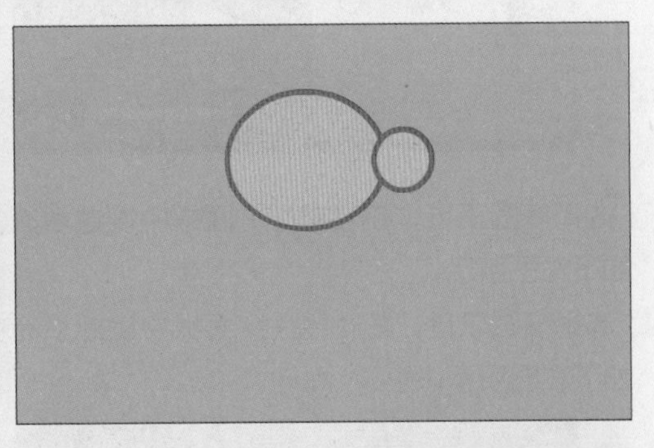

步骤03 使用选择工具，将光标移到椭圆的边线上，出现↖图标时，按住鼠标左键并拖曳，调整后的小猪头部效果如右图所示。

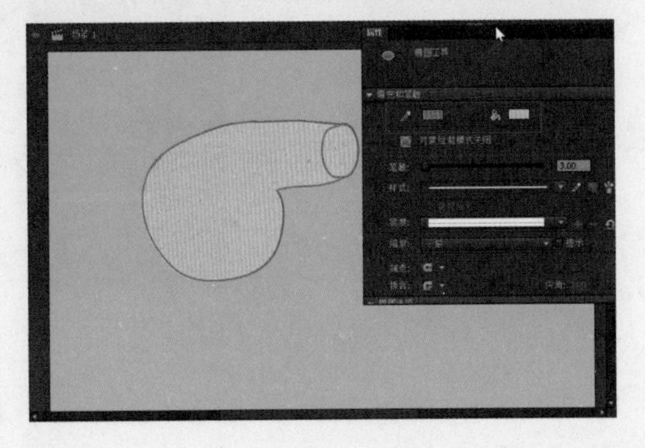

步骤 04 使用椭圆工具，保持刚才的设置参数，按住Shift键，绘制两个小圆，作为小猪的鼻子，效果如下左图所示。

步骤 05 选择椭圆工具，“属性”面板中设置填充色为#FFCCFF，笔触颜色为#FF6699。在小猪的耳朵上绘制椭圆并用选择工具进行调整，作为小猪的内耳，如下右图所示。

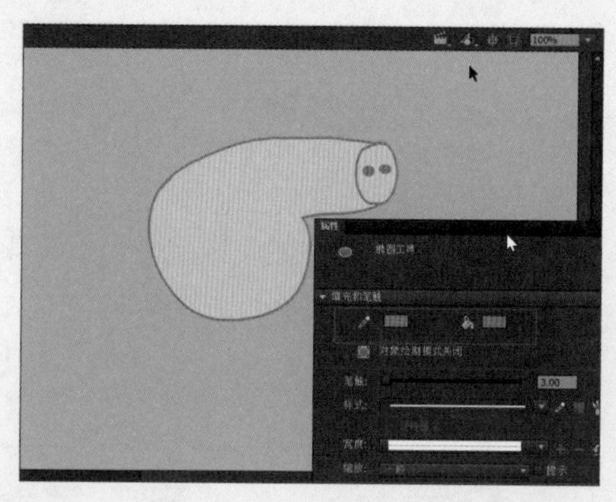

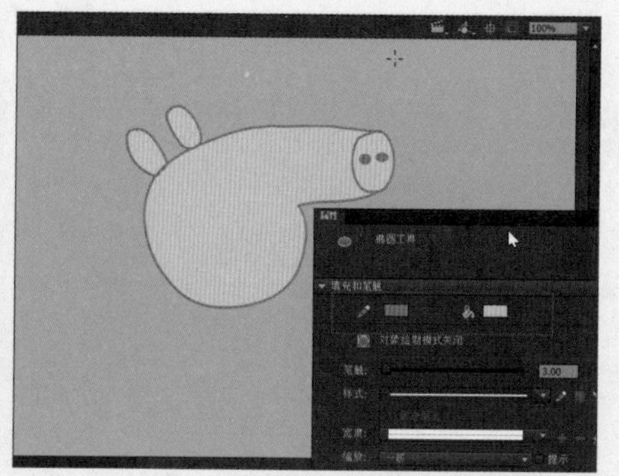

步骤 06 选择椭圆工具，在“属性”面板中设置填充色为#FF99FF，设置无笔触颜色，在头部绘制椭圆作为小猪的脸颊，如下左图所示。

步骤 07 选择椭圆工具，在“属性”面板中设置填充色为白色，笔触颜色为#FF6699，分别绘制出小猪的鼻眼框，如下右图所示。

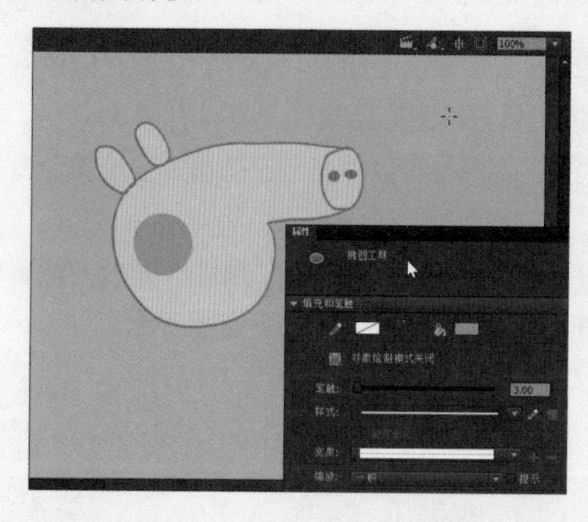

步骤 08 选择椭圆工具，在“属性”面板中设置填充色为黑色，设置无笔触颜色，绘制椭圆，作为小猪的眼珠，如下左图所示。

步骤 09 选择椭圆工具，在“属性”面板中设置填充色为红色，设置无笔触颜色，绘制椭圆，作为小猪的嘴巴，如下右图所示。

步骤10 选择椭圆工具，在“属性”面板中设置填充色为红色，笔触颜色为深红色。绘制椭圆后，使用选择工具进行调整，作为小猪的身体，如下左图所示。

步骤11 选择矩形工具，在“属性”面板中设置填充色为#FF9999，笔触颜色为#FFCCCC，绘制矩形作为小猪的腿，如下右图所示。

步骤12 选择矩形工具，在“属性”面板中设置填充色为黑色，笔触颜色为黑色。绘制矩形后，使用选择工具进行调整，作为小猪的鞋子，如下左图所示。

步骤13 选择矩形工具，在“属性”面板中设置填充色为#FF9999，笔触颜色为#FFCCCC，绘制矩形作为小猪的胳膊和小手，如下右图所示。

步骤14 在绘制小猪佩奇尾巴时，可以绘制一个同心圆，然后对开始角度、结束角度及内径进行设置。参数设置如下左图所示。

步骤15 至此，小猪佩奇卡通形象绘制完成，效果如下右图所示。

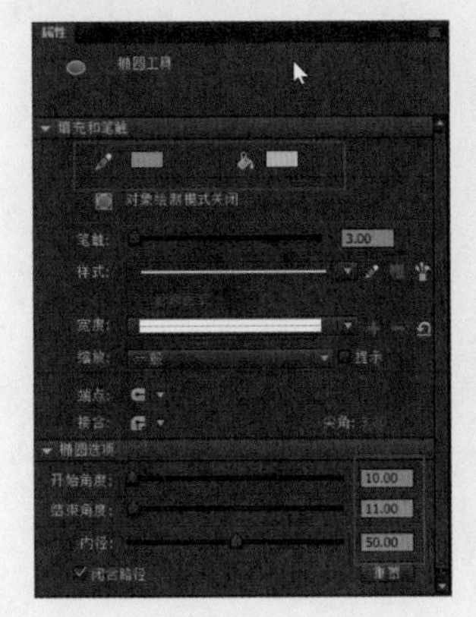

课后练习

1. 选择题

（1）使用铅笔工具绘制平滑的线条时，应选择（　　）模式。

A. 平滑　　B. 伸直　　C. 墨水　　D. 对象绘制

（2）（　　）工具可以对图形进行变形操作。

A. 部分选取工具　　B. 橡皮擦工具　　C. 任意变形工具　　D.选择工具

（3）显示标尺的方法为（　　）。

A. 选择“插入>标尺”命令　　B. 选择“编辑>标尺”命令

C. 选择“视图>标尺”命令　　D. 选择“窗口>标尺”命令

（4）从一个比较复杂的图形中选择不规则的某一部分图形时，应该使用（　　）工具。

A. 套索　　B. 滴管　　C. 颜料桶　　D. 选择

2. 填空题

（1）钢笔工具除了可以绘制平滑精致的直线和曲线条外，还可以进行________、________、将节点转化到角点及删除锚点等操作。

（2）在制作动画时，若需要对某对象进行精确定位，可以使用标尺、________和________等辅助工具。

（3）在“画笔模式”下拉列表中，对舞台上同一层中的空白区域填充颜色，不会影响对象的轮廓和填充部分的是________模式。

（4）利用滴管工具，可以从舞台中的指定位置拾取________、________及笔触等颜色属性，并应用于其他对象上。

3. 上机题

学习了Animate CC工具箱中关于图形绘制和填充的相关工具的应用后，用户可以进行下图所示图形的绘制练习，从而可以更熟练地应用绘图和填充工具。

第3章 对象的编辑与修饰

本章概述

本章将对Animate CC中对象的编辑和修饰操作进行详细介绍，主要包括对象的编辑、对象的变形和对象的修饰等。通过本章内容的学习，使用户可以熟练掌握图形的变形、旋转、扭曲等操作，从而绘制出更加形象的图形。

核心知识点

❶ 熟悉对象的编辑
❷ 熟悉对象的变形
❸ 掌握对象的修饰方法
❹ 了解“变形”面板的应用

3.1 对象的编辑

使用Animate CC绘图工具绘制图形后，用户一般需要对其进行相应的编辑或修饰才能满足要求，例如对图形对象进行合并、组合、排列或对齐等。

3.1.1 合并对象

合并对象是指将两个或两个以上的图形对象，以不同的合并方式进行图形合并，从而得到一个新的对象。首选选择需要合并的对象，然后执行“修改>合并对象”命令，在子菜单中包含“联合”“交集”“打孔”和“裁切”4个合并对象的方式，不同的合并方式得到的新对象是不一样的。

1. 联合对象

联合对象是将联合前图形上所有可见的部分组合，重叠的不可见区域将被删除。选择需要合并的对象，如下左图所示。然后执行“修改>合并对象>联合”命令，效果如下中图所示。

2. 交集对象

交集对象是将两个或多个形状重合的部分组合，其他部分被删除，新对象保留最上面形状的填充和笔触。选中需要合并的对象，然后执行“修改>合并对象>交集”命令，效果如下右图所示。

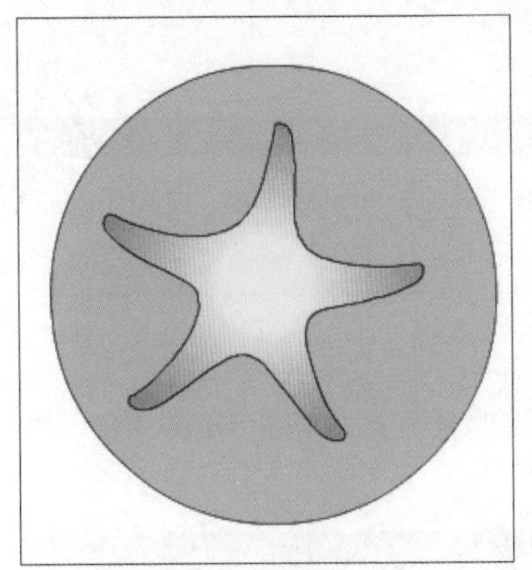
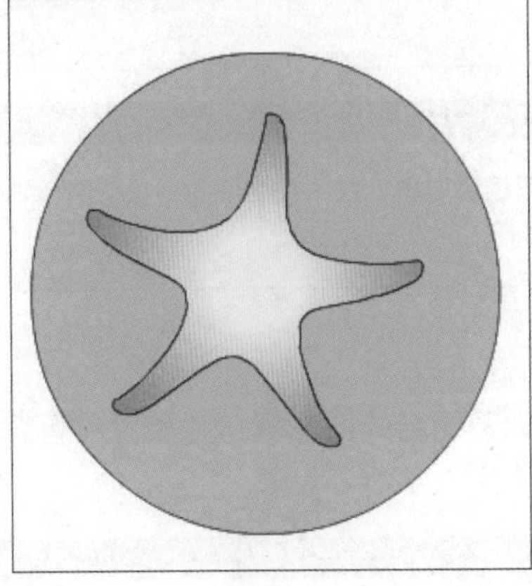
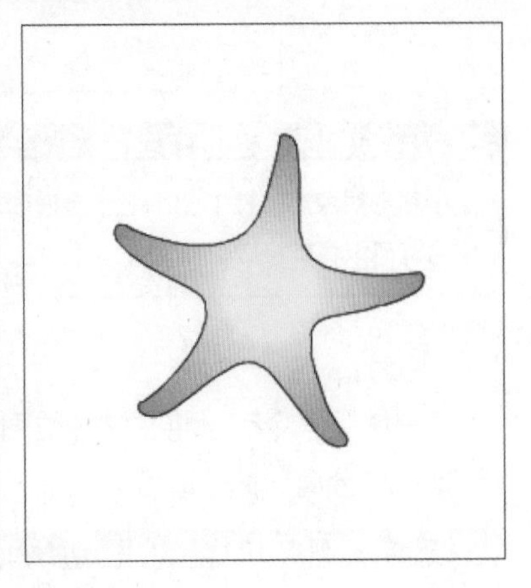

3. 打孔对象

打孔对象的方式可以删除顶层对象并挖空它与其他对象重叠的区域，效果如下左图所示。

4. 裁切对象

裁切对象的方式可以删除下层对象与上层对象重叠区域之外的部分，最上层对象定义裁切后对象的形状，执行裁切后保留与最上面的形状重叠的任何下层形状部分，效果如下右图所示。

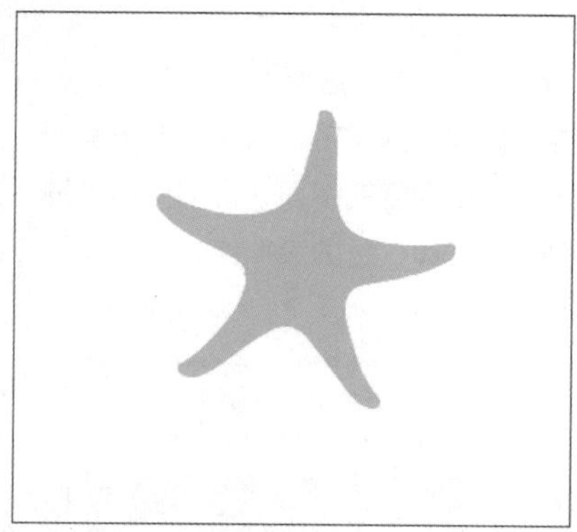

3.1.2 组合与分离对象

在Animate CC中制作动画时，可以将多个元素进行组合，使其成为一个对象，不仅便于对象的编辑操作，还可以根据需要进行对象的分离。

1. 组合对象

“组合”命令可以将多个图形组成一个独立的图形，然后作为一个整体进行移动或变形等操作。使用选择工具选择需要组合的对象，如下左图所示。然后执行“修改>组合”命令，即可将选中的图形组为一个大的图形，效果如下右图所示。

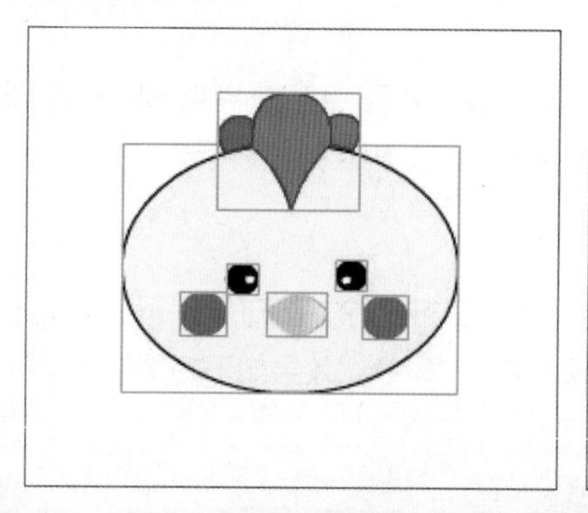

提示：使用快捷键进行组合

选中图形对象后，按下Ctrl+G组合键即可组合对象。如果需要取消组合对象，则按下Ctrl+Shift+G组合键，按下Ctrl+B组合键可以将其打散。

2. 分离对象

“分离”命令可以将文字、位图以及组合的图形拆分为单独的可编辑对象。选中需要分离的对象，执行“修改>分离”命令即可。

提示：分离和取消组合的区别

“分离”命令可以将对象分离为矢量图形，适用于所有对象；取消组合操作只是将图形进行分开，不能将位图、文本等变为矢量图。

3.1.3 排列对象

在同一图层中创建多个图形时，是根据对象创建的先后顺序来层叠对象，新创建的图形在最上层，会覆盖后面的图形，如下左图所示，可见前面图形盖住了后面的图形对象。选中后面的图形对象，然后执行“修改>排列>上移一层”命令，效果如下右图所示。

在“排列”子菜单中包含“移至顶层”“上移一层”“下移一层”和“移至底层”4个排列方式，它们对应的快捷键分别为Ctrl+Shift+↑、Ctrl+↑、Ctrl+↓以及Ctrl+Shift+↓。

图层也会影响图形的层叠顺序，上层图层内的任何内容都在下面图层之上。如果需要更改图层的顺序，可以在“时间轴”面板中拖曳图层来调整顺序，下图为调整图形顺序的前后效果。

3.1.4 对齐对象

在Animate CC中，用户可以通过“对齐”面板或使用“对齐”命令对舞台上的图形进行对齐操作。选中所有对象，如下左图所示。执行“修改>对齐>水平居中”命令，效果如下右图所示。

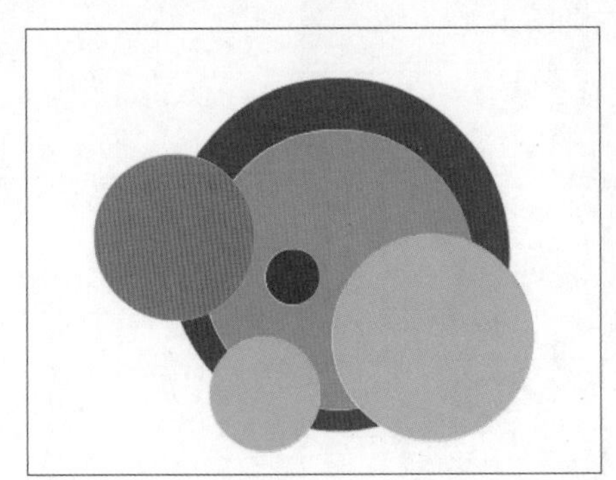
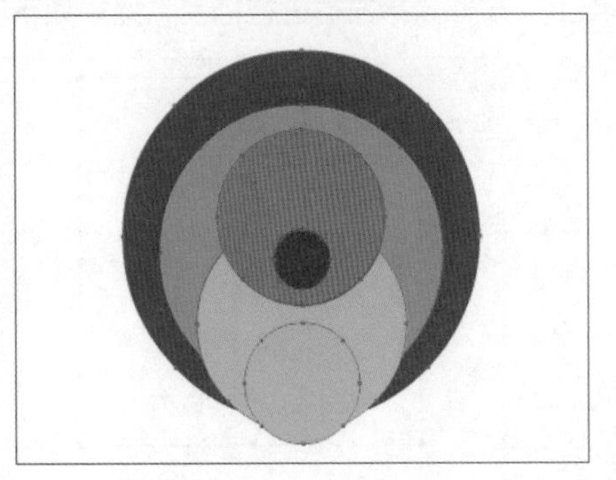

用户也可以选中所有对象后执行“窗口>对齐”命令，打开“对齐”面板，单击“垂直中齐”按钮，如下左图所示。效果如下右图所示。

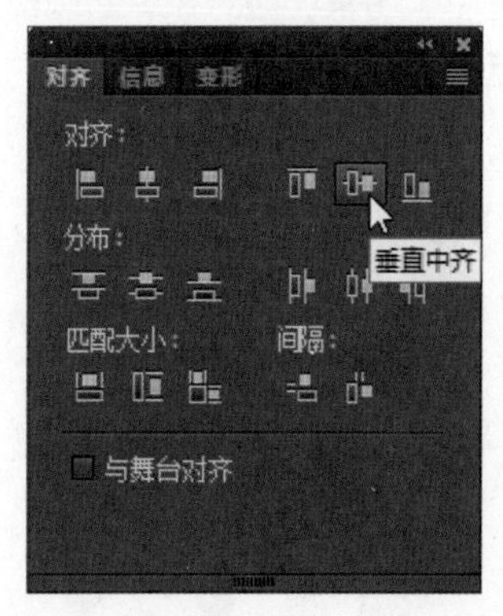

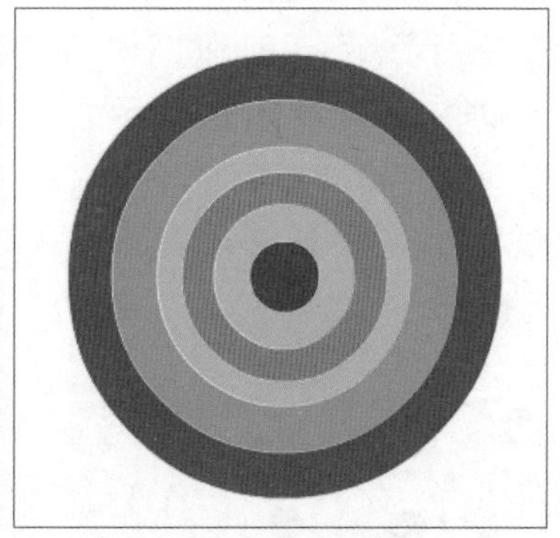

在“对齐”面板或执行“对齐”命令，可以设置对象分布和匹配大小，下面以匹配大小为例介绍具体用法。首先选择所有对象，如下左图所示。执行“修改>对齐>设为相同高度”命令，或单击“对齐”面板中的“匹配高度”按钮，效果如下右图所示。

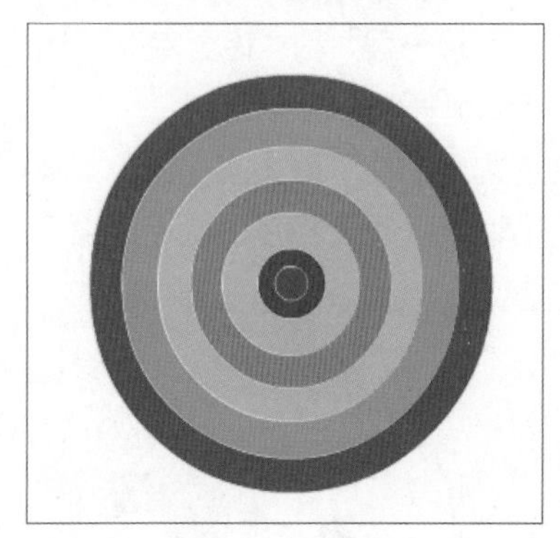

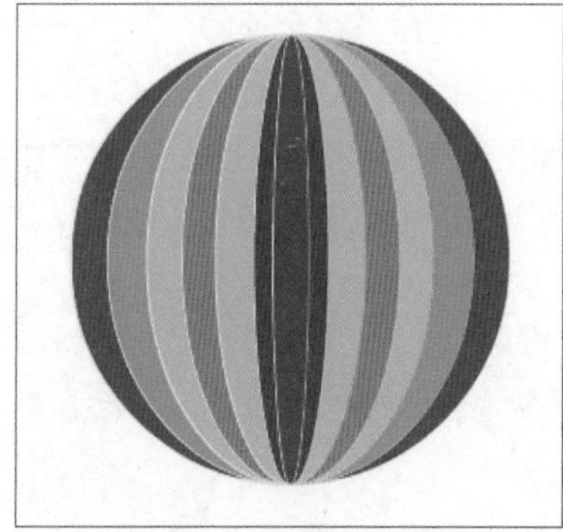

3.2 对象的变形

在Animate CC中应用“变形”命令可以对选中的对象进行各种变形操作，得到如扭曲、缩放、倾斜和封套等特殊效果。

3.2.1 扭曲对象

选择对象后，执行“修改>变形>扭曲”命令，在对象的四周将出现8个控制点，如下左图所示。将光标移至控制点上，按住鼠标左键进行拖曳，效果如下右图所示。

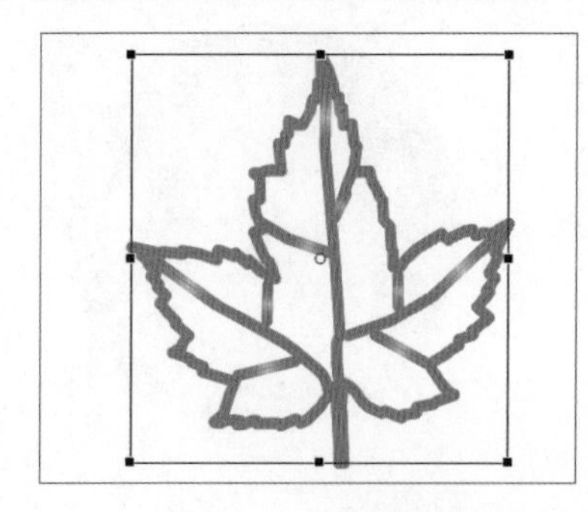

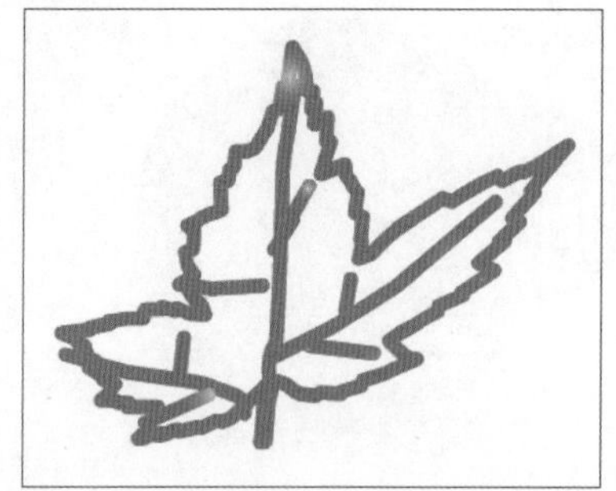

3.2.2 封套对象

封套对象操作可以对图形进行任意形状的修改，变形效果比扭曲对象操作更自由。选中对象，执行“修改>变形>封套”命令，选中对象的周围将出现多个控制点，如下左图所示。使用鼠标拖曳任意控制点，如下中图所示。即可使图形产生弯曲变形的效果，如下右图所示。

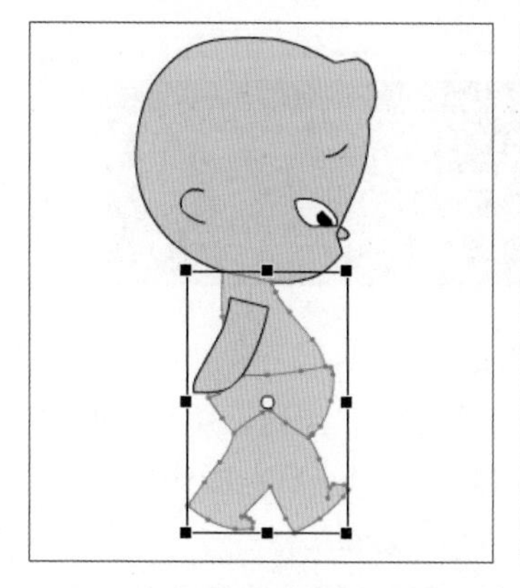
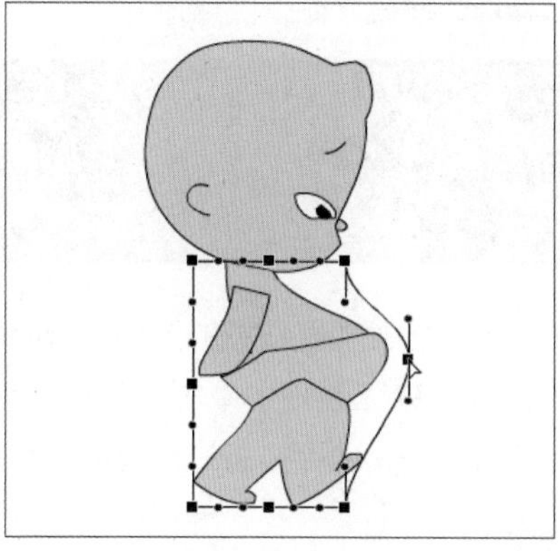
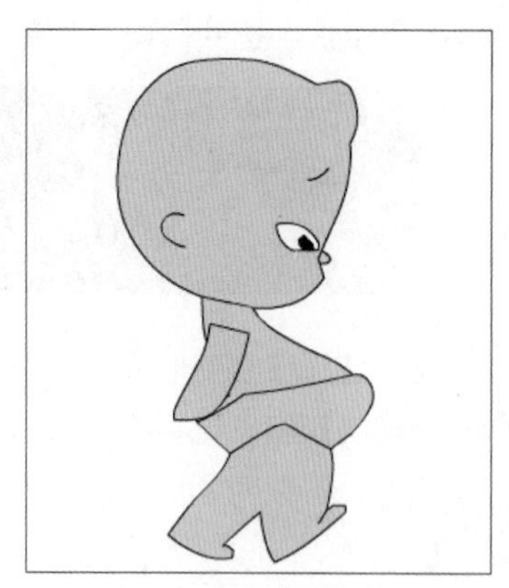

3.2.3 旋转与倾斜对象

执行“旋转与倾斜”命令，可以对对象进行旋转和倾斜操作。选中对象，执行“修改>变形>旋转与倾斜”命令，或者选择任意变形工具，将光标移至对象边的中间控制点上，如下左图所示。按位鼠标左键进行拖曳，即可倾斜对象，如下中图所示。如果将光标移至4个角的控制点时，光标将变为带箭头的旋转形状，按住鼠标左键进行旋转，如下右图所示。

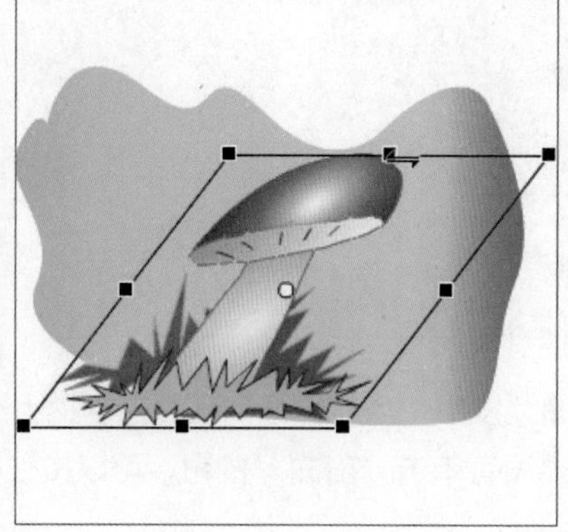
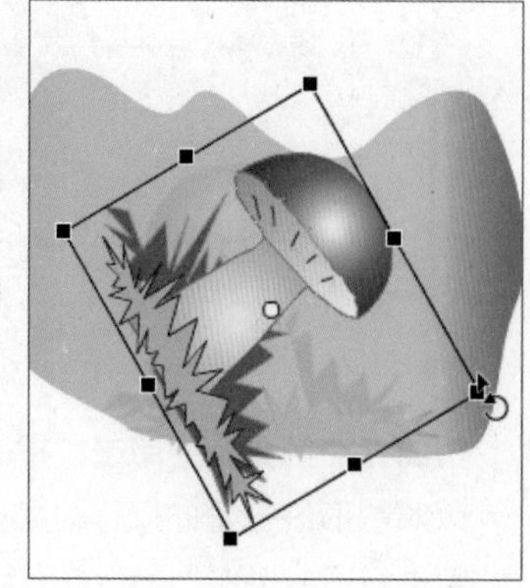

3.2.4 翻转对象

通过菜单中的对象翻转命令，可以将选中的对象进行水平或垂直翻转。选中对象，执行“修改>变形>垂直翻转”命令，即可对图形执行垂直翻转操作，如右图所示。

3.2.5 任意变形对象

在动画制作中，任意变形工具的使用频率非常高，用户可以通过使用任意变形工具调整对象的宽高比、倾斜程度、旋转角度等，来改变图形的基本形状。

在工具箱中选择任意变形工具或者按下Q快捷键，即可调用任意变形工具。在工具箱中会显示“旋转与倾斜”“缩放”“扭曲”和“封套”等功能按钮，如下图所示。

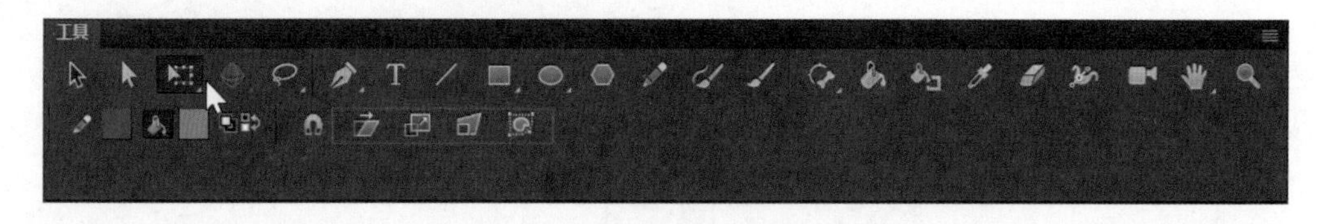

下面对选择任意变形工具后，工具箱中相关功能按钮的应用进行简单地介绍。

- **旋转与倾斜**：选中绘制的椭圆图形，在工具箱中单击“旋转与倾斜”按钮，当光标移到图形的4个角时，可以对图形进行旋转操作。当光标移到4条边线上时，可以对图形进行倾斜操作，如下左图所示。
- **缩放**：在工具箱中单击“缩放”按钮，当光标移到4个角时，可以对图形进行等比例缩放操作，如果没有单击“缩放”按钮，按住Shift键也可以进行等比例缩放操作。当光标移到4条边线的控制柄时，可以对图形进行挤压和拉伸操作，如下右图所示。

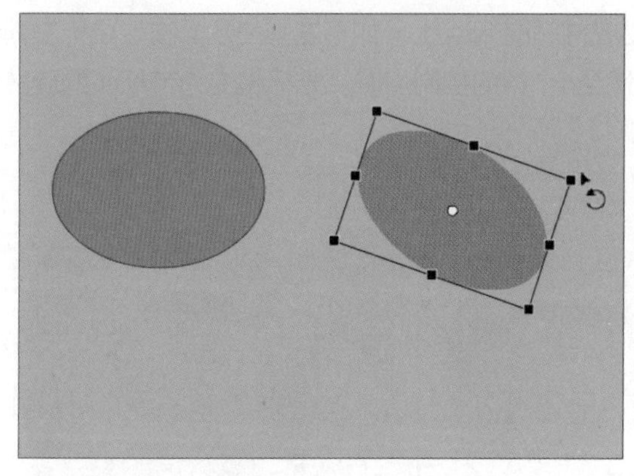

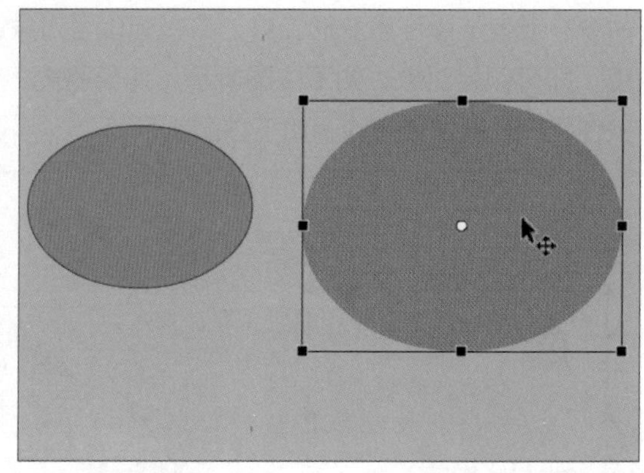

- **扭曲**：在工具箱中单击“扭曲”按钮，当光标移到任意控制柄上时，会变为白色箭头形状，这时可以对图形进行扭曲操作。如果没有单击“扭曲”按钮，可以按住Ctrl键的同时使用任意变形工具拖曳进行扭曲操作，如下左图所示。
- **封套**：在工具箱中单击“封套”按钮，在图形周围出现24个控制柄，可以对图形进行任意改变形状的操作，如下右图所示。

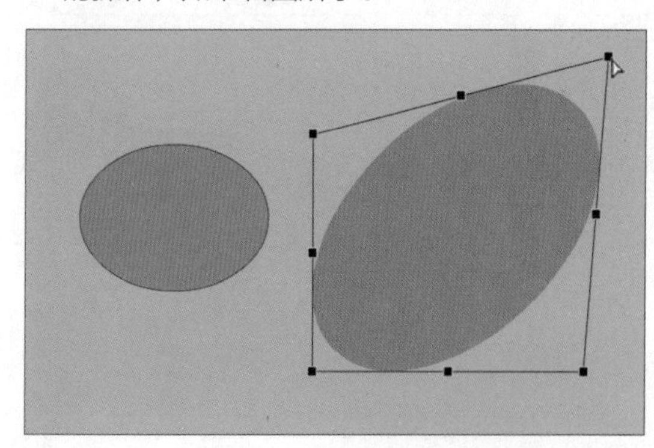

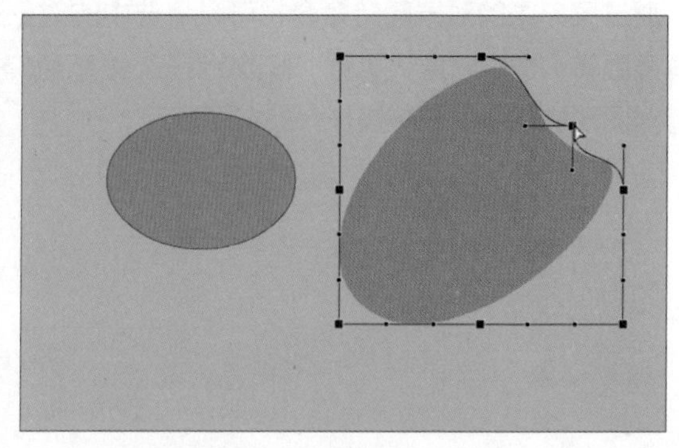

实战练习 绘制卡通儿童

下面通过绘制走路的小孩的具体案例，对Animate CC对象的变形操作进行详细介绍。本案例还将使用椭圆工具、线条工具、油漆桶工具等，具体操作方法如下。

步骤 01 首先创建一个空白文档，导入“背景.gif”素材，将该图层重名为“场景”，如下左图所示。

步骤 02 创建一个元件，命名为“孩子”，设置类型为“图形”，如下右图所示。

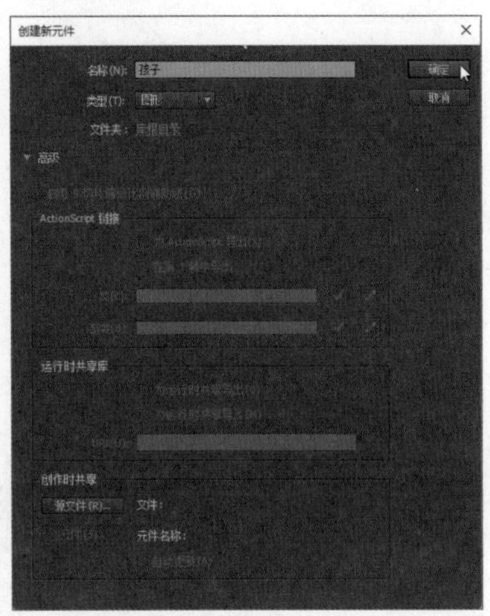

步骤 03 使用椭圆工具和线条工具绘制出人物的头部轮廓，如下左图所示。

步骤 04 对头部轮廓进行相应的调整，使用油漆桶工具为其上色，然后对头部进行组合，如下右图所示。

步骤 05 使用线条工具绘制人物的身体后，使用油漆桶工具为其上色，并执行组合操作，如下左图所示。

步骤 06 接着使用线条工具为人物绘制出一条胳膊，如下右图所示。

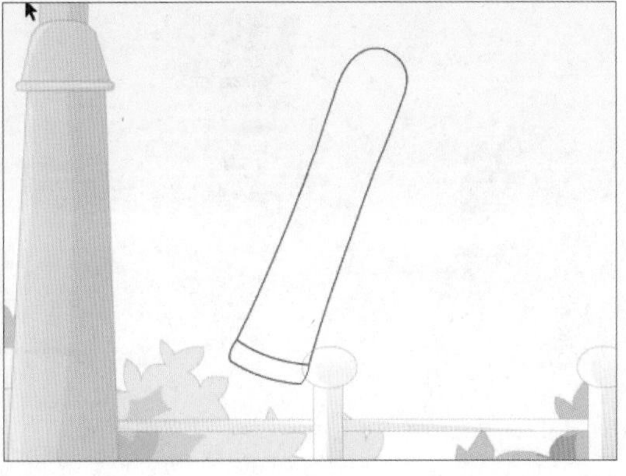

步骤07 使用线条工具绘制一只手，并使用油漆桶工具为其填充颜色，如下左图所示。

步骤08 使用线条工具绘制出另一只手并填充颜色，如下右图所示。

步骤09 选中胳膊图形，按住Alt键同时进行拖曳，复制图形。选中复制的图形，执行“修改>变形>水平翻转”命令后，放在合适的位置，如下左图所示。

步骤10 按照相同的方法绘制出小孩的屁股、大腿、小腿、鞋子，并且各自单独建组，如下右图所示。

步骤11 按住Shift键同时框选大腿、小腿和鞋子，然后复制出另一条腿，如下左图所示。

步骤12 使用任意变形工具，适当调整身体各部位的大小和位置，并对腿部进行旋转操作。至此，本案例制作完成，效果如下右图所示。

3.3 对象的修饰

在制作动画的过程中，用户可以使用相应的修饰命令对曲线进行优化、将线条转化为填充、扩展填充对象或柔化填充对象的边缘等。

3.3.1 优化曲线

优化曲线操作可以让线条变得较为平滑，减少用于定义元素的曲线数量。选中需要优化的曲线，如下左图所示。执行“修改>形状>优化”命令，打开“优化曲线”对话框，设置“优化强度”为100，单击“确定”按钮，如下中图所示。系统将弹出提示对话框，显示原始形状和优化后形状的曲线数量，单击“确定”按钮，即可优化曲线，优化后的曲线比较平滑，效果如下右图所示。

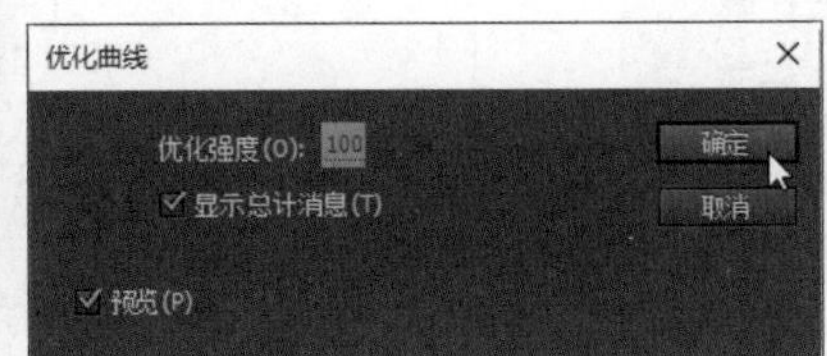

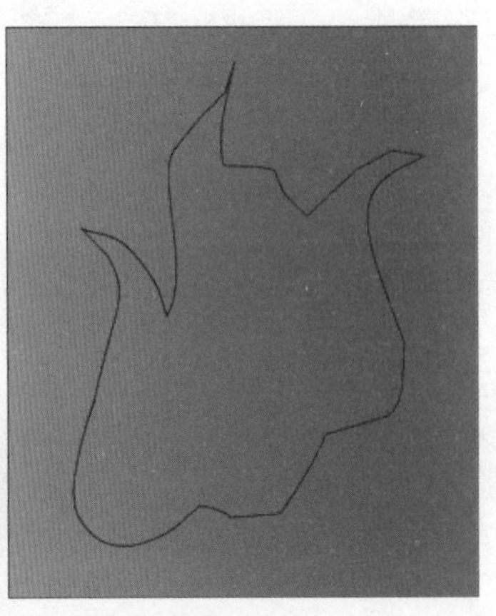

下面将对“优化曲线”对话框中各选项的含义进行介绍。

- **优化强度：** 在数值框中输入数值，数值越大，优化效果越明显，最大值为100。
- **显示总计消息：** 勾选该复选框，在完成优化操作时会弹出提示对话框，显示优化结果；若取消勾选该复选框，则不弹出提示对话框。

3.3.2 将线条转换为填充

绘制线条时其粗细是固定的，而将线条转换为填充后，绘制的矢量线条将转换为填充色块。选中线条，如下左图所示。执行“修改>形状>将线条转换为填充”命令，即可完成操作，此时可见线条内外侧都有锚点，使用部分选取工具拖曳锚点，修改线条的形状，效果如下右图所示。

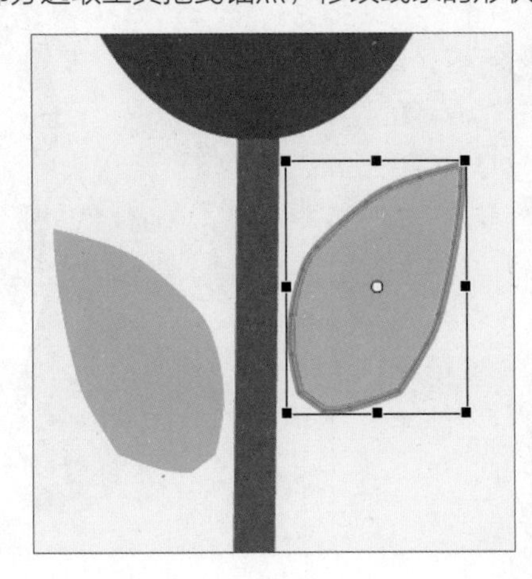

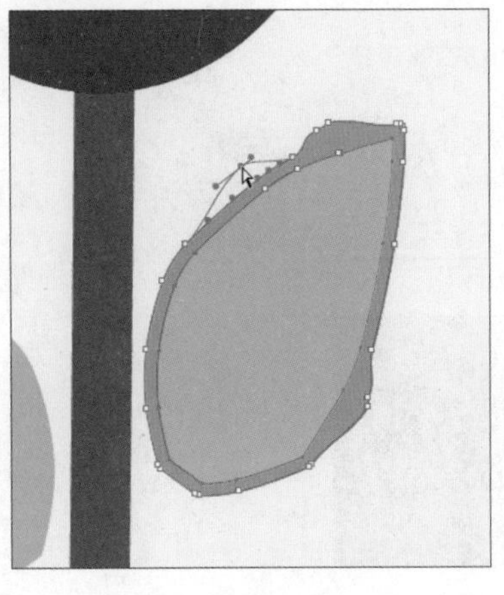

3.3.3 扩展填充

使用“扩展填充”命令，可以将填充的颜色向内收缩或向外扩展，用户可以自定义扩展和收缩的数值。选中图形填充的颜色，执行“修改>形状>扩展填充”命令，即可打开“扩展填充”对话框，如下图所示。

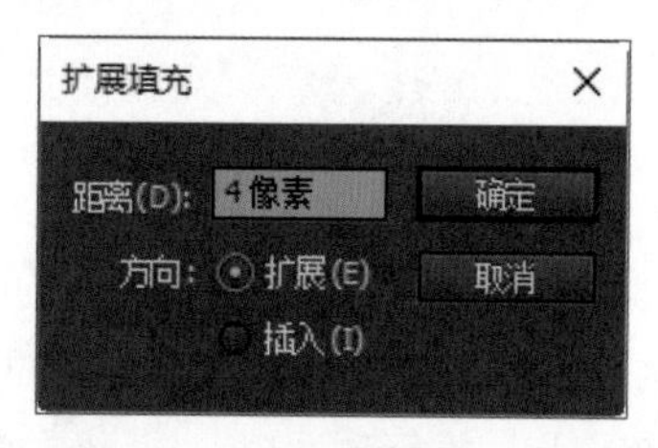

下面对“扩展填充”对话框中各选项的含义进行介绍。

- **距离：** 在数值框中输入数值，设置扩展或收缩的距离，数值越大，填充颜色与轮廓距离越大。
- **扩展：** 选中该单选按钮，填充颜色将根据设置的距离向外扩展，如下左图所示。
- **插入：** 选中该单选按钮，填充颜色将根据设置的距离向内收缩，如下右图所示。

3.3.4 柔化填充边缘

“柔化填充边缘”命令和“扩展填充”命令功能类似，“柔化填充边缘”命令可以在填充方向上产生多个透明的图形。选中图形填充的颜色，执行“修改>形状>柔化填充边缘”命令，打开“柔化填充边缘”对话框，如下左图所示。下中图为选中“扩展”单选按钮的效果。下右图为选中“插入”单选按钮的效果。

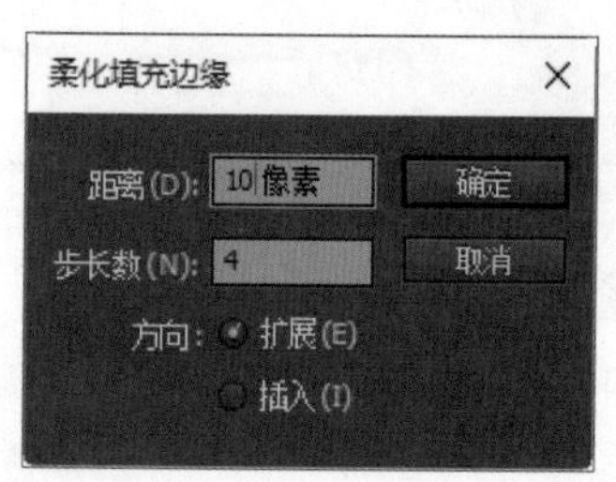

知识延伸：应用“变形”面板

本章介绍“修改>变形”命令中各种操作，如旋转、缩放、倾斜和翻转等，在“变形”面板中用户可以设置相关参数达到变形的效果。下面介绍“变形”面板的使用方法。

步骤 01 打开Animate软件，执行“文件>打开”命令，在打开的对话框，选择需要打开的文件，如下图所示。

步骤 02 选中狗狗图形，执行“窗口>变形”命令，打开“变形”面板，设置“缩放宽度”值为50%，如下图所示。

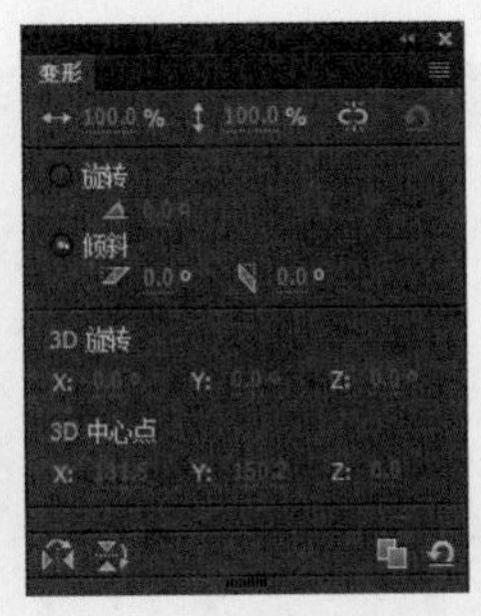

步骤 03 设置完成后，可见狗狗图形，按照设置的比例进行缩放，效果如下图所示。如果设置参数之前单击“约束”按钮，图形按等比例缩放。

步骤 04 单击右下角“取消变形”按钮，恢复狗狗图形，选中“旋转”单选按钮，设置旋转的角度为60度，按Enter键确认，效果如下图所示。

步骤 05 恢复狗狗图形，在“变形”面板中选中“倾斜”单选按钮，分别设置“水平倾斜”和“垂直倾斜”的值，效果如下图所示。

步骤 06 恢复狗狗图形，单击“变形”面板下方“水平翻转所选内容”或“垂直翻转所选内容”按钮，即可完成翻转操作，效果如下图所示。

上机实训：制作彩虹天空

通过本章内容的学习，相信用户已经掌握了对象的各种编辑、变形以及修饰操作。下面通过制作彩虹天空的操作进一步巩固所学知识，本案例将用到合并对象、分离对象、对齐以及翻转对象等命令，具体操作步骤如下。

步骤01 打开Animate CC软件，执行“文件>新建”命令，打开“新建文档”对话框，设置文档参数后单击“确定”按钮，如下左图所示。

步骤02 选择椭圆工具，在“属性”面板中设置笔触颜色和填充颜色，如下右图所示。

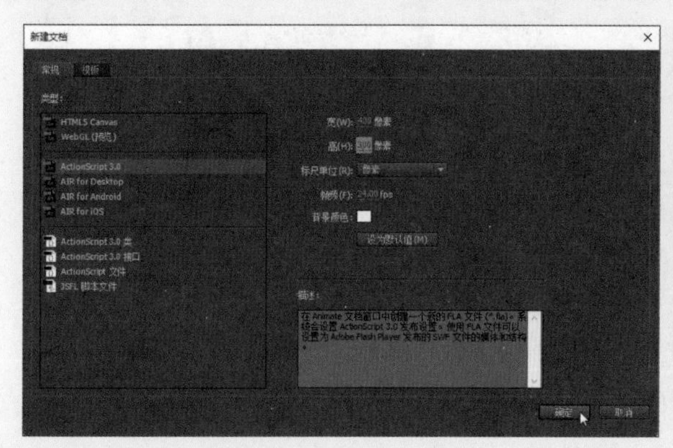

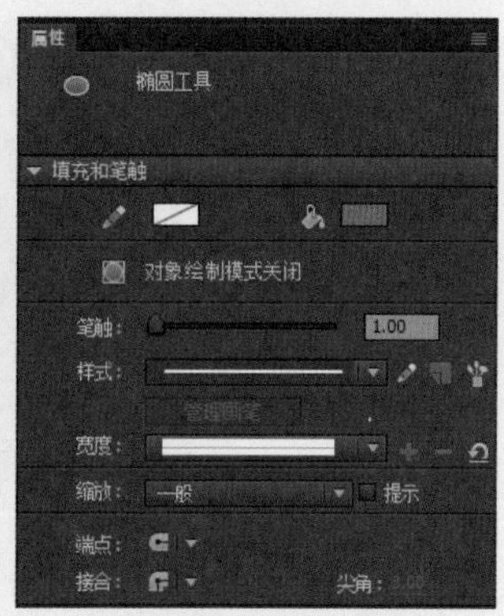

步骤03 按住Shift键，在舞台上绘制一个圆，如下左图所示。

步骤04 选中圆，分别按下Ctrl+C和Ctrl+V组合键，执行复制粘贴操作，如下右图所示。

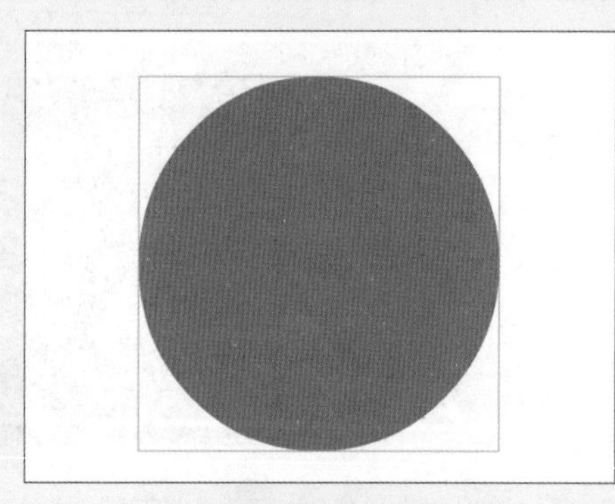

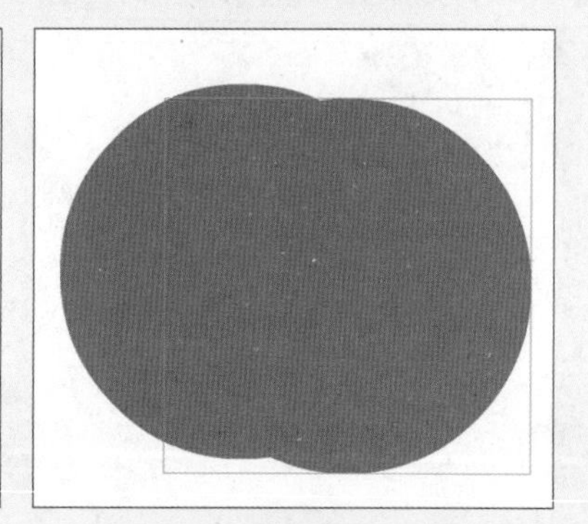

步骤05 使用任意变形工具选中复制的圆，按住Shift键进行等比缩小并填充为橙色，如下左图所示。

步骤06 根据相同的方法绘制出彩虹的其他部分，选中所有图形，执行“窗口>对齐”命令，在打开的“对齐”面板中单击“水平中齐”和“垂直中齐”按钮，如下右图所示。

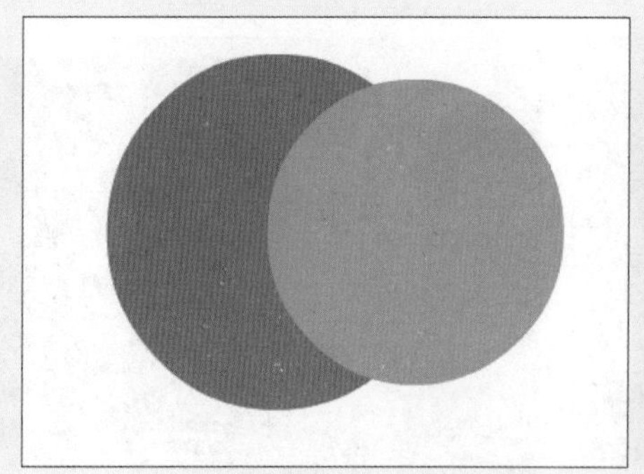

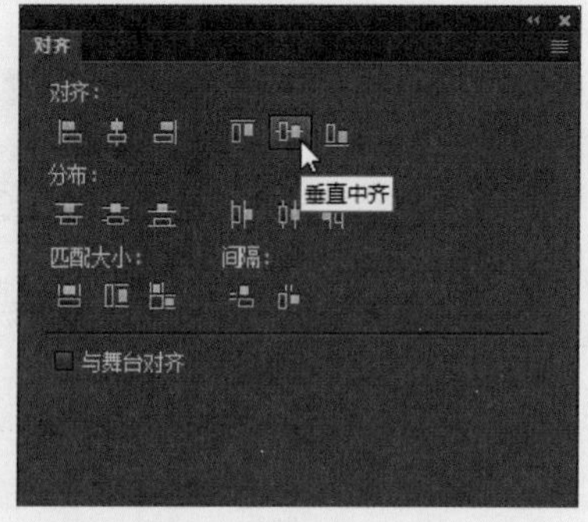

步骤07 执行对齐操作后，查看初步绘制彩虹的效果，如下左图所示。

步骤08 然后在再复制一个小圆，填充颜色为白色，设置对齐后的效果如下右图所示。

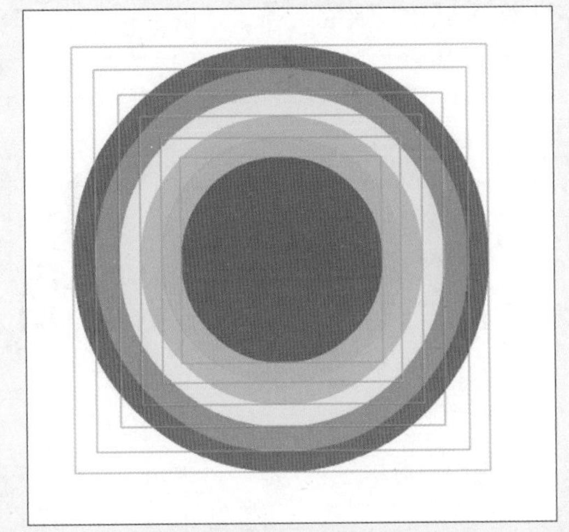

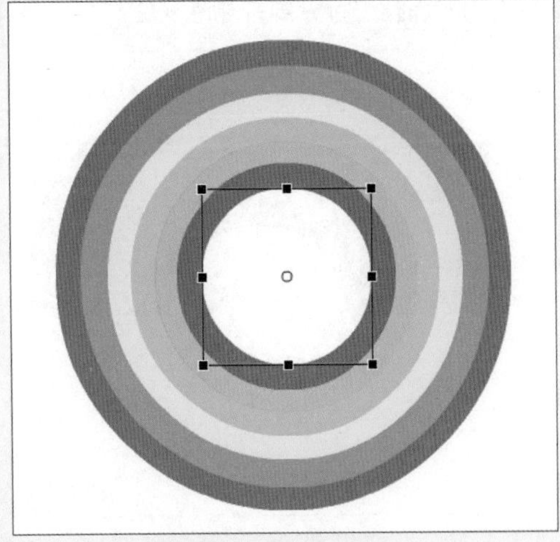

步骤09 选中所有圆，按下Ctrl+B组合键打散所有图层，如下左图所示。

步骤10 选中打散图形的下半部分并删除，选中图形内部的白色圆也删除，如下右图所示。

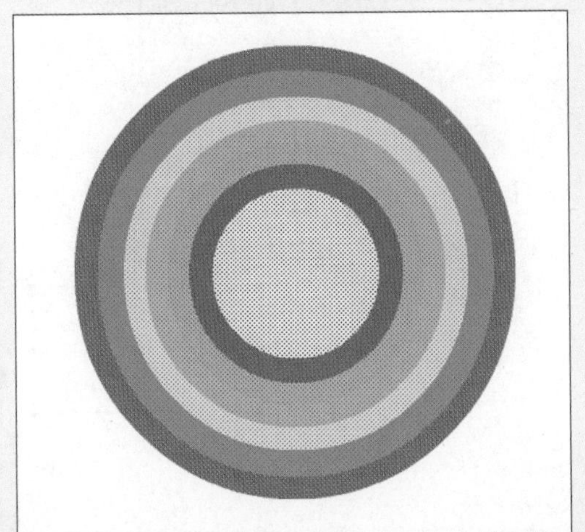

步骤11 使用墨水瓶工具在每种颜色的交接处添加相应颜色的描边，如下左图所示。

步骤12 在“时间轴”面板中单击“新建图层”按钮，新建图层并命名为“彩虹”，如下右图所示。

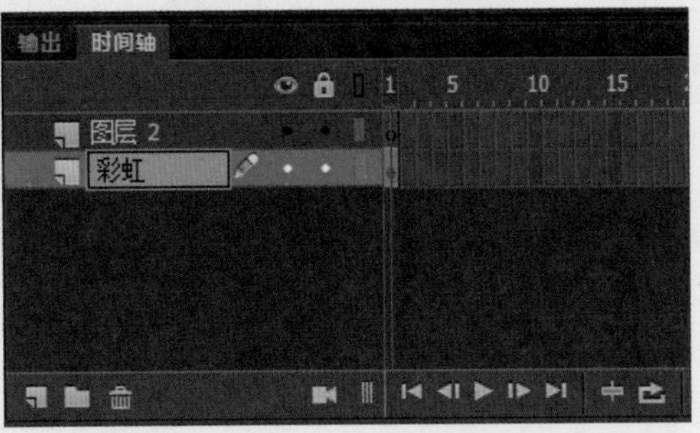

步骤 13 选择椭圆工具，设置“笔触颜色”为天蓝色、“填充颜色”为无颜色，绘制一些交错的小圆圈，如下左图所示。

步骤 14 将绘制的椭圆进行分离并删除交错线条，留下外圈线条形成云彩的轮廓，效果如下右图所示。

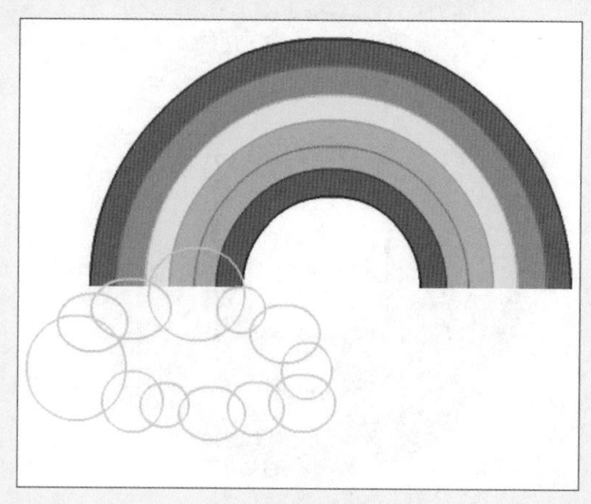

步骤 15 使用油漆桶工具将云彩填充为白色，选中整个云彩图形，执行“修改>组合”命令，将其成组，如下左图所示。

步骤 16 选中绘制的云彩，按住Alt键并拖曳至彩虹右侧，复制一个云彩图形，如下右图所示。

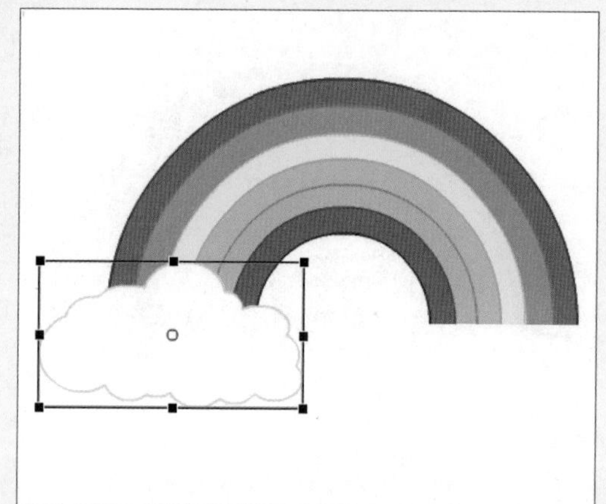

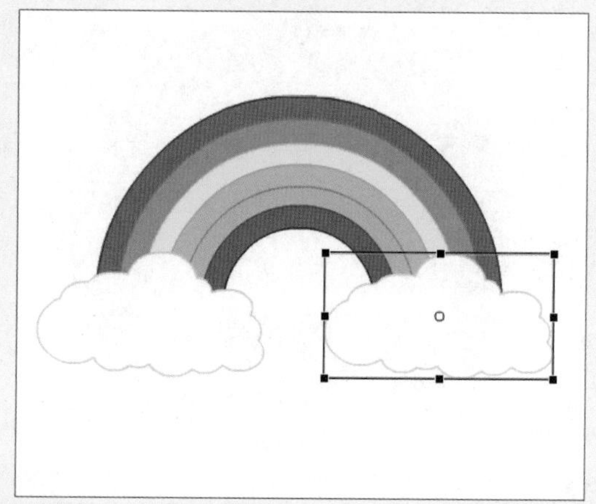

步骤 17 选中复制的云彩，执行“修改>变形>水平翻转”命令，制作出对称的云彩，如下左图所示。

步骤 18 把“图层2”图层重命名为“云彩”后，锁定图层，然后新建“图层3”图层，如下右图所示。

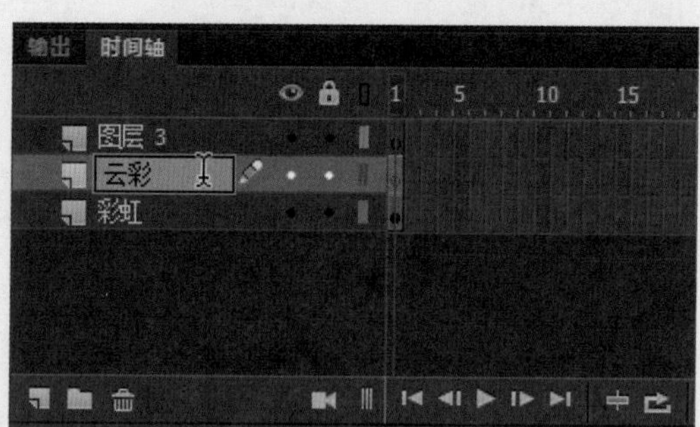

步骤19 在“图层3”图层上绘制蓝色天空，然后将“图层3”图层移动到“彩虹”图层下面并命名为“天空”，效果如下左图所示。

步骤20 在“彩虹”和“天空”图层之间创建名为“云彩2”的图层，并复制一朵云彩，效果如下右图所示。

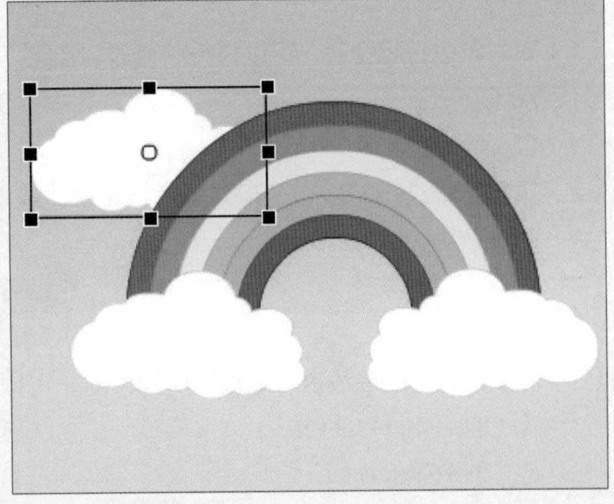

步骤21 选中复制的云彩右击，在快捷菜单中选择“转换为元件”命令，如下左图所示。

步骤22 选中元件，在“属性”面板的“色彩效果”选项区域中设置Alpha为53%，并调整其大小和位置，效果如下右图所示。

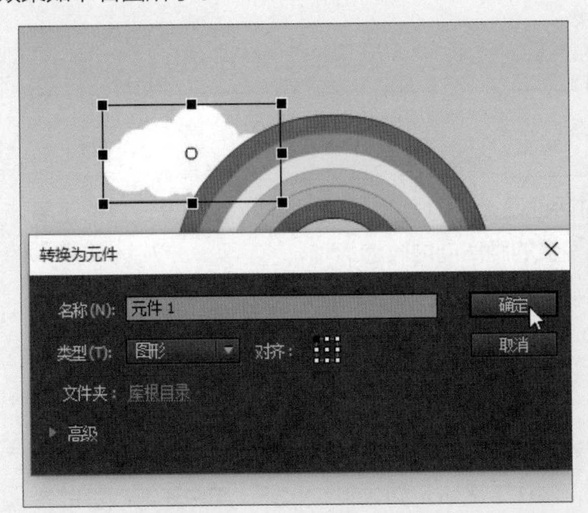

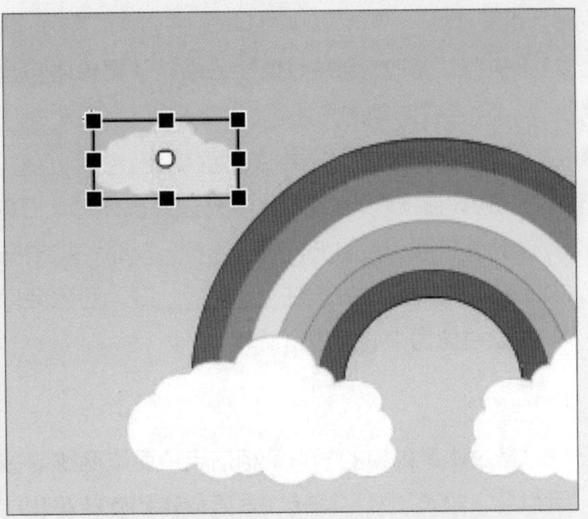

步骤23 继续复制云彩，调整每个云彩元件的透明度，并适当调整大小和位置，让云彩具有层次感。至此，彩虹天空制作完成，最终效果如右图所示。

课后练习

1. 选择题

(1) 对对象进行组合时，可以执行“修改>组合”命令，也可按下（ ）组合键。

A. Ctrl+G　　B. Ctrl+Shift+G

C. Ctrl+B　　D. Ctrl+Shift+B

(2) 执行“修改>对齐>设为相同高度”命令，或单击“对齐”面板中的（ ）按钮，可达到相同的对齐效果。

A. 相同高度　　B. 匹配宽度

C. 匹配高度　　D. 相同宽度

(3) 需要对选中的曲线进行高级平滑操作时，可以按下（ ）组合键。

A. Ctlr+Shift+Alt+C　　B. Ctlr+Shift+Alt+N

C. Ctlr+Shift+M　　D. Ctlr+Shift+Alt+M

(4) 使用任意变形工具对图形进行扭曲操作时，需在工具箱单击“扭曲”按钮，其图标为（ ）。

A.　　B.

C.　　D.

2. 填空题

(1) 执行“修改>合并对象”命令，子菜单中包含________、________、________和________4种合并对象的方法。

(2) 需要将图形进行分离时，可执行____________命令或按下________组合键。

(3) 在执行扩展填充或柔化填充边缘操作时，在对话框设置方向为________时，将根据设置的距离向外扩展；设置方向为________时，将根据设置的距离向内收缩。

(4) 在旋转对象时，按住________键，对象会以45°为增量进行旋转。按住________键，对象会以对角为中心点进行旋转。

3. 上机题

通过本章内容的学习，相信用户可以熟练掌握对象的各种编辑和变形操作。下面根据所学知识使用组合、分离、水平翻转、垂直翻转和旋转等功能，制作下图所示的效果。此外，用户还可以尝试各种不同的操作，达到举一反三的效果。

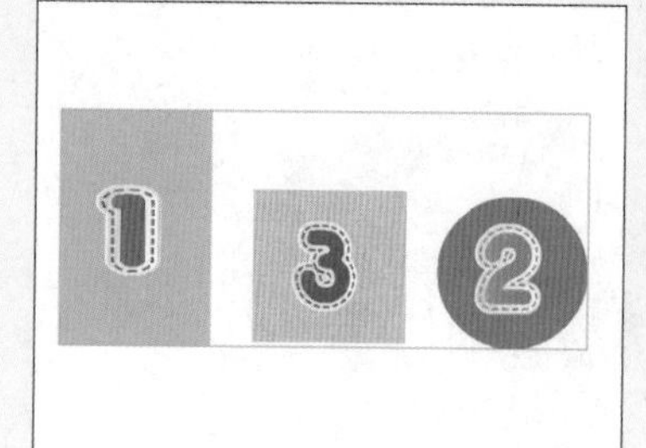

第4章　文本的应用

本章概述

文本是制作动画作品时必不可少的元素，起到解释和沟通的作用。Animate具有强大的文本输入和编辑功能，本章主要介绍文本的创建、变形和滤镜等相关知识。

核心知识点

❶ 了解文本工具的应用
❷ 熟悉文本的创建方法
❸ 掌握文本的变形操作
❹ 掌握文本滤镜的应用

4.1　文本的基本操作

在创建动画时，文字可以起到表达作品主题和突出作者思想的作用，在作品中有着重要的意义。在Animate CC中创建文本时，需要利用文字工具来实现。

4.1.1　创建文本

在Animate CC中，文本有3种类型，分别为静态文本、动态文本和输入文本，用户可以根据需要创建不同的文本类型。选择工具箱中的文本工具，在“属性”面板中可以选择不同类型的文本，下面将分别进行详细介绍。

1. 静态文本

静态文本在动画运行期间是不可编辑的，主要用于文字的输入，起到解释说明的作用。在“属性”面板中单击“文本类型”下三角按钮，在列表中选择“静态文本”选项，如下左图所示。

使用静态文本可以创建两种形式的文本，分别为字符文本和段落文本。字符文本在舞台上单击即可创建。创建字符文本时，是不会自动换行的，必须按Enter键进行换行，如下中图所示。创建段落文本时，要先在舞台上绘制文本框，然后输入文本，文字至限制宽度时会自动换行，如下右图所示。

2. 动态文本

动态文本在动画运行的过程中可以进行编辑修改，是可以显示外部文件的文本。创建动态文本后，再创建一个外部文件，即可通过脚本语言使外部文件链接到动态文本框中，若需要修改文本框中的内容，只需要修改外部文件中的内容即可。

在“属性”面板中单击“文本类型”下三角按钮，在列表中选择“动态文本”选项，如下图所示。

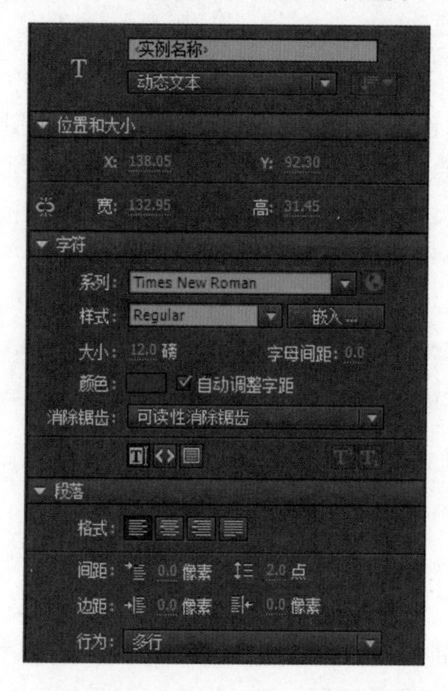

下面介绍在“属性”面板中选择动态文本和静态文本选项时，面板中相关参数的含义。

- **将文本呈现为HTML：**在“字符”选项区域中激活该按钮，可指定当前文本框内的内容为HTML内容，播放器即可识别并渲染HTML标记。
- **在文本周围显示边框：**激活该按钮，即可显示文本框的边框和背景。
- **行为：**当输入的文本多于一行时，即可在“段落”选项区域的“行为”下拉列表中选择单行、多行或多行不换行选项进行显示。

3. 输入文本

输入文本用于实现交互式操作，例如常见的会员注册表、搜索引擎等。创建输入文本后，生成动画影片时，可以在其中输入文本。

在“属性”面板的“文本类型”下拉列表中选择“输入文本”选项，在“段落”选项区域中的“行为”列表中多了“密码”选项，当文件输入为SWF格式时，影片中的文字将显示为星号，如下图所示。

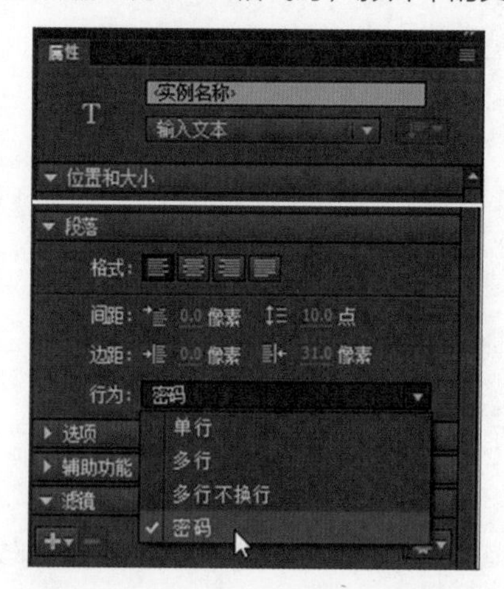

4.1.2 设置文本属性

创建文本后，用户可以设置文本的样式，如设置字体格式、创建文本链接和设置段落格式等。设置文本属性需要在“属性”面板中完成。下面分别对设置字符和段落属性的相关参数进行介绍。

1. 设置字符属性

在舞台中输入文本，即可在“属性”面板的“字符”选项区域中修改文本属性，如系列、样式、大小和颜色等。选中文本后，“字符”选项区域如下图所示。

下面对“字符”选项区域各选项的含义进行介绍。

- **系列**：在下拉列表中选择文本的字体样式。
- **样式**：在下拉列表中选择文本的样式，如粗体、斜体、黑体等。
- **大小**：设置文本的大小，单位为磅。
- **字母间距**：设置字符之间的距离，用户可以在数值框中输入数据，也可以将光标移至数值上，变为双向箭头和小手形状时，按住鼠标左键，向右拖曳时设置为正数，向左拖曳设置为负数。
- **颜色**：设置文本的填充颜色，单击右侧色块，在打开的颜色面板中选择颜色即可。
- **自动调整字距**：勾选该复选框，可以根据需要加大或缩小字符距离。
- **消除锯齿**：设置不同字体的呈现方法，单击下三角按钮，在列表中选择相应的选项即可。下左图为选择“位图文本【无消除锯齿】”选项的效果，下右图为选择“可读性消除锯齿”选项的效果。

- **可选**：单击该按钮，即可激活“切换上标”和“切换下标”按钮，分别将文本缩小显示在文本框的上方或下方。

2. 设置段落属性

在舞台中输入段落文本后，即可在“属性”面板的“段落”选项区域中设置段落文本的格式，如缩进和行距等，“段落”选项区域如下左图所示。

下面对“段落”选项区域各选项的含义进行介绍。

- **格式**：设置文本的对齐方式，如左对齐、居中对齐、右对齐和两端对齐。

- **间距**：在该区域中设置首行缩进和行距，设置行距为10点的效果如下中图所示。
- **边距**：设置段落左右边距的大小，设置右边距为31像素的效果如下右图所示。

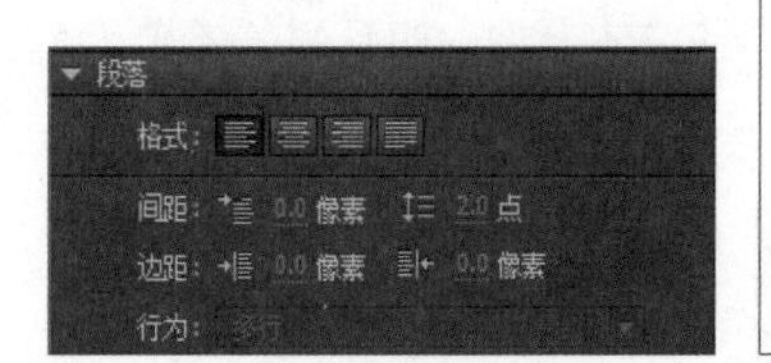

待得秋来九月八，
我花开时百花杀。
冲天香阵透长安，
满城尽带黄金甲。

待得秋来九月
八，我花开时百
花杀。冲天香阵
透长安，满城尽
带黄金甲。

4.2 文本的编辑

输入文本后，用户可以根据需要进行变形或为文字添加滤镜效果。用户可以使用任意变形工具对文本进行缩放、旋转、翻转等操作，也可以在“属性”面板中为文本添加各种滤镜，如模糊、发光等。

4.2.1 文本的整体变形

在Animate中文本是作为图形存在的，用户可以使用第3章所学的知识对其进行变形操作。使用选择工具选中文本，再选择任意变形工具，即可对其进行变形操作。下左图为文本的旋转效果，下中图为文本的翻转的效果，下右图为文本的倾斜的效果。

4.2.2 文本的局部变形

如果需要改变文本的局部形状，可以先将其分离。选中文本，按两次Ctrl+B组合键，将文本分离为填充图形，然后再使用任意变形工具或部分选取工具对文本进行局部变形操作，右图中左侧为原文字，右侧为局部变形后的效果。

实战练习 制作象形文字

用户可以应用文字的变形操作，制作一些象形文字效果，通过本案例的学习，用户可以进一步掌握文字变形的操作方法和技巧，具体介绍如下。

步骤01 打开Animate CC软件，导入素材文件后，使用文字工具输入“猴”并设置文本格式，如下左图所示。

步骤02 选中文字，按两次Ctrl+B组合键，将其打散，然后使用部分选取工具修改文字偏旁，效果如下右图所示。

步骤03 使用部分选取工具将文字中间部分修改为猴子的后背，效果如下左图所示。

步骤04 接着将文字右侧上部分修改为手臂的形状，效果如下右图所示。

步骤05 然后将文字的右下角修改为尾巴的形状，如下左图所示。

步骤06 使用自由变形工具对文字不同部分进行变形操作，最终效果如下右图所示。

4.2.3 文本滤镜的应用

滤镜可以对对象的像素进行处理生成特定的效果。在舞台中输入文本后，在“属性”面板的“滤镜”选项区域中可以设置滤镜效果，主要包括投影、模糊、发光、斜角等滤镜效果选项，如下图所示。

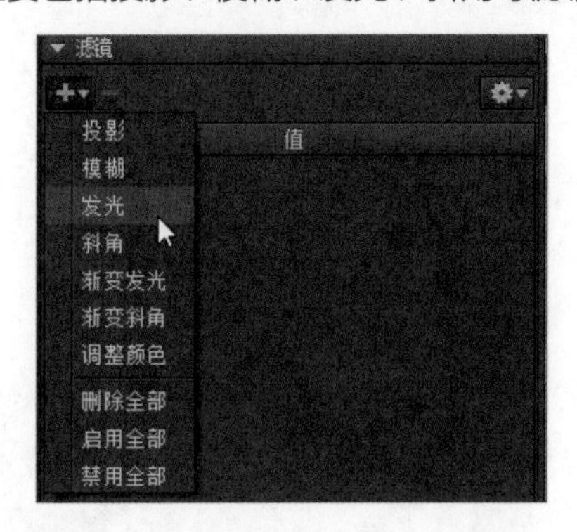

- **投影**：用于模拟对象的投影，从而产生立体效果。选择“投影”滤镜后，用户可以设置模糊、强度、品质、角度等参数，效果如下左图所示。
- **模糊**：用于柔化对象的边缘和细节，用户可以设置模糊和品质参数，效果如下中图所示。
- **发光**：使对象的边缘产生光线的投射效果，用户可以设置内发光、外发光以及颜色等参数，如下右图所示。

- **斜角**：为文字应用加亮效果，使其看起来凸出表面，产生立体浮雕的效果，如下左图所示。
- **渐变发光**：在对象的表面产生带渐变发光的效果，和“发光”滤镜的在文字区域发光不同，“渐变发光”滤镜可以设置多种渐变的效果，如下中图所示。
- **调整颜色**：用于改变对象的颜色属性，主要包括亮度、对比度、饱和度和色相等设置，效果如下右图所示。

知识延伸：文本的填充

设置文本填充时，不仅可以填充纯色，也可填充渐变颜色。在填充渐变颜色之前必须打散文字，下面介绍文本填充的方法。

1. 填充纯色

在舞台上输入文字，如下左图所示。在“属性”面板的“字符”选项区域中单击“颜色”按钮或者单击工具箱中的“填充颜色”按钮，在打开的面板中选择合适的颜色，即可完成为文本的纯色填充操作，效果如下右图所示。

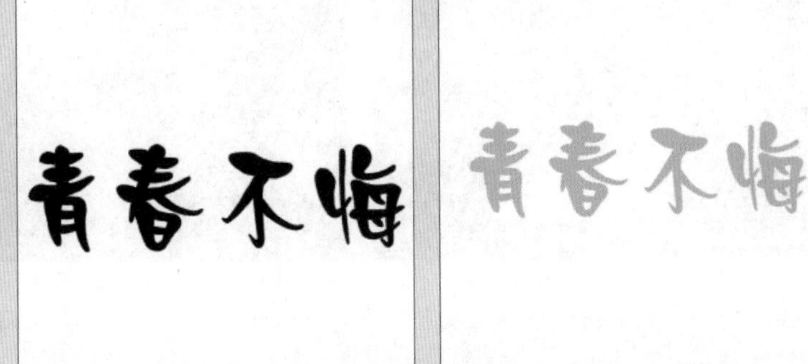

2. 填充渐变颜色

选择输入的文字，按两次Ctrl+B组合键，将其转换为填充图形，如下左图所示。执行“窗口>颜色”命令，打开“颜色”面板，单击“填充颜色”按钮，单击“颜色类型”下三角按钮，在列表中选择“线性渐变”选项，然后设置渐变颜色，如下右图所示。

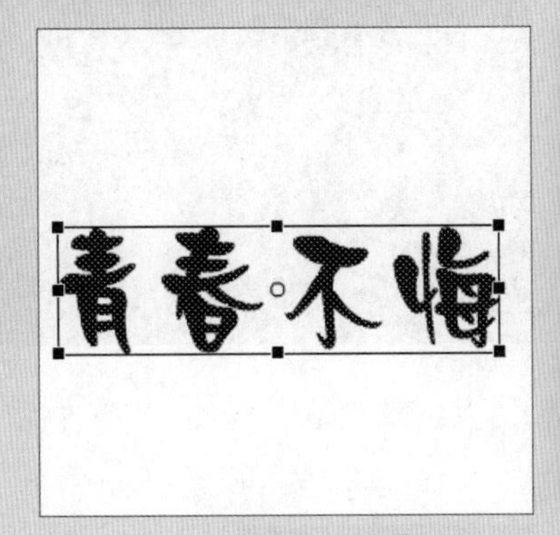

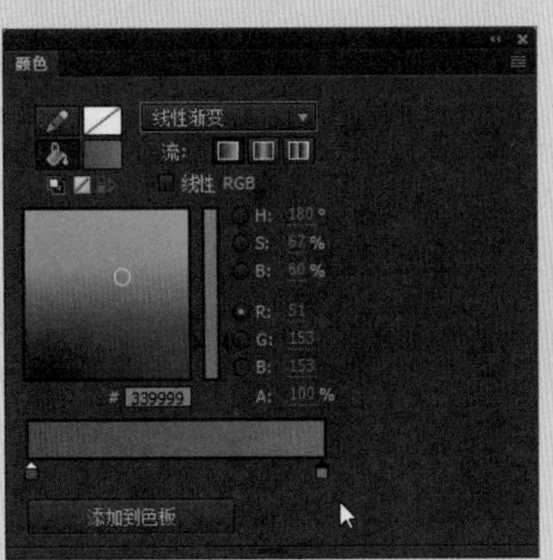

设置完成后，可见文字已经应用了渐变颜色，效果如下图所示。

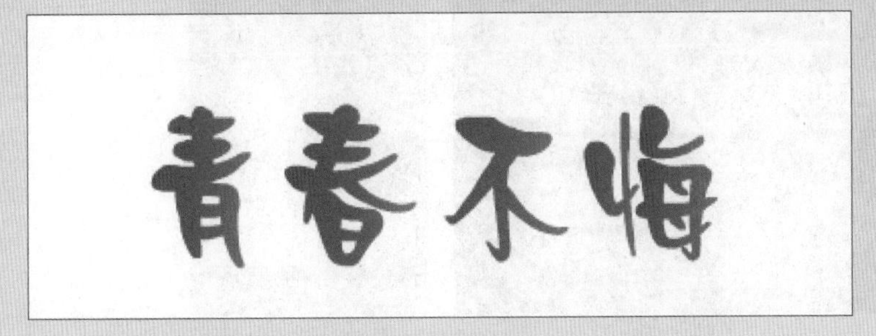

上机实训：制作商业广告动画

通过本章的学习，相信用户对文本的操作有了一定的了解，下面通过商业动画的制作，学习文本的输入及相关操作。本案例还结合了以后章节需要学习的动画操作的相关知识，具体操作方法如下。

步骤 01 首先创建一个空白文档，具体参数设置如下左图所示。

步骤 02 执行“文件>导入>导入舞台”命令，在打开的对话框选择所需的背景素材图片并导入到场景中，如下右图所示。

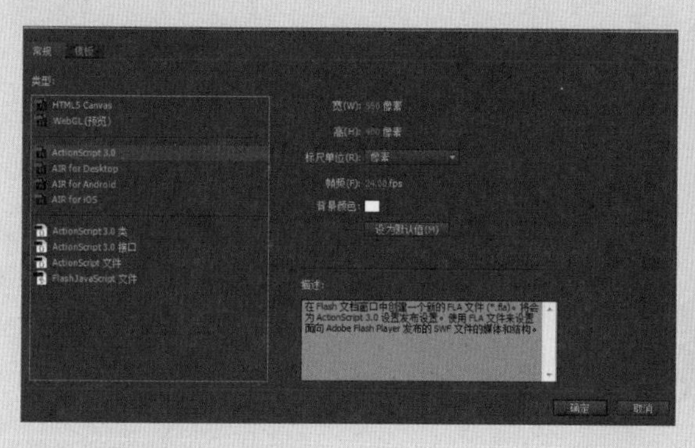

步骤 03 新建图层后，选择文本工具，在“属性”面板的“字符”选项区域中设置文本的字体、大小等属性，如下左图所示。

步骤 04 在图层2的舞台1上输入“唐”字，然后按下Ctrl+B组合键，对文字执行打散操作，效果如下右图所示。

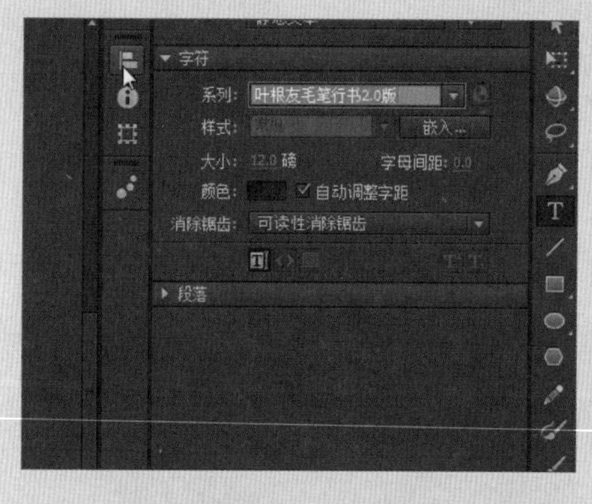

步骤 05 使用线条工具将“唐”字全部按照笔画拆开后，为每个笔画创建元件，如下左图所示。

步骤 06 全选各个元件并右击，在弹出的快捷菜单中选择“分散到图层”命令，如下右图所示。

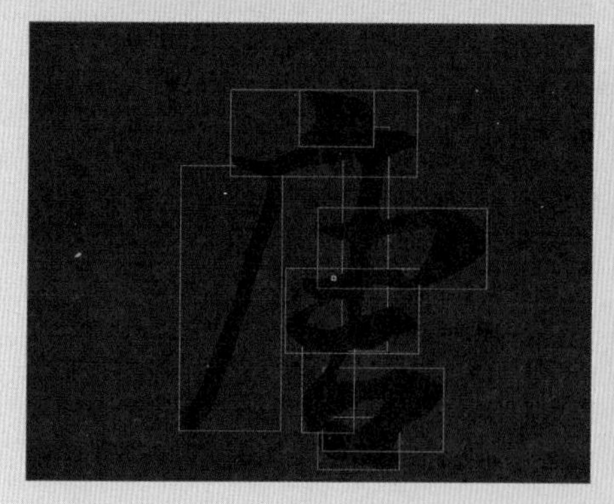

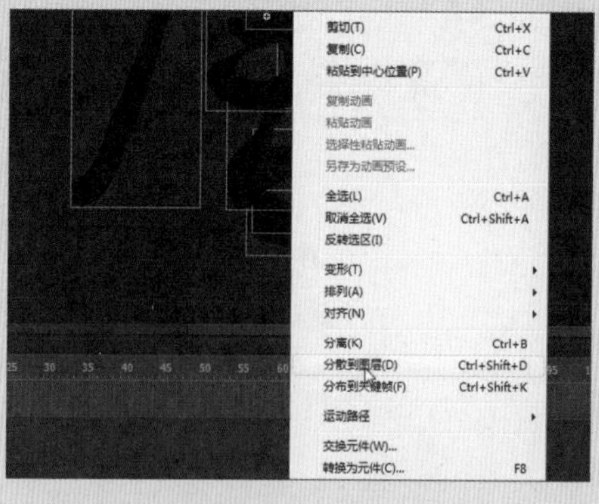

步骤 07 把每一层的帧数都延长到第250帧，按F5功能键添加普通帧，效果如下左图所示。

步骤 08 选中“唐”字的第一笔的点，在其所在图层上面创建一个新的图层，如下右图所示。

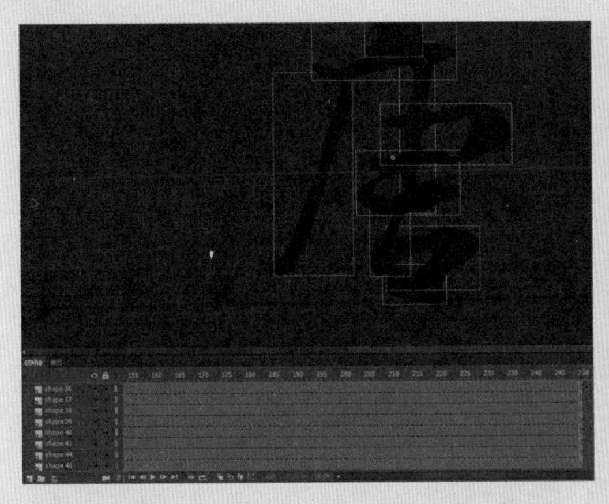

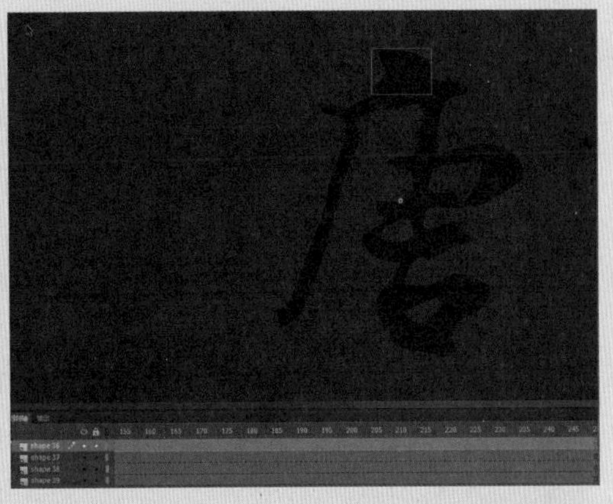

步骤 09 使用椭圆工具绘制一个能遮盖住点的圆，并为其创建元件，如下左图所示。

步骤 10 在第13帧创建关键帧并把绘制的圆完全覆盖到点上，然后右击第1帧，在快捷菜单中选择“创建补间动画”命令，效果如下右图所示。

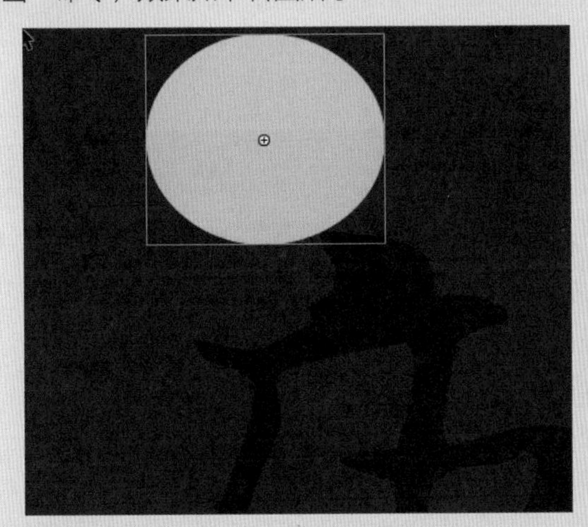

步骤 11 右击圆形所在的图层，在弹出的快捷菜单中选择“遮罩层”命令，如下左图所示。

步骤 12 为第二个笔画创建一个遮罩，用于遮盖住需要遮盖的部分。然后创建一个和第一笔画相同的补间动画，如下右图所示。

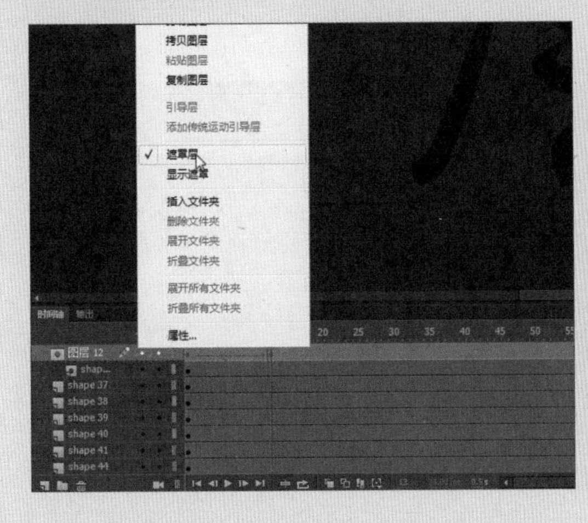

步骤 13 右击“图层2”图层，在弹出的快捷菜单中选择“遮罩层”命令，如下左图所示。

步骤 14 按照相同的方法为第三笔画创建补间动画，如下右图所示。

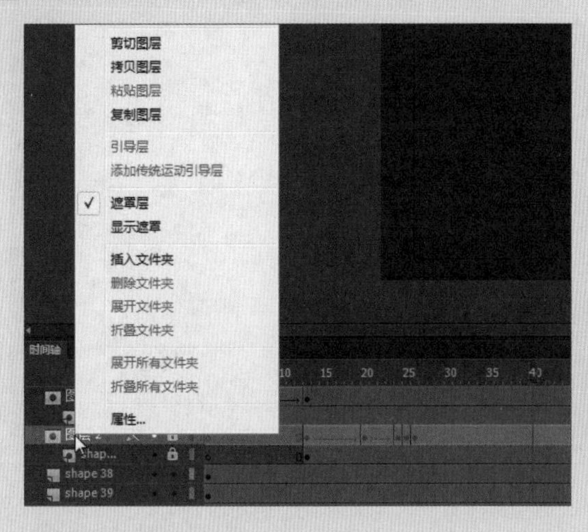

步骤 15 按照同样的方法为其他笔画创建补间动画，按下Ctrl+A组合键后，选择笔画工具，在“属性”面板的“色彩效果”选项区域中设置笔画的颜色，如下左图所示。

步骤 16 在文字下方创建新图层，在185帧创建关键帧，导入“墨点1.png”素材，并为其创建元件，效果如下右图所示。

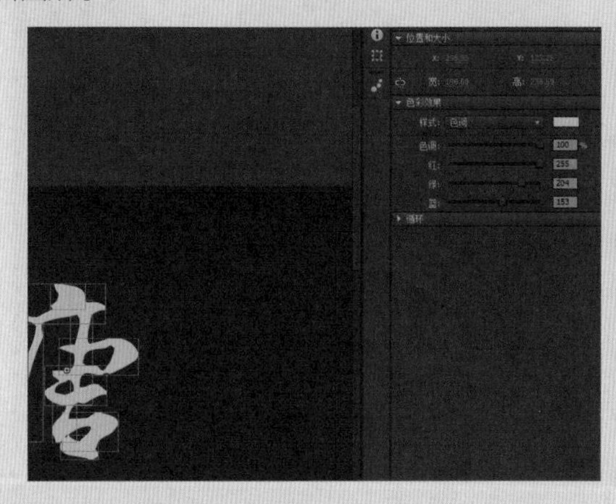

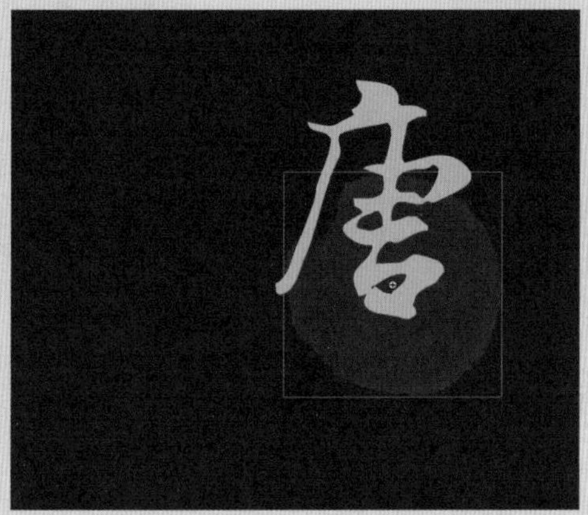

步骤 17 然后在“属性”面板的“色彩效果”选项区域中设置样式为Alpha，并调整透明度为30%，如下左图所示。

步骤 18 在220帧创建关键帧，并在185帧的关键帧上对墨点元件进行缩放，如下右图所示。

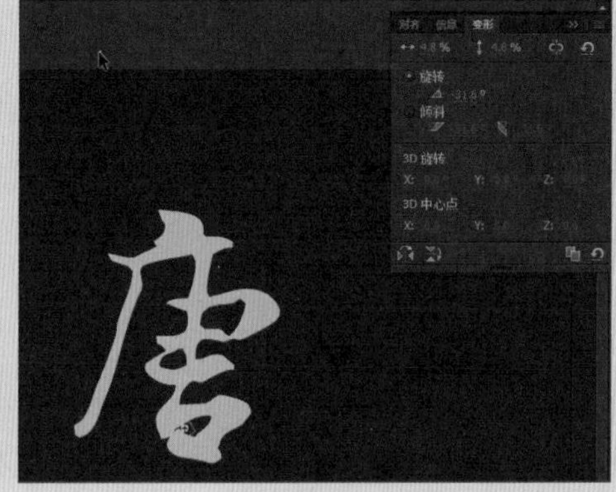

步骤 19 新建图层，在185帧创建关键帧，导入“墨点2.png”素材，并在220帧创建关键帧，对导入的素材进行缩放，效果如下左图所示。

步骤 20 接着选中这两个图层，在时间轴上185至220之间的帧并右击，在快捷菜单中选择“创建传统补间动画”命令，如下右图所示。

步骤 21 使用文本工具输入“唐朝”文字，按下Crtl+B组合键执行打散操作，分别选择这两个字并在“属性”面板中设置字体效果，如下左图所示。

步骤 22 然后再输入其他文字并设置字体，返回场景1，在225帧创建关键帧，把创建的装饰元件放进去，并调整透明度为0，效果如下右图所示。

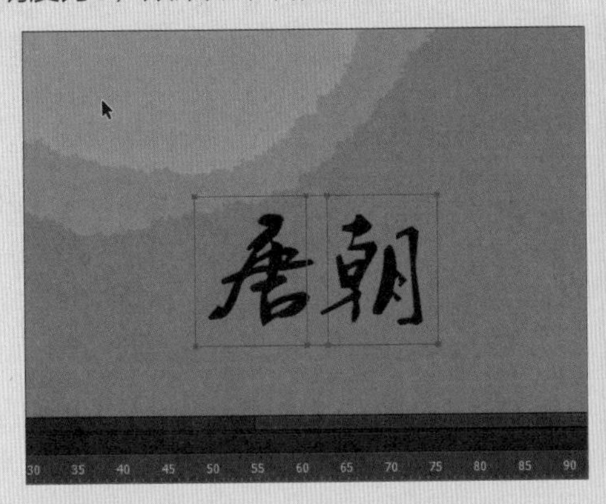

步骤 23 在233帧创建关键帧，把装饰元件的透明度设为100，并在“属性”面板的“位置和大小”选项区域中设置X值，并创建补间动画，如下左图所示。

步骤 24 新建图层，在253帧创建关键帧，导入“背景2.gif”素材，设置透明度为0。在268帧创建关键帧，设置透明度为100，并创建补间动画，如下右图所示。

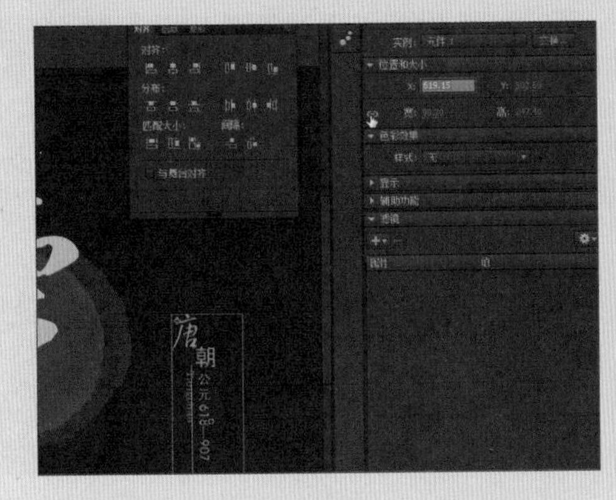

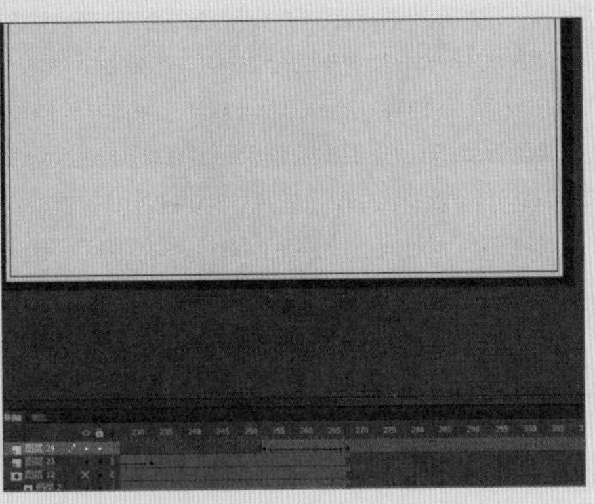

步骤 25 新建两个图层，分别把2个墨点素材导入，制作墨点由小变大的渐入动画，如下左图所示。

步骤 26 新建图层，在300帧处创建关键帧，导入“商标.gif”素材。在315帧处创建关键帧，然后为该元件制作淡入效果，如下右图所示。

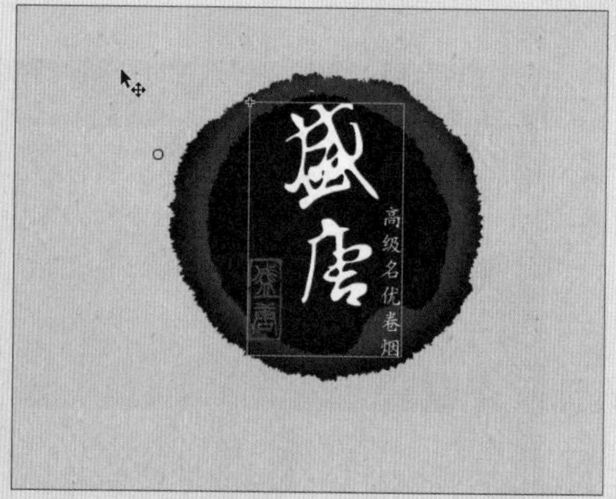

步骤 27 新建图层，在315帧处创建关键帧，按下Ctrl+C组合键，复制商标。然后选择新图层，在空白处右击，选择“粘贴到当前位置”命令，如下左图所示。

步骤 28 在商标所在图层下创建图层，在315帧处创建关键帧，新建一个元件。使用矩形工具绘制一些不规则的矩形，返回场景1，在“变形”面板中设置旋转角度，如下右图所示。

步骤 29 在340帧处创建关键帧，把矩形拖到商标的右下方，在315-340帧之间创建补间动画，如下左图所示。

步骤 30 在商标所在图层上右击，在快捷菜单中择“遮罩层”命令。至此，本案例制作完成，按下Ctrl+Enter组合键查看效果，如下右图所示。

课后练习

1. 选择题

（1）在运行动画时，可以通过脚本进行编辑修改的文本类型是（　　）。

A. 输入文本　　B. 动态文本

C. 静态文本　　D. 以上都是

（2）创建输入文本后，在“段落”选项区域的“行为”列表中多（　　）选项。

A. 多行不换行　　B.多行

C. 密码　　D. 单行

（3）为图形添加调整颜色滤镜后，用户可以设置（　　）参数。

A. 亮度　　B. 对比度

C. 饱和度和色相　　D. 以上都是

（4）（　　）滤镜用于模拟对象投影，从而产生立体的效果。

A. 发光　　B. 投影

C. 斜角　　D. 渐变发光

2. 填空题

（1）将文本转换为形状，需要按＿＿＿＿＿次＿＿＿＿＿组合键。

（2）在Animate CC中可以创建3种文本类型，分别为＿＿＿＿＿、＿＿＿＿＿和＿＿＿＿＿。

（3）＿＿＿＿＿文本在动画运行期间是不可编辑的，主要用于文字的输入，起到解释说明的作用。

3. 上机题

根据本章所学知识，首先使用文本工具输入文字，并对文本的属性进行设置，如下左图所示。然后将其打散，填充渐变颜色，制作出的效果如下右图所示。

RAINBOW

RAINBOW

第5章 元件与库的应用

本章概述

使用Animate CC制作动画时，元件起着相当重要的作用，用户可以将元件保存到库中，之后直接调用，提高工作效率。本章主要对Animate CC的元件、库以及实例的编辑与应用等相关知识进行介绍。

核心知识点

❶ 了解元件的类型
❷ 掌握元件的创建
❸ 熟悉实例的创建
❹ 掌握实例的编辑

5.1 元件

在Animate CC中，元件是存储在库中可以重复使用的元素，包括图形、按钮和影片剪辑3种类型。元件在制作动画中发挥着重要的作用，可以提高制作动画的效率。

5.1.1 创建元件

元件只需要创建一次即可在整个文档中重复使用，每个元件可由多个独立的元素组合而成。根据功能和内容的不同，元件可以分为3种类型，分别为图形元件、按钮元件和影片剪辑元件，下面将分别介绍这3种元件的创建方法。

1. 创建图形元件

图形元件一般用于制作动画的静态图形或创建可重复使用的、与时间轴关联的动画，有独立的编辑区和时间轴。

选择“插入>新建元件”命令，打开“创建新元件”对话框，在“名称”文本框中输入元件的名称，单击“类型”下三角按钮，在列表中选择“图形”选项，然后单击“确定”按钮，如下左图所示。此时在窗口的中心位置将出现十字形状，表示图形元件的中心定位点，如下右图所示。

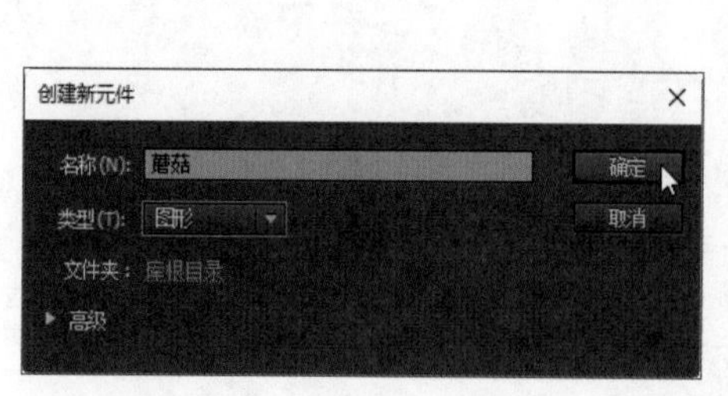

执行“窗口>库”命令，打开“库”面板，在面板中显示创建的图形元件，如下左图所示。执行“文件>导入>导入到舞台”命令，在打开的“导入”对话框中选择需要导入的图形，单击“打开”按钮，即可导入到舞台中，完成图形元件的创建，如下右图所示。如果需要返回场景中，单击舞台左上方的场景名称即可。

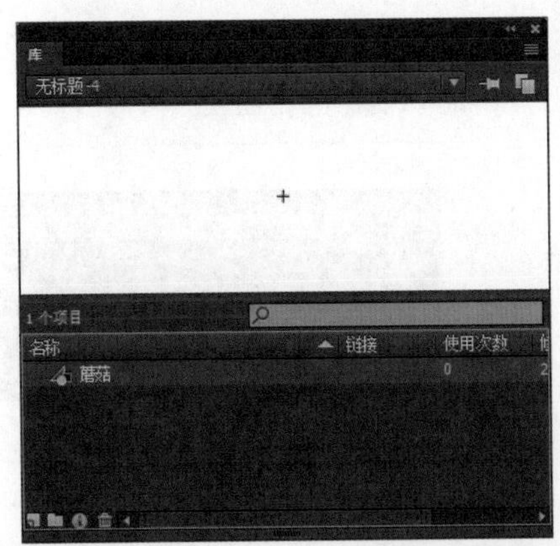

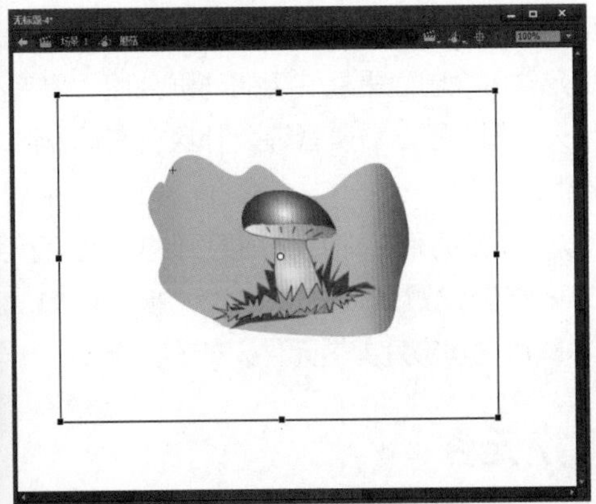

提示：在“库”面板中创建元件

执行“窗口>库”命令，打开“库”面板，单击底部的“新建元件”按钮，或单击右上角的▤按钮，在下拉菜单中选择“新建元件”命令，均可以打开“创建新元件”对话框，根据上述方法创建元件即可。

2. 创建按钮元件

按钮元件是能激发某种交互行为的按钮。创建按钮元件最关键的操作是设置4种不同的帧，分别为“弹起”“指针经过”“按下”和“点击”。

选择“插入>新建元件”命令，打开“创建新元件”对话框，输入元件的名称，设置元件类型为“按钮”，单击“确定”按钮，如下左图所示。创建按钮元件，打开“库”面板，显示创建的元件，如下右图所示。舞台切换为“雨水”元件。

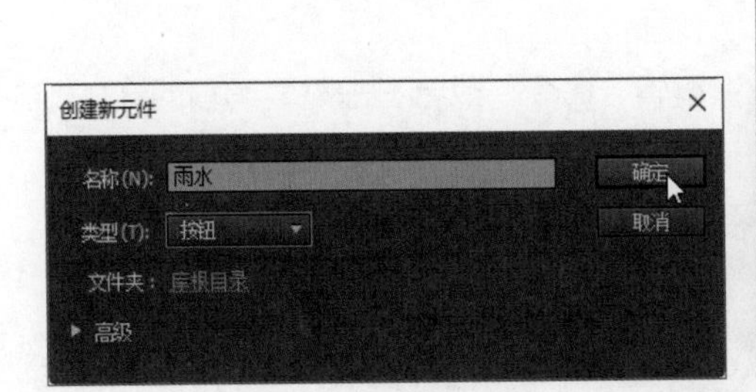

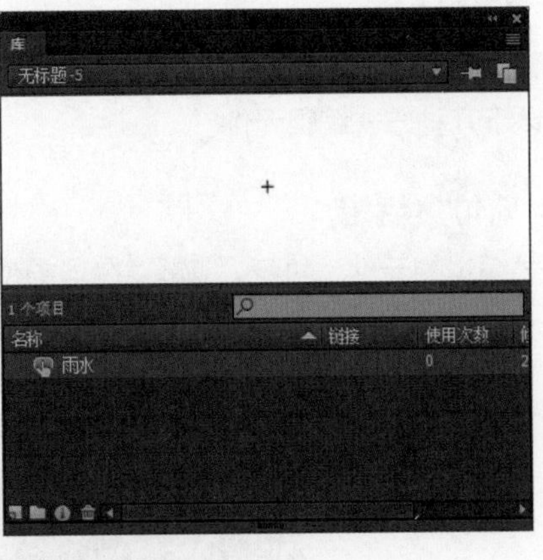

在“时间轴”面板中显示4种帧，用户可以根据需要分别进行设置，如下图所示。

- **弹起**：设置光标不在按钮上时，按钮的外观状态。
- **指针经过**：设置光标放在按钮上时，按钮的外观状态。
- **按下**：设置单击按钮时，按钮的外观状态。
- **点击**：设置响应鼠标单击的区域，在影片中不可见。

3. 创建影片剪辑元件

影片剪辑元件可以创建重复使用的动画片段，具有独立的时间轴，也能独立进行播放。在影片剪辑元件中可以使用矢量图、图像、声音等，并且能在动作脚本中引用影片剪辑元件。

选择“插入>新建元件”命令，在打开的“创建新元件”对话框中输入名称，设置元件的类型为“影片剪辑”，单击“确定”按钮，即可创建影片剪辑元件，如右图所示。

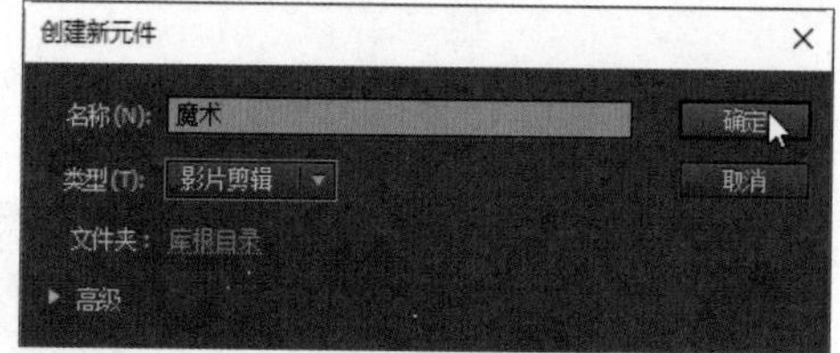

5.1.2 转换元件

在制作动画过程中，可以将舞台上的对象转化为元件。首先选中对象，执行“修改>转换为元件”命令，打开“转换为元件”对话框，输入元件的名称，根据需要设置元件的类型，单击“确定”按钮，即可完成转换元件操作，如右图所示。

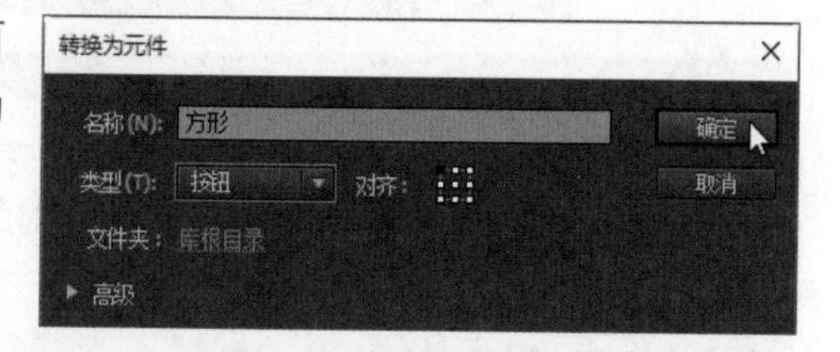

提示：打开“转换为元件”对话框的其他方法

除了上述介绍的方法外，常用的打开“转换为元件”对话框的方法还有以下两种。

- 在舞台中选中对象并右击，在快捷菜单中选择“转换为元件”命令。
- 在舞台中选中对象后，按F8功能键。

5.1.3 编辑元件

创建元件后，若对其进行编辑操作，舞台上所有该对象的实例都会发生相应的变化。在Animate CC中可以通过以下几种方式编辑元件。

1. 在当前位置编辑

选中需要编辑的元件，执行“编辑>在当前位置编辑”命令；或者右击需要编辑的元件，在快捷菜单中选择“在当前位置编辑”命令，如下图所示。

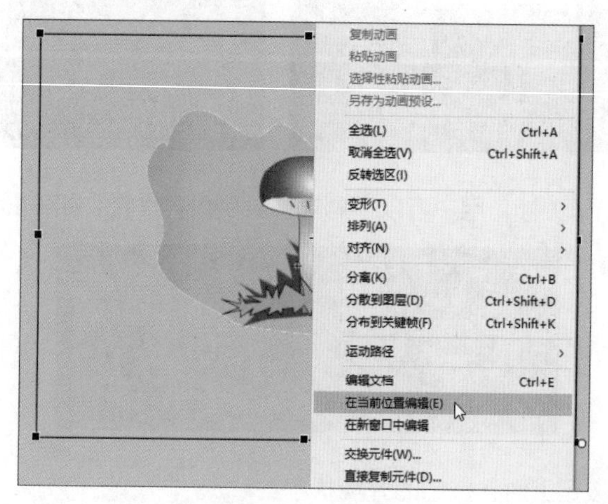

2. 在新窗口中编辑

当舞台中的对象比较复杂时，用户可采用在新窗口中编辑元件。选中元件并右击，在打开的快捷菜单中选择“在新窗口中编辑”命令，如下左图所示。此时进入新窗口编辑元件模式，如下右图所示。

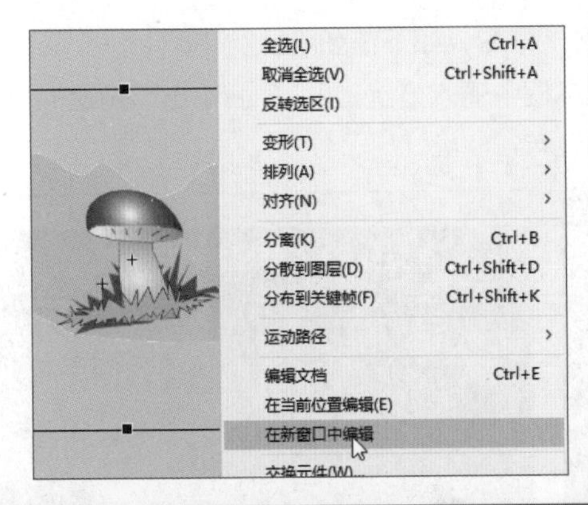

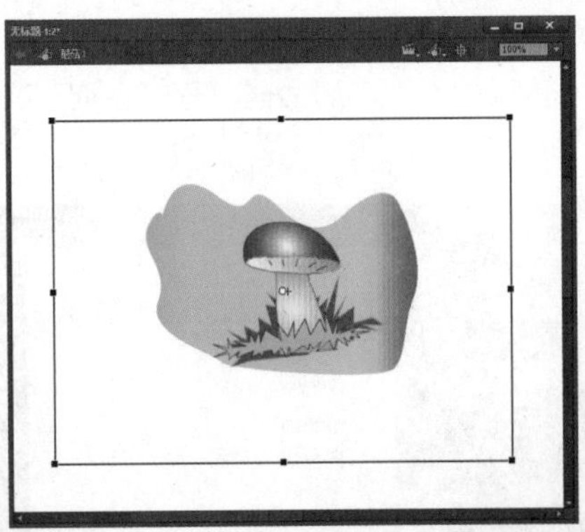

提示：库中元件的编辑

在“库”面板中的元件，可以双击进入元件编辑窗口，也可以右击元件，在快捷菜单中选择“编辑”命令，编辑窗口的背景和舞台设置的颜色一致。

实战练习 制作夜空闪烁的星星动画

学习元件的相关知识后，下面将制作闪烁的星星动画效果。在制作过程中，除了应用元件知识外，还将用到多角星形工具、任意变形工具、创建补间形状等，具体操作如下。

步骤 01 首先创建一个空白文档，具体参数设置如下左图所示。

步骤 02 在工具箱中选择多角星型工具，单击“属性”面板中的“选项”按钮，如下右图所示。

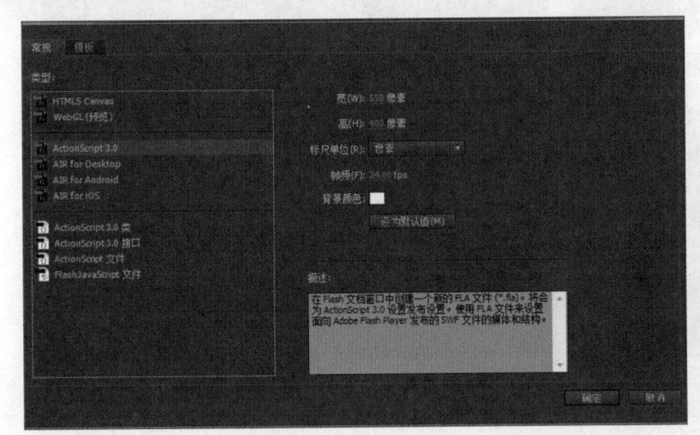

步骤 03 打开“工具设置”对话框，设置样式为“星形”，单击“确定”按钮，如下左图所示。

步骤 04 然后设置笔触颜色和填充颜色，在舞台绘制星形，如下右图所示。

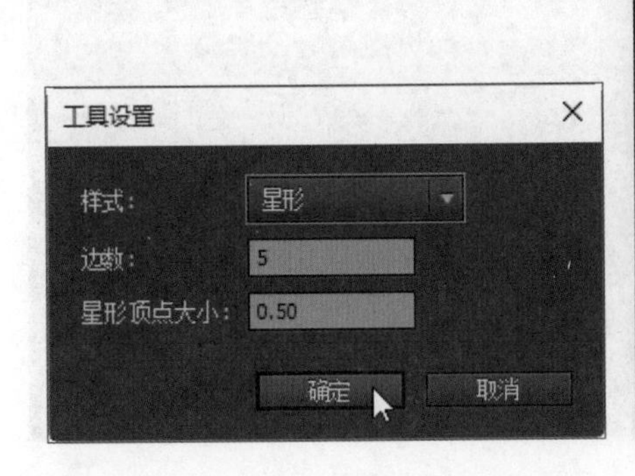

步骤 05 选中绘制的五角星，执行“修改>转换为元件”命令，如下左图所示。

步骤 06 打开“转换为元件”对话框，在“名称”文本框中输入“星星”，然后单击“确定”按钮，如下右图所示。

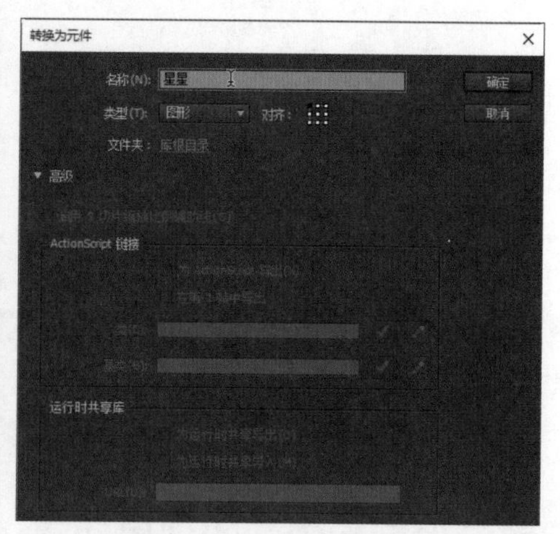

步骤 07 双击“星星”元件，在时间轴的第10帧和第20帧按F6功能键，插入关键帧，如下左图所示。

步骤 08 选中第1帧，使用任意变形工具并按Shift键，将星星同比缩小，如下右图所示。

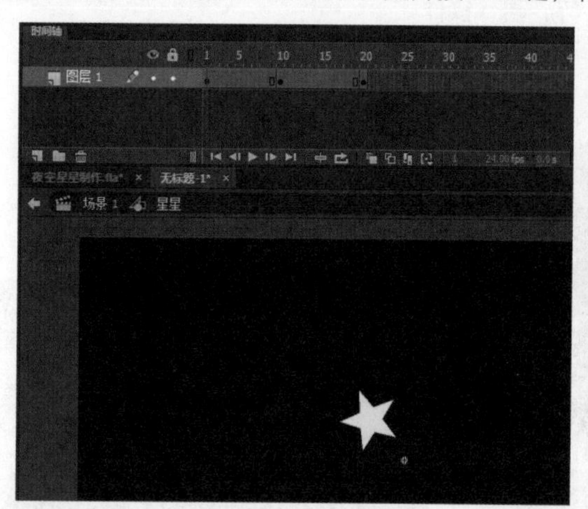

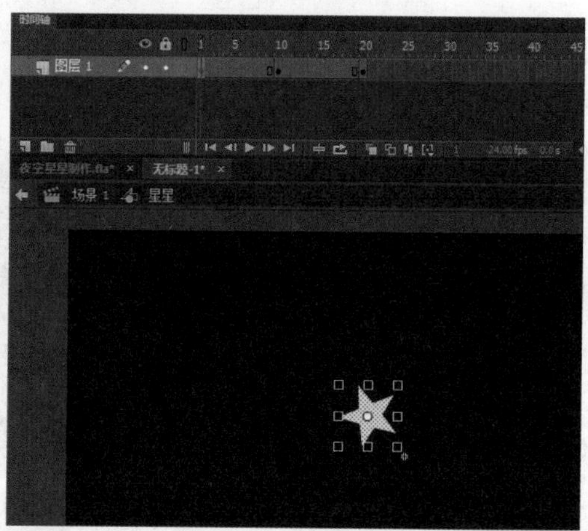

步骤 09 选中第1-20帧并右击，在快捷菜单中选择“创建补间形状”命令，如下左图所示。

步骤 10 回到场景1，把星星多复制粘贴几个，并放置在不同的位置，如下右图所示。

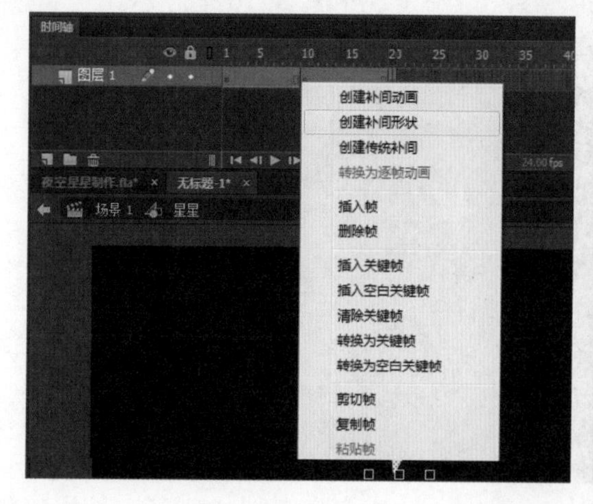

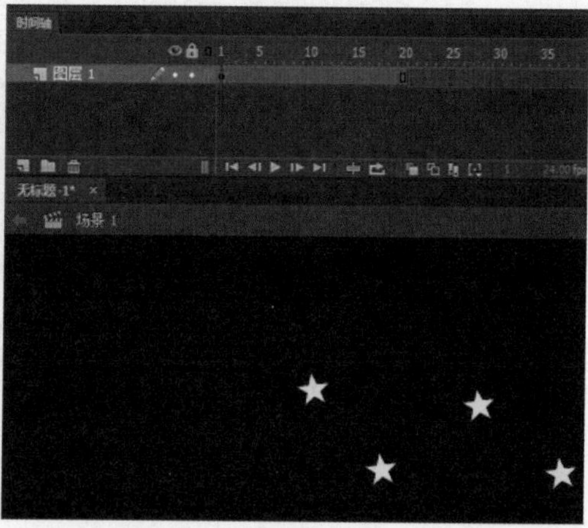

步骤11 依次选择星星，并在“属性”面板的“循环”选项区域中设置第1帧为不同的帧数，如下左图所示。

步骤12 设置完成后，每个星星的大小形状会发生变化，如下右图所示。

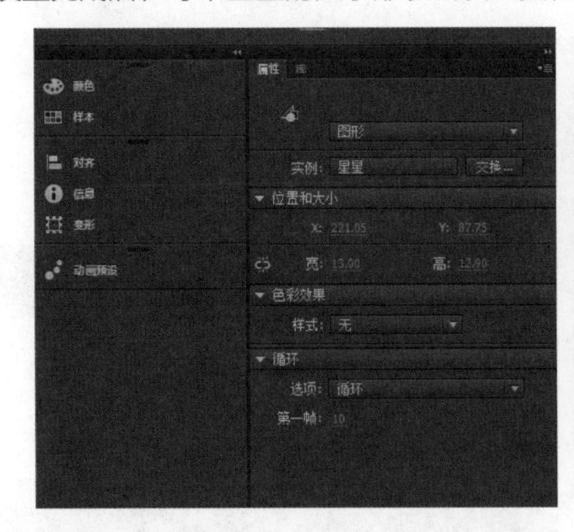

步骤13 新建“图层2”图层，并将其拖曳至“图层1”图层下方，如下左图所示。

步骤14 在“图层2”图层中导入“夜空.png”素材图片，把图片调整到合适的尺寸和位置，如下右图所示。

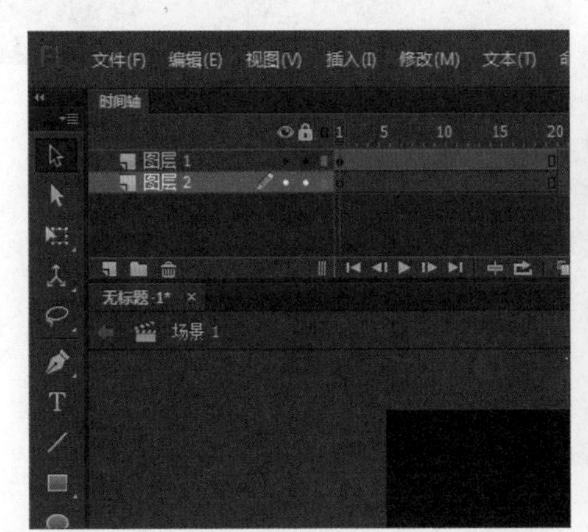

步骤15 把“图层1”图层中的星星复制一定的数量，并适当调整大小和位置，遵循近大远小的规律，效果如下左图所示。

步骤16 至此，闪烁的星星动画制作完成，按下Ctrl+Enter组合键查看效果，可见星星一直闪烁并变化大小，如下右图所示。

5.2 库

“库”面板就好像是一个大仓库，所有不同类型的元件都存储在这里，使用时直接调用，本节将详细介绍库的相关知识。

5.2.1 “库”面板

执行“窗口>库”命令或者按下Ctrl+L组合键，打开“库”面板，如右图所示。

下面介绍“库”面板中各参数的含义。

- **预览窗口：** 显示所选对象的内容。
- **新建库面板：** 单击该按钮，即可新建库面板。
- **新建元件：** 单击该按钮，打开“创建新元件”对话框，创建元件。
- **新建文件夹：** 单击该按钮，创建新的文件夹，可将相关的元件放在同一个文件夹中，方便管理。
- **属性：** 选择不同的元件，单击此按钮，打开相关的对话框，进一步设置元件属性。
- **删除：** 选择元件，单击该按钮，即可删除元件。
- **选项按钮：** 该按钮位于面板的右上角，单击可弹出菜单命令。

5.2.2 重命名库元素

“库”面板中包含很多项目元素，如不同类型的元件、文件夹以及导入的位图等，用户可以为其进行重命名操作。在Animate CC中，对“库”面板中元素进行重命名一般有以下几种方法。

- 双击项目元素的名称。
- 在项目名称上右击，在快捷菜单中选择“重命名”命令，如下左图所示。
- 选择项目，单击面板右上角的选项按钮，在菜单中选择“重命名”命令，如下右图所示。

执行以上任意一种操作后，选中项目的名称处于可编辑状态，输入新名称后，按下Enter键或单击其他空白区域，即可完成重命名操作。

5.3 实例

创建元件后，若需要导入元件，用户可直接在“库”面板中将其拖曳到舞台中，此过程即可将元件转换为实例，也就是说实例是元件的具体应用。

5.3.1 创建实例

实例都具有各自的属性，用户可对其颜色、类型、模式以及变形等进行设置。在Animate CC中创建实例很简单，在“库”面板中将元件拖至舞台后释放鼠标即可，如下图所示。

5.3.2 实例的复制和变形

创建实例后，用户可对其进行变形操作，实例的变形与图形的变形操作相同。在动画制作过程中，若需要多个相同的实例，则创建一个实例后，进行复制即可。

选中实例，按住Alt键的同时拖曳实例，光标右下方将出现黑色十字形状，将实例拖曳至合适位置释放鼠标，即可完成复制实例操作，如下左图所示。

使用任意变形工具，选中复制实例左边的控制点，向右拖曳过中心点，释放鼠标再调整位置，即可完成实例的水平翻转操作，如下右图所示。

实战练习 制作纸张飘落动画

学习了元件和库的相关知识后，我们来制作天空飘散的纸张动画。本案例将使用创建元件和“库”面板的相关知识，同时也用到矩形工具、旋转、填充颜色、帧以及补间动画等，具体操作如下。

步骤 01 首先创建一个空白文档，使用矩形工具绘制矩形，如下左图所示。

步骤 02 使用线条工具把矩形分为5份，分别填充不同的颜色，效果如下右图所示。

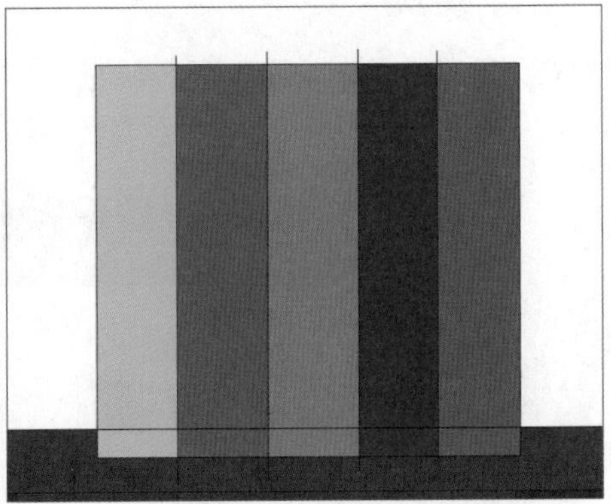

步骤 03 按下Crtl+A组合键，全选图形，执行“修改>转换为元件”命令，创建元件，如下左图所示。

步骤 04 选择图形，打开“变形”面板，设置“旋转”为-40.7°，如下右图所示。

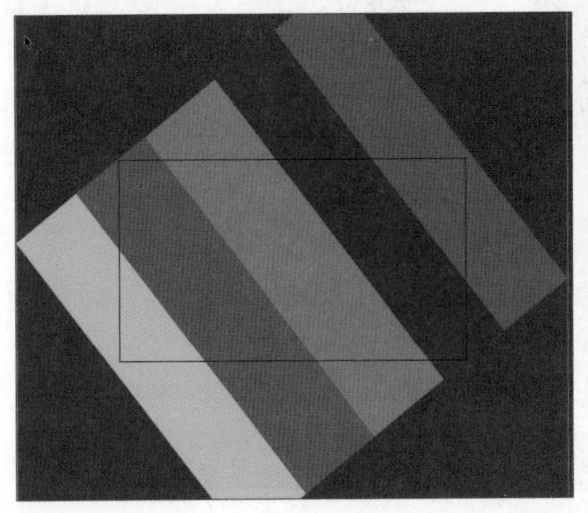

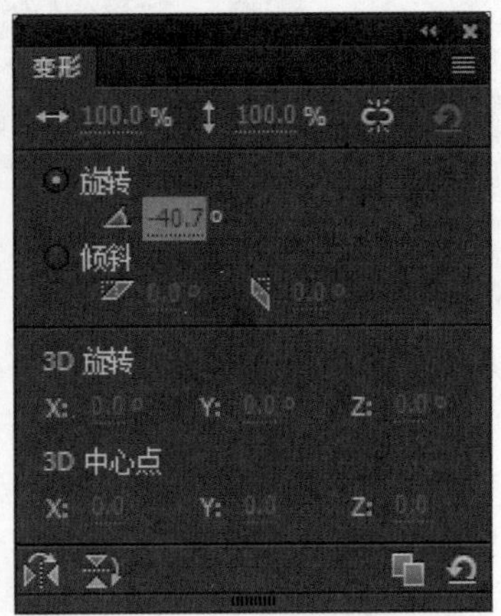

步骤 05 为不同颜色图形创建元件，然后全选并右击，在快捷菜单中选择“分散到图层”命令，如下左图所示。

步骤 06 在“时间轴”面板第20帧处为所有图层创建关键帧，如下右图所示。

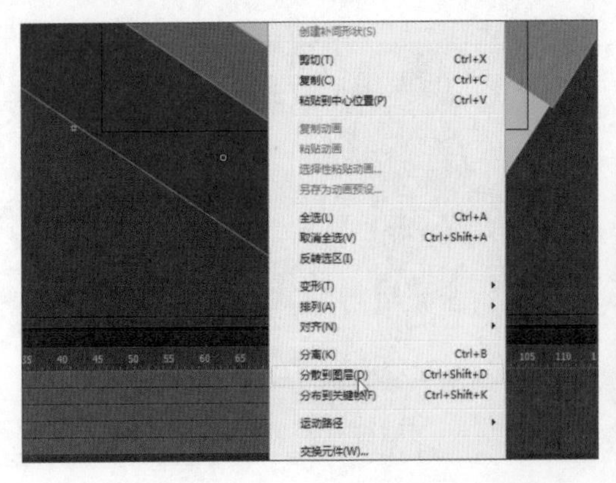

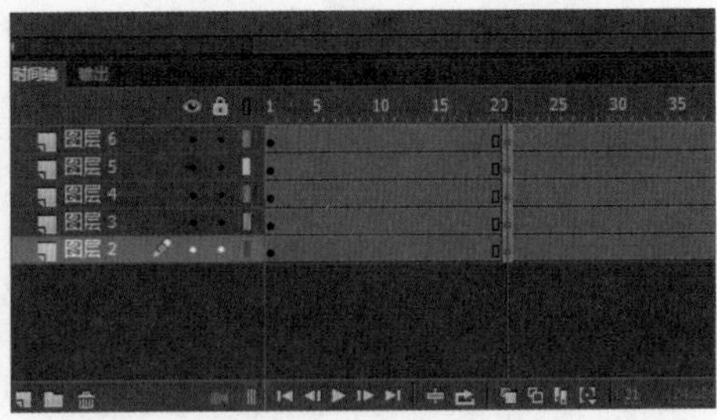

步骤 07 在第1帧把全部图形拖至舞台外，为所有图层创建补间动画。然后利用添加空白帧的方法错开这些色块的动画播放时间，如下左图所示。

步骤 08 返回场景1，新建图层作为动画的主体，如下右图所示。

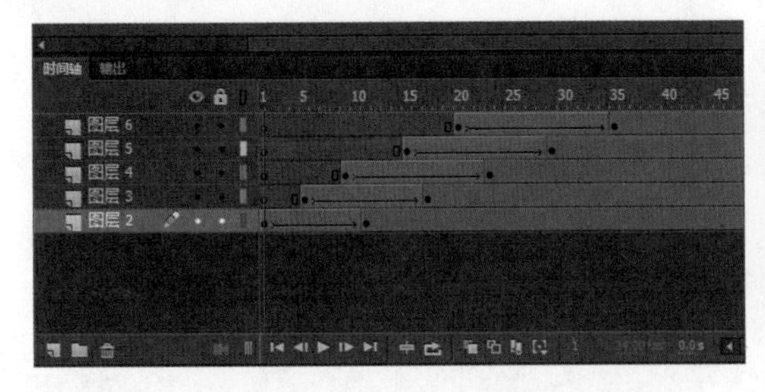

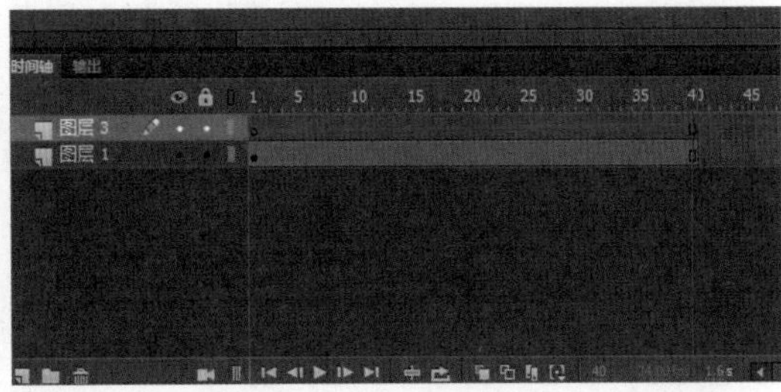

步骤 09 执行“插入>新建元件”命令，使用线条工具绘制出一摞纸张，如下左图所示。

步骤 10 按住Alt键并拖曳，复制出几个纸张元件并放在一起，如下右图所示。

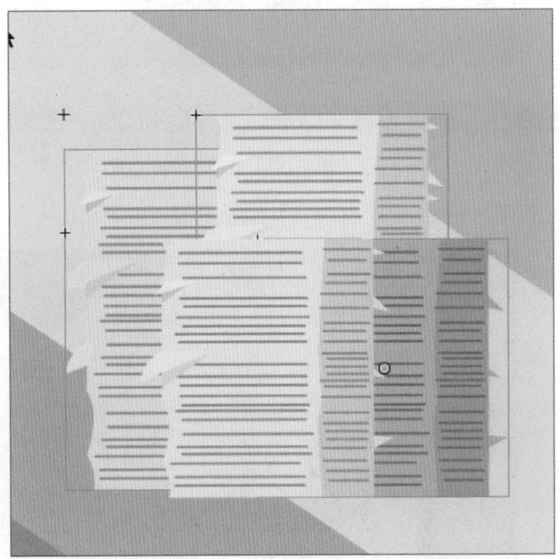

步骤 11 选中绘制的图形，在“属性”面板的“色彩效果”选项区域中设置“样式”为“亮度”，设置亮度值为-19%，制作出层次感觉，如下左图所示。

步骤 12 返回场景1，在第15帧和27帧分别创建关键帧，把15帧的纸拖出画面，制作出从上落下的动画，如下右图所示。

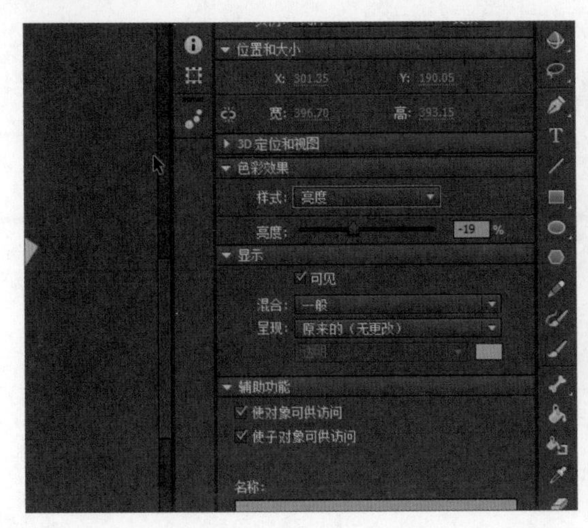

步骤 13 在背景层和废纸层中间创建一个图层。新建一个元件，使用线条工具绘制一些废纸堆，如下左图所示。

步骤 14 退回场景1，为废纸堆制作动画，在第30帧处设置“缩放高度”为31.2%，如下右图所示。

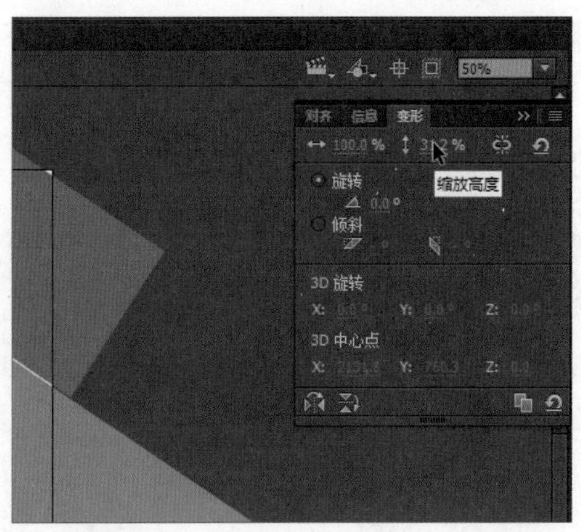

步骤 15 在34帧处设置“缩放高度”为100%，效果如下左图所示。

步骤 16 在30-34帧之间创建补间动画，在“属性”面板的“补间”选项区域中设置“缓动”为100，如下右图所示。

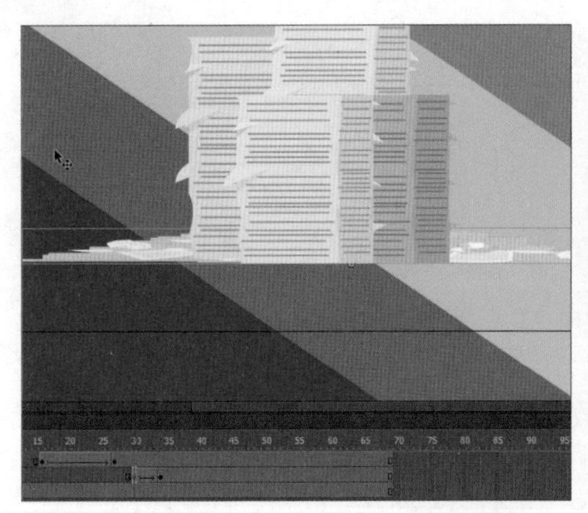

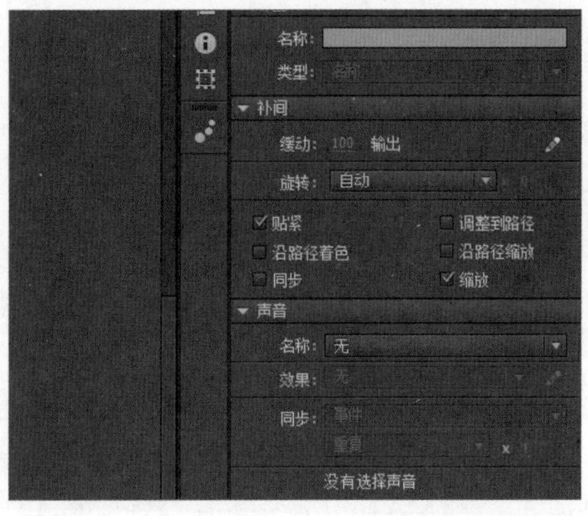

步骤 17 执行“插入>新建元件”命令，在打开的对话框中设置名称为“纸张”，如下左图所示。

步骤 18 绘制一张飞舞的纸张，并创建元件，如下右图所示。

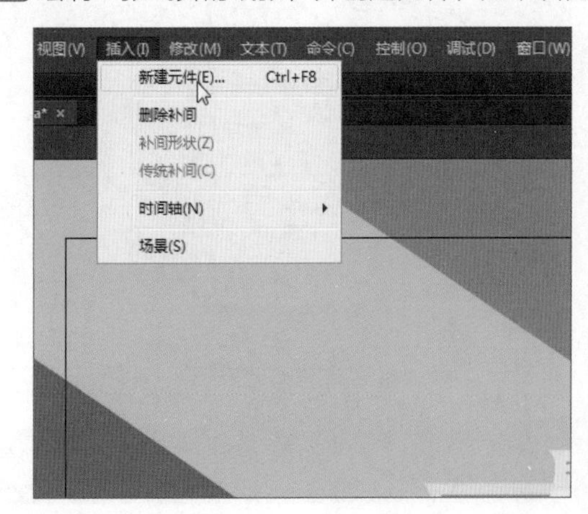

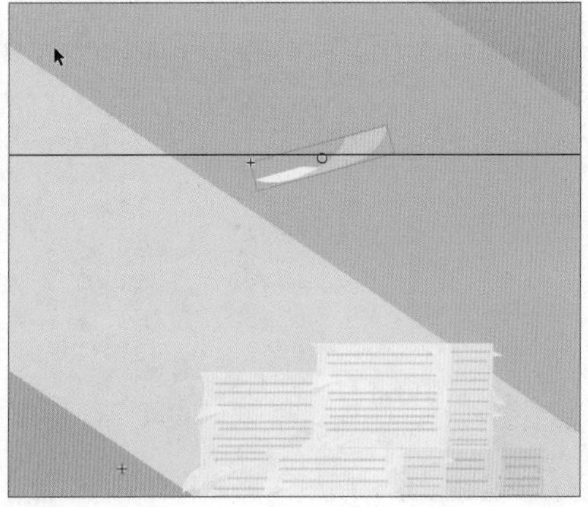

步骤 19 制作出纸张从天空飘落的动画，如下左图所示。

步骤 20 退回场景1，在“库”面板中找到“纸张”元件，如下右图所示。

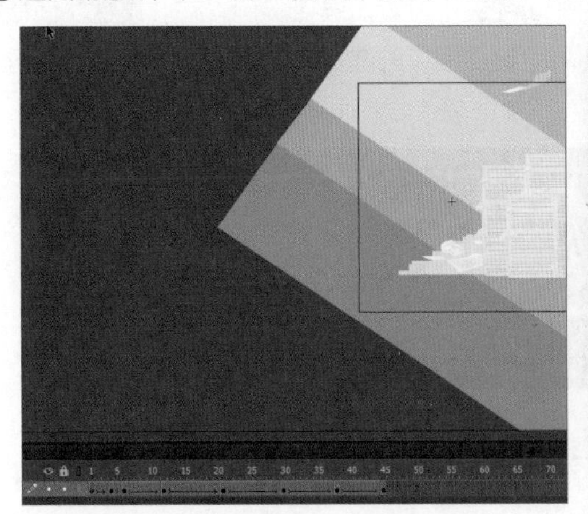

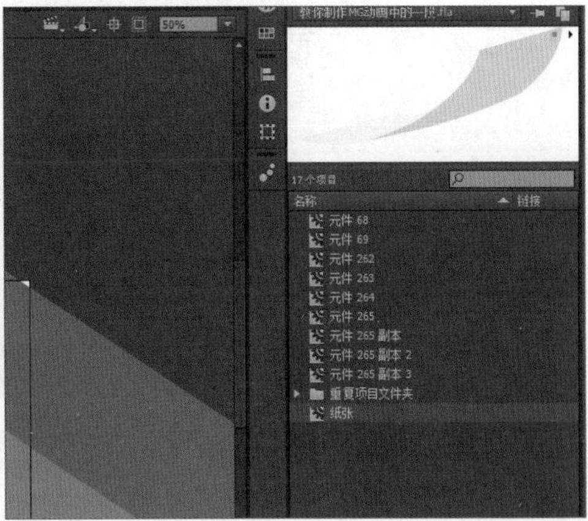

步骤 21 新建图层，在第39帧创建空白关键帧，多次把“纸张”元件从“库”面板拖到舞台上，效果如下左图所示。

步骤 22 将实例放置在不同的位置，制作多张从天空飘落纸张的效果，如下右图所示。

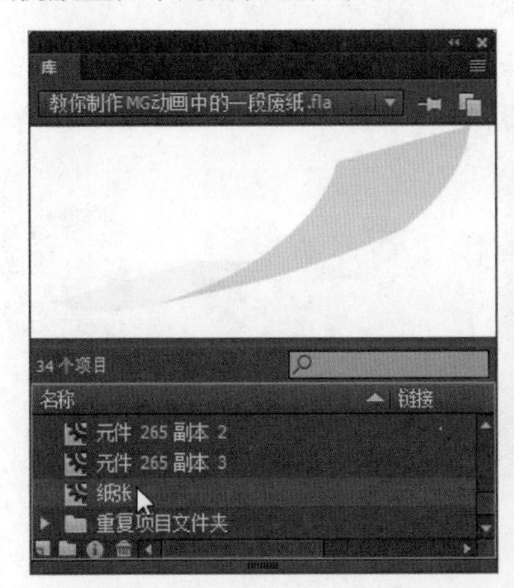

步骤 23 至此，该动画制作完成，按下Ctrl+Enter组合键查看效果，如下图所示。

5.3.3 设置实例色彩

创建实例后，在“属性”面板中可以对实例的相关属性进行设置。选择实例，在“属性”面板的“色彩效果”选项区域中单击“样式”下三角按钮，在列表中选择相应的选项，然后设置相关参数即可，如下图所示。

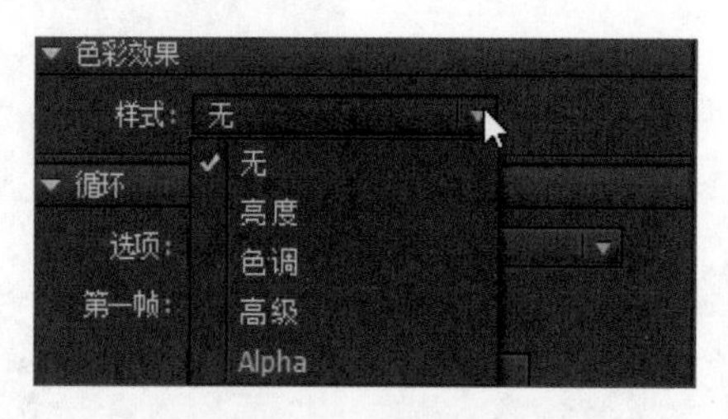

在“样式”列表中包含5个选项，下面分别介绍各选项的含义。

- **无：** 选择该选项，表示不设置任何颜色效果。
- **亮度：** 设置实例的明暗对比度，设置范围从-100%至100%，数值为负数时变暗，为正数时变亮。亮度为-50%的效果如下左图所示，亮度为50%的效果如下右图所示。

- **色调：** 设置实例的颜色，单击颜色的色块，选择一种颜色，然后设置红、绿和蓝的值，即可调整实例的色调。设置实例颜色为浅绿色的效果如下左图所示，设置实例颜色为红色的效果如下右图所示。

- **高级：** 设置实例的红、绿、蓝和透明度的值。用户可以通过设置Alpha、红、绿和蓝的值来进行色彩效果的调整，如下图所示。

提示：“高级”选项的应用

在位图对象上应用色彩效果时，可使用“高级”选项。

- **Alpha**：设置实例的透明度，范围从0%到100%，数值越小，透明度越高。设置透明度值为50%的效果如下左图所示，设置透明度值为80%的效果如下右图所示。

知识延伸：分离实例和查看实例信息

创建实例后，实例和元件是链接关系，用户可根据需要将其分离；也可在“属性”面板和“信息”面板中查看实例的相关信息。

1. 分离实例

选择需要分离的实例，执行“修改>分离”命令或按下Ctrl+B组合键，即可完成分离实例操作，如下左图所示。分离实例之后，修改雨水元件的大小和颜色，可见并不会作用在分离后的实例上，如下右图所示。

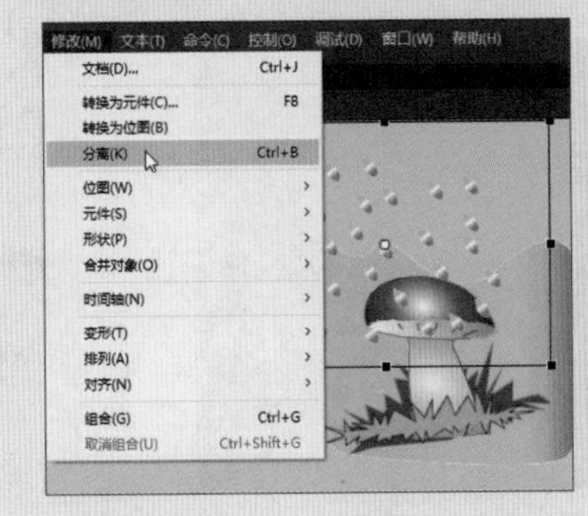

2. 查看实例的信息

在Animate CC中处理同一元件的多个实例时，识别舞台上元件的特定实例比较复杂，此时可以通"属性"和"信息"面板进行识别。

在"属性"面板中，可查看所有实例的位置、大小和色彩效果等，如下左图所示。在"信息"面板中可以查看实例的大小和位置、实例的注册点的位置以及光标所在位置的颜色和笔触宽度，如下右图所示。

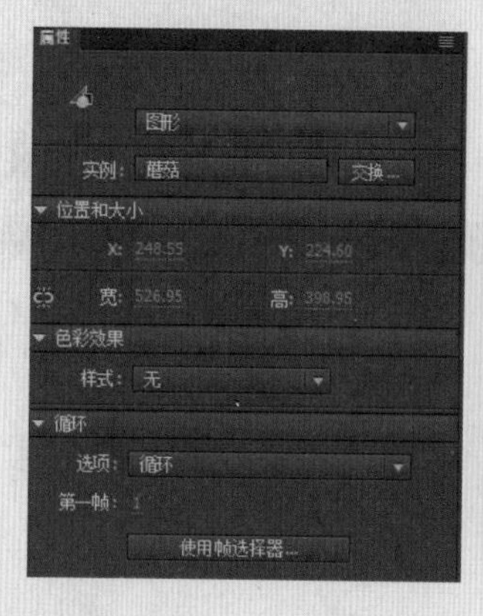

上机实训：制作游戏封面动画

学习了Animate CC的元件、实例和库的相关知识后，下面通过制作游戏封面动画的实战练习，进一步巩固所学内容，具体操作如下。

步骤 01 首先创建一个空白文档，具体参数设置如下左图所示。

步骤 02 执行"文件>导入>导入到舞台"命令，将素材作为背景拖到舞台里，如下右图所示。

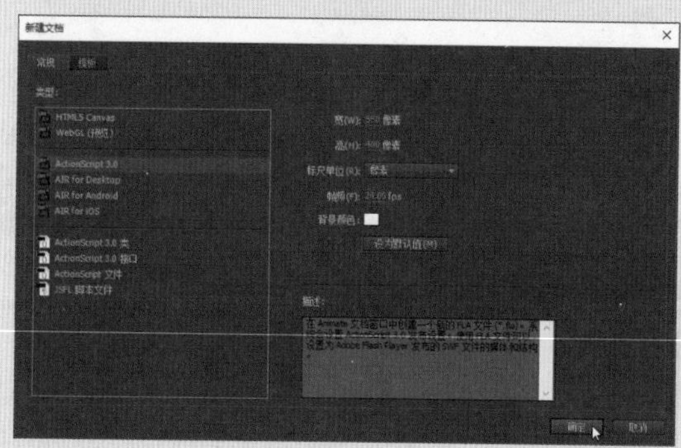

步骤 03 选中导入的图片，执行"修改>转换为元件"命令，然后在"属性"面板中使用滤镜设置模糊的数值，如下图所示。

步骤 04 因为游戏中有3个角色，所以新建3个图层，并拖进素材，如下左图所示。

步骤 05 每个图层导入一张素材图片后，分别为其创建元件，如下右图所示。

步骤 06 首先把兽人拖到画面外，制作横向切入进画面效果。在第1帧设置滤镜模糊X的值为222，如下左图所示。

步骤 07 在第7帧按F6功能键，创建一个关键帧，把元件拖曳到画面中亮相的位置，如下右图所示。

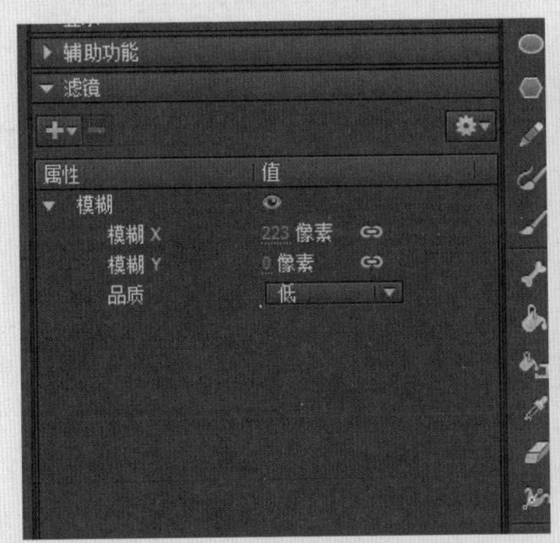

步骤 08 选中第1帧并右击，在快捷菜单中选择“创建传统补间”命令，创建补间动画，如下左图所示。

步骤 09 根据相同的方法创建其他人物的出场效果，通过设置关键帧来错开人物的出场顺序，如下右图所示。

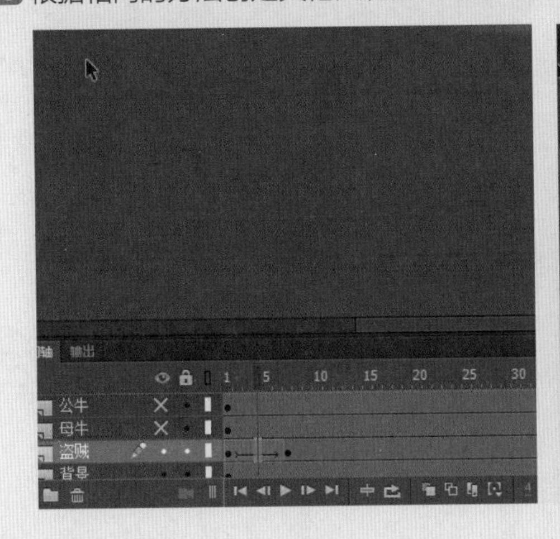

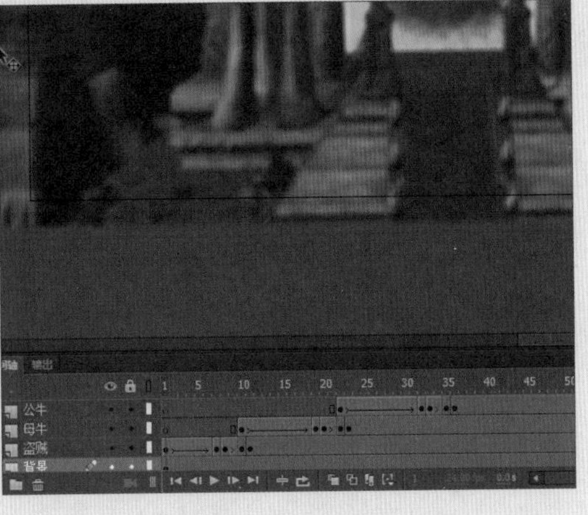

步骤10 考虑到人物的站位，让刺客从左侧模糊入镜，母牛从右边模糊入镜，公牛从下面模糊入镜，如下左图所示。

步骤11 继续新建图层，导入素材标题底边框，将其放置在舞台的中上方，并适当调整其大小，如下右图所示。

步骤12 为该素材创建元件，并双击进入该元件，新建图层，使用文本工具在上面输入游戏名字并设置字体属性，如下左图所示。

步骤13 可见游戏名字和底框不是很搭配，所以选中文字并按下Ctrl+B组合键将其打散，执行“修改>变形>封套”命令，调整文字的形状，如下右图所示。

步骤14 若觉得文字的颜色没有突出标题，而且质感不是很好，可以在“颜色”面板中设置填充方式为“线性渐变”，如下左图所示。

步骤15 按下Ctrl+A组合键全选文字，按F键统一设置线性渐变的角度，如下右图所示。

步骤16 按下Ctrl+A组合键全选文字，按F8功能键创建元件。在“属性”面板中单击“添加滤镜”按钮，选择“斜角”选项，如下左图所示。

步骤17 接着设置模糊为0，强度为100%，加亮显示为黄色，角度为356，距离为-2，然后单击“阴影颜色”按钮，如下右图所示。在打开的面板中设置透明度的值为0。

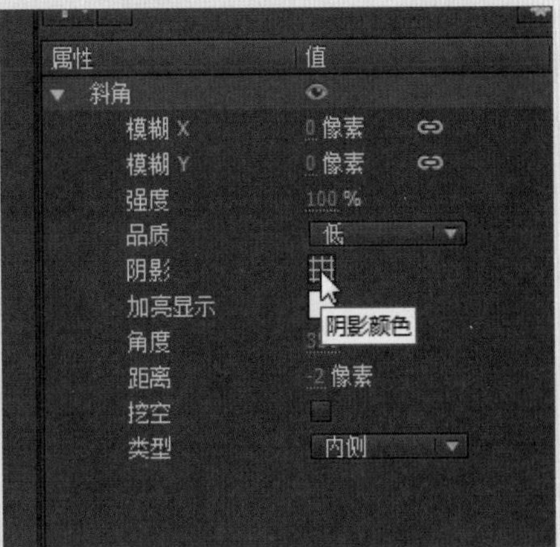

步骤18 创建“投影”滤镜效果，设置模糊为5，强度为100%，角度为45，距离为2，如下左图所示。

步骤19 再添加“发光”效果，设置模糊为5，强度为100，颜色为红色，如下右图所示。

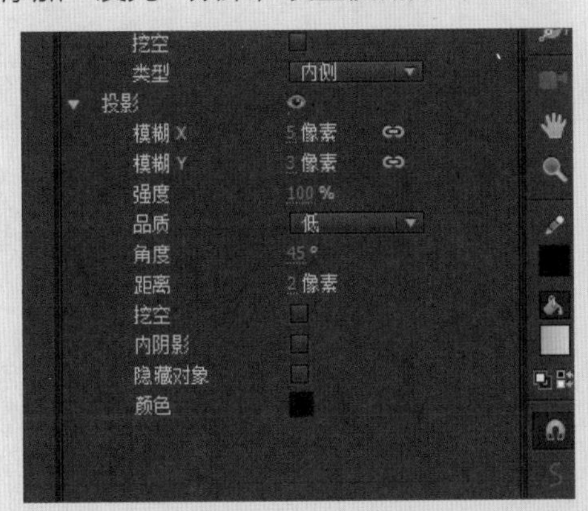

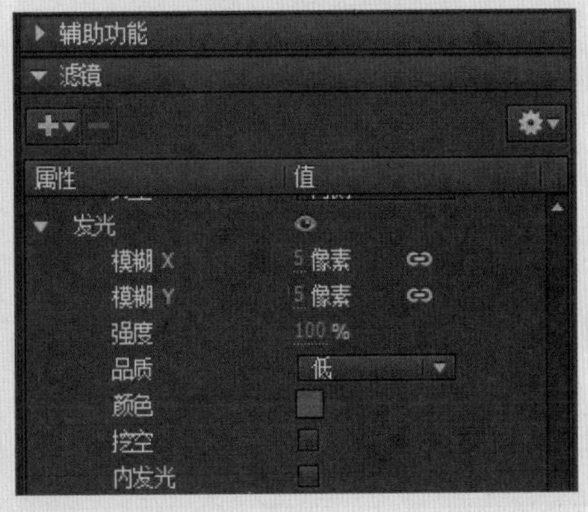

步骤20 现在字体比之前好看很多，但是还是不够饱满圆润，如下左图所示。

步骤21 接着为文字添加斜角滤镜效果，设置模糊为5，强度为100，阴影透明度为0，加亮颜色，角度为45，距离为5，如下右图所示。

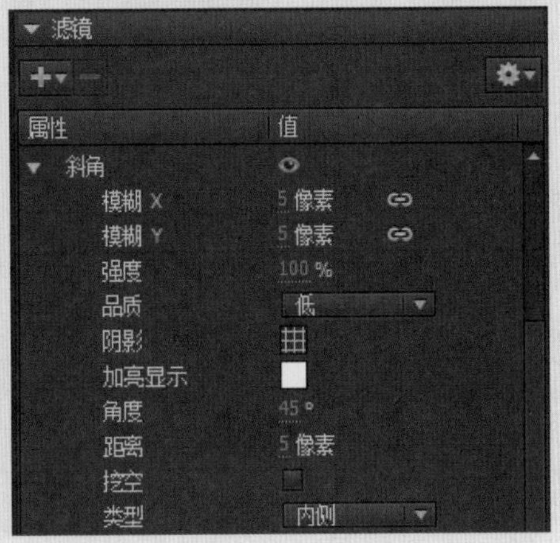

步骤 22 现在游戏的Logo部分制作完成了，效果如下左图所示。双击空白处即可退出该元件。

步骤 23 新建图层，在第48帧创建关键帧，并拖入Logo元件，如下右图所示。

步骤 24 在第48帧将Logo放大到200%，在“属性”面板的“色彩效果”选项区域中选择Alpha选项，设置透明度为40%，如下左图所示。

步骤 25 在第55帧创建关键帧并把元件还原，设置透明度为100%，如下右图所示。

步骤 26 选中第1帧并右击，在快捷菜单中选择“创建传统补间”命令，如下左图所示。

步骤 27 游戏封面动画制作完成，按下Crtl+Enter组合键查看效果，如下右图所示。

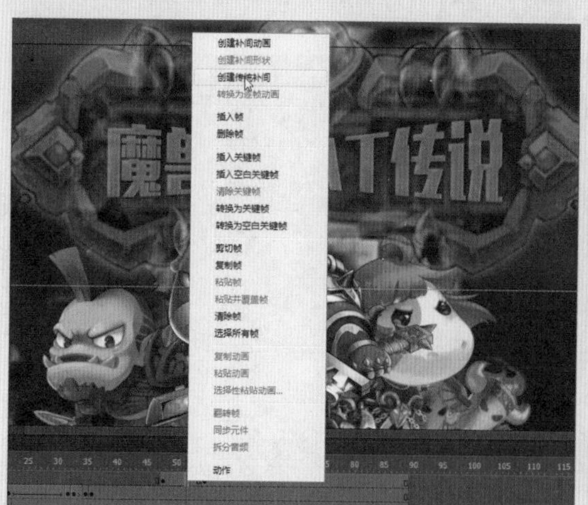

课后练习

1. 选择题

（1）创建元件，执行“插入>新建元件”命令的快捷键是（　　）。

A. Ctrl+F8　　B. F8

C. Shift+F8　　D. Alt+F8

（2）在编辑元件时，执行（　　）命令可在当前位置编辑。

A. 编辑>在当前窗口编辑　　B. 编辑>在当前位置编辑

C. 修改>在当前窗口编辑　　D. 修改>在当前位置编辑

（3）若要改变元件的透明度属性，则在“属性”面板的“色彩效果”选项区域单击“样式”下拉按钮，选择（　　）选项。

A. 色调　　B. 高级

C. Alpha　　D. 亮度

2. 填空题

（1）在Animate CC中，元件是存储在库中可以重复使用的元素，包括________、________和________3种类型。

（2）实例的明暗对比度设置范围为从________至________。

（3）将舞台上的对象转换为元件时，可以执行________命令或按下________键。

3. 上机题

下面通过“库”的应用，来制作小朋友走路动画。首先打开上机题的素材文件，在“库”面板中将“孩子”元件拖曳至舞台，设置人物各帧走路动画，同时还需要创建传统补间动画。用户在制作过程中可以参照下图。

第6章 基础动画的制作

本章概述

本章将介绍Animate CC帧和时间轴的使用方法和应用技巧，以及创建逐帧动画、形状补间动画和补间动画的操作。通过本章学习，用户可以熟练地制作丰富多彩的动画。

核心知识点

❶ 熟悉“时间轴”面板的应用
❷ 掌握逐帧动画的制作
❸ 掌握形状补间动画的制作
❹ 掌握补间动画的制作

6.1 “时间轴”面板与帧的应用

使用Animate CC制作动画时，应用“时间轴”面板和帧，可以完成动画的时间和顺序安排，将静止的画面按照某种顺序连续进行播放，本小节将分别进行介绍。

6.1.1 “时间轴”面板

打开Animate CC软件，“时间轴”面板显示在界面的底部。若界面中没有显示“时间轴”面板，用户可执行“窗口>时间轴”命令，打开该面板。“时间轴”面板由图层面板和帧组成，如下图所示。

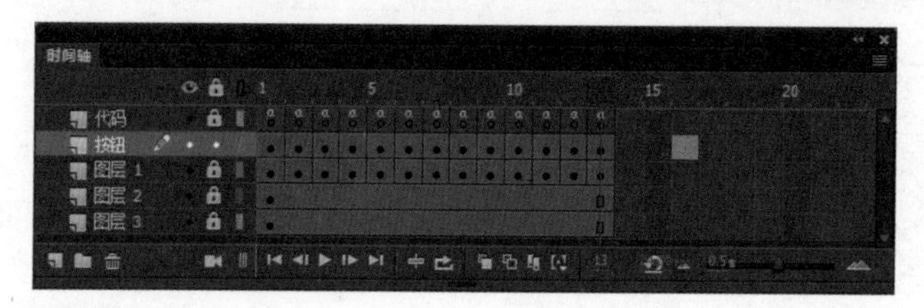

下面介绍“时间轴”面板中各选项的含义。

- **新建图层：**单击该按钮，创建新图层。
- **新建文件夹：**单击该按钮，创建图层文件夹。
- **删除：**选中图层，单击该按钮即可删除图层。
- **播放区：**控制动画的播放，主要包括“转到第一帧”“后退一帧”“播放”“前进一帧”和”转到最后一帧”按钮。
- **帧居中：**单击该按钮，播放头所在的帧会显示在时间轴的中间位置。
- **循环：**单击该按钮，在标记范围内的帧将在舞台上循环播放。
- **绘图纸外观：**单击该按钮，时间轴标尺上出现绘图纸的标记显示，如下左图所示。标记范围内的帧上的对象将同时显示在舞台上，效果如下右图所示。

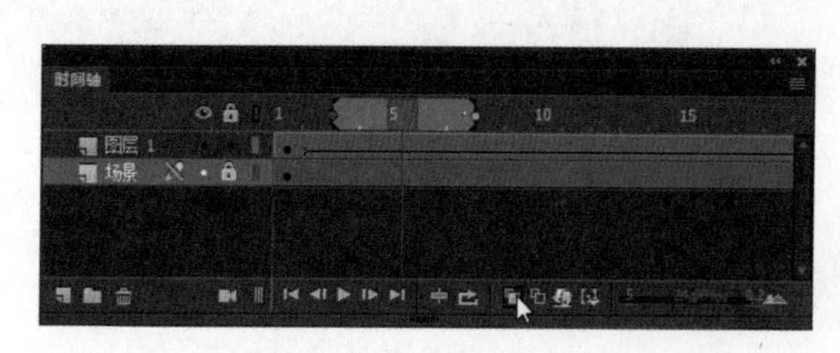

- **绘图纸外观轮廓：** 单击该按钮，在时间轴标尺上出现绘图纸的标记显示，如下左图所示。

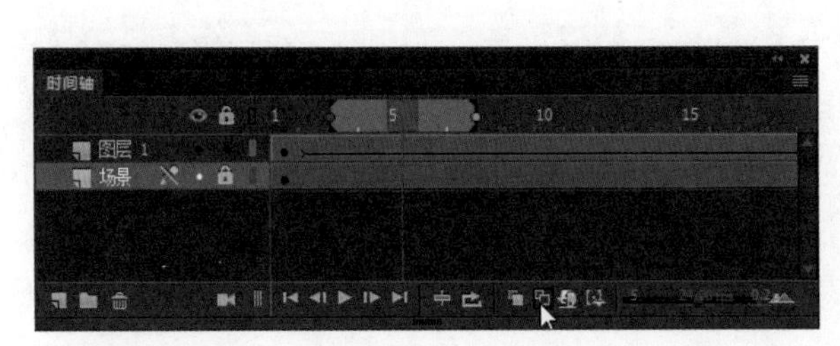

- **编辑多个帧：** 单击该按钮，绘图纸标记范围内的帧上的对象同时显示在舞台上，即可同时编辑所有的对象。
- **显示或隐藏所有图层：** 单击该按钮，隐藏或显示图层中的内容。
- **锁定或解除锁定所有图层：** 单击该按钮，锁定或解锁图层。
- **将所有图层显示为轮廓：** 单击该按钮，将图层中所有内容以线框的方式显示。

6.1.2 帧的种类

在Animate CC中制作动画的过程就是显示每一帧内容的过程。帧是构成动画的基本单位，分为关键帧、空白关键帧和普通帧3种类型，下面分别进行介绍。

1. 空白关键帧

空白关键帧指没有内容的关键帧，以空心的圆圈来表示，如下左图所示。如果在空白关键帧中加入内容，即可转变为黑心的圆。

2. 关键帧

关键帧是动画在制作过程中关键性动作的帧，在“时间轴”面板中以黑色实心的圆表示，关键帧相对应的舞台上都存在一些内容。

3. 普通帧

普通帧指两个关键帧之间的帧，在制作动画时，添加一些普通帧可以延长动画的播放时间。下右图表示第1帧后面的普通帧延续第1帧的内容。

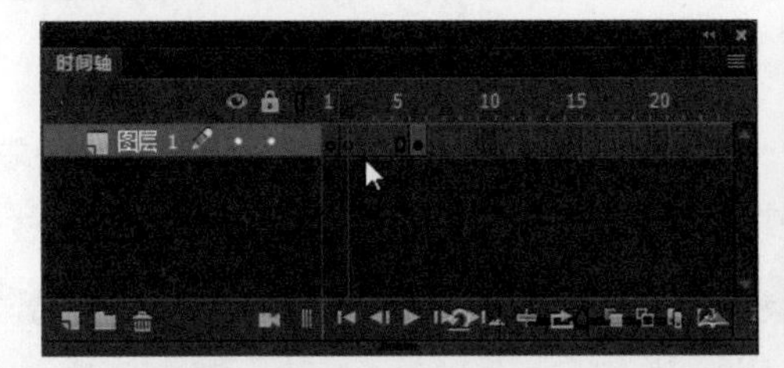

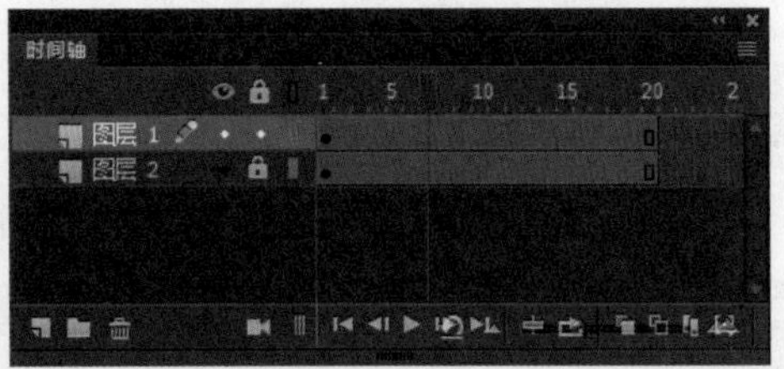

提示：帧标签

在时间轴中帧上出现小红旗标志，表示该帧的标签类型是名称；帧上出现两条绿色斜杠，表示该帧的标签类型为注释，用于解释说明帧在影片中的作用；帧上出现金色的锚，表示该帧的标签类型为锚记。

6.1.3 帧的基本操作

在制作动画的过程中，用户可以对帧进行相应的编辑操作，如选择帧、复制和粘贴帧、插入帧、移动帧以及删除帧等。

1. 选择帧

在对帧进行编辑之前，需要选择帧，用户即可以选择单个帧，也可以选择连续或不连续的多个帧，还可以选择所有的帧，下面将详细介绍帧选择的方法。

- **选择单个帧：**在时间轴中直接单击需要选中的帧即可，如下左图所示。
- **选择连续多个帧：**首先选中起始的帧，按住Shift键的同时单击需要选择的最后一个帧，即可选中连续的多个帧。选择连续的帧时，可以是同一图层，也可以是不同图层，方法是相同的，如下右图所示。

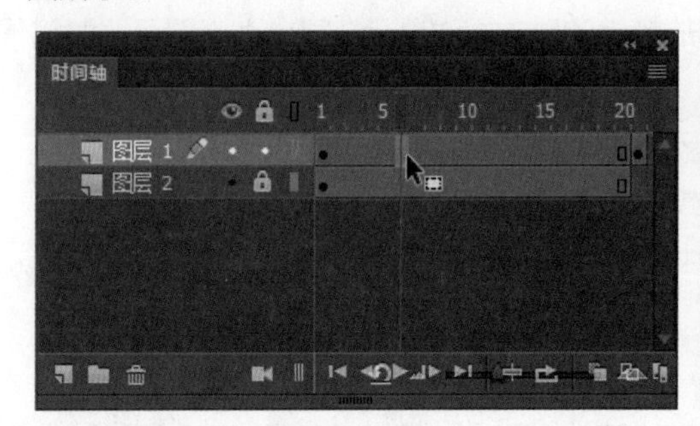

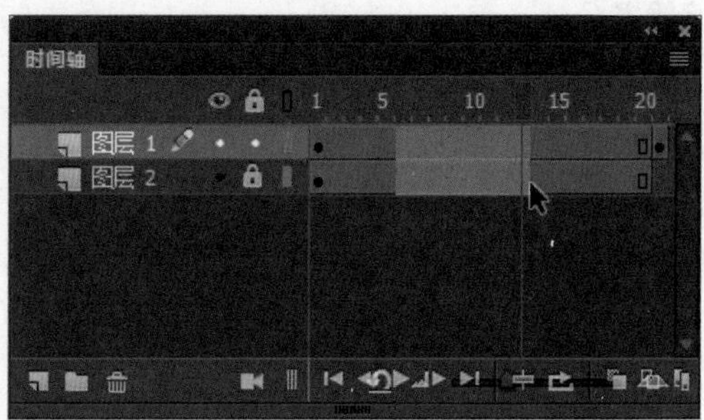

- **选择不连续帧：**首先选中单个帧，然后按住Ctrl键再依次选中其他不连续的帧即可。
- **选择所有帧：**选择单个帧并右击，在快捷菜单中选择“选择所有帧”命令，如下左图所示。即可选中所有帧，如下右图所示。用户也可以按下Ctrl+A组合键，快速选择帧所在图层上的所有帧。

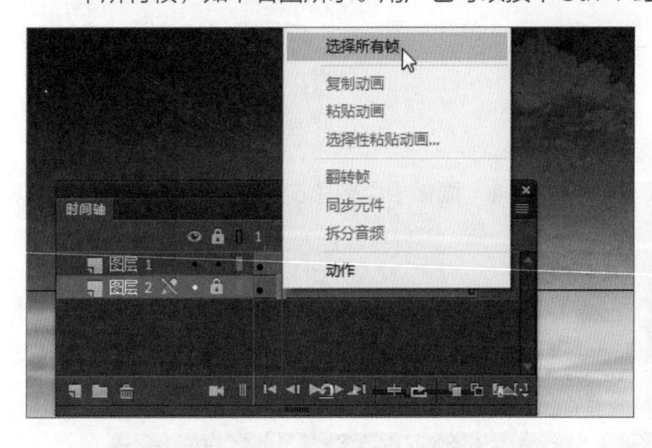

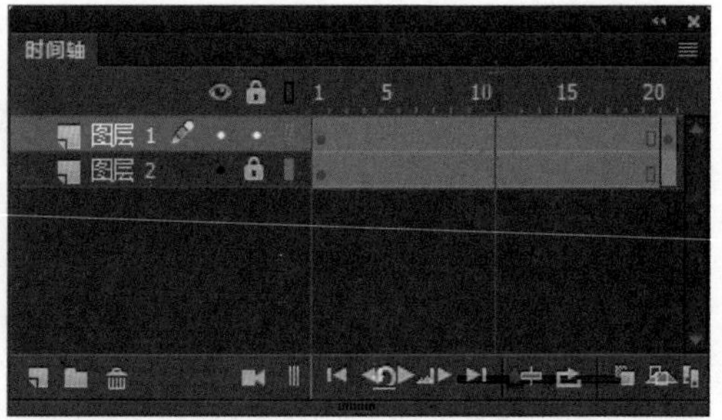

2. 复制和粘贴帧

如果需要对单个帧或多个帧执行复制和粘贴操作，则首先选择帧，然后执行“编辑>时间轴>复制帧”命令，复制帧；选中需要粘贴的位置，执行“编辑>时间轴>粘贴帧”命令，完成帧的粘贴操作。

提示：复制和粘贴帧的其他方法

除了上述操作方法外，用户还可以根据以下方法进行复制和粘贴帧操作。

- 选中帧后，按下Ctrl+C组合键执行复制操作，按下Ctrl+V组合键执行粘贴操作。
- 选择帧并右击，在快捷菜单中选择“复制帧”命令，在目标位置右击，在快捷菜单中选择“粘贴帧”命令。
- 选择帧后，按住Alt键的同时使用鼠标拖曳帧至目标位置，即可实现帧的复制和粘贴操作。

3. 插入帧

插入帧操作包括插入帧、插入关键帧和插入空白关键帧，操作方法都一样，下面以插入关键帧为例介绍具体操作方法。

首先选中需要插入帧的位置，然后执行“插入>时间轴>关键帧”命令，如下左图所示。用户也可以在插入帧的位置右击，在快捷菜单中选择“插入关键帧”命令，完成关键帧的插入操作，如下右图所示。

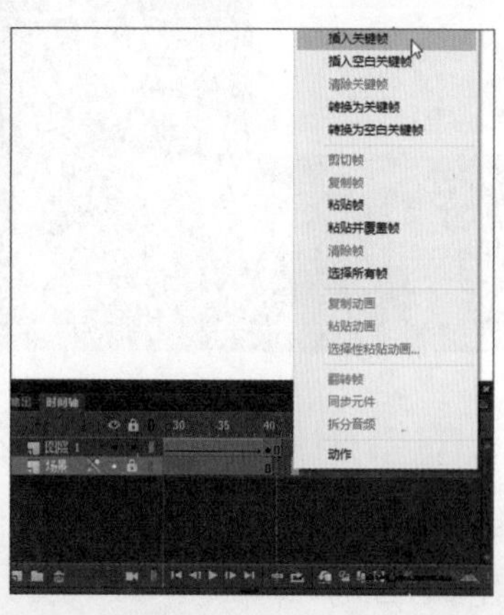

提示：插入帧的快捷方式

选择需要插入帧的位置，按F5功能键插入帧；按F6功能键插入关键帧；按F7功能键插入空白关键帧。

4. 移动帧

选择需要移动的帧，按住鼠标左键并拖曳至目标位置后，释放鼠标即可。如果按住Alt键，可以将选中的帧复制到目标位置。

5. 翻转帧

翻转帧是将动画过程进行翻转的操作，选择需要翻转的动画过程帧并右击，在打开的快捷菜单中选择“翻转帧”命令，即可查看翻转效果。

6. 删除帧

常用的删除帧的方法有3种，方法1：选择帧，执行“编辑>时间轴>删除帧”命令；方法2：选择帧并右击，在快捷菜单中选择“删除帧”命令；方法3：选择帧并按下Shift+F5组合键执行删除操作。

如果关键帧后面有普通帧，执行删除操作只是删除后面的普通帧，如果关键帧后面没有普通帧，则可以删除关键帧。通常使用“清除关键帧”命令，对关键帧进行删除。

6.2 逐帧动画

逐帧动画的制作和传统动画相似，在时间轴上按顺序逐帧绘制不同内容，播放时，由于人眼睛产生的视觉暂留，感觉画面是运动的。

逐帧动画是由若干个关键帧组成的，设计者需要对每个帧上的内容进行绘制，其工作量相当大，但是动画效果非常逼真。逐帧动画具有非常大的灵活性，多用来制作复杂动画。

逐帧动画不仅可以通过在每个帧上绘制内容来实现，用户也可以通过导入不同格式的图像来创建逐帧动画，如JPEG、PNG、GIF等格式，如下图所示。

实战练习 制作狗小姐走路动画

制作逐帧动画除了在不同的帧上插入图像外，还可以绘制矢量图形，下面通过制作一只可爱的狗小姐走路动画，介绍逐帧动画具体操作。

步骤 01 首先创建一个空白文档，并设置舞台的颜色，效果如下左图所示。

步骤 02 选中第1帧，在舞台上使用铅笔工具绘制狗小姐的形状，线条尽量不要留有缝隙，否则不能填充颜色，如下右图所示。

步骤 03 选择颜料桶工具，为狗小姐填充颜色，按下Ctrl+A组合键进行全选，然后按下Ctrl+C组合键进行复制，如下左图所示。

步骤 04 新建图层，把复制的狗小姐粘贴在舞台外面，当做填色参考，并锁定该图层，如下右图所示。

步骤 05 选择图层2的第2帧并创建关键帧，单击“时间轴”面板底部的“绘制纸外观”按钮，设置范围为第1-2帧，如下左图所示。

步骤 06 然后参照第1帧的虚影在第2帧绘制狗小姐图形，并使用吸管工具吸取参考狗小姐身上的颜色进行填色，如下右图所示。

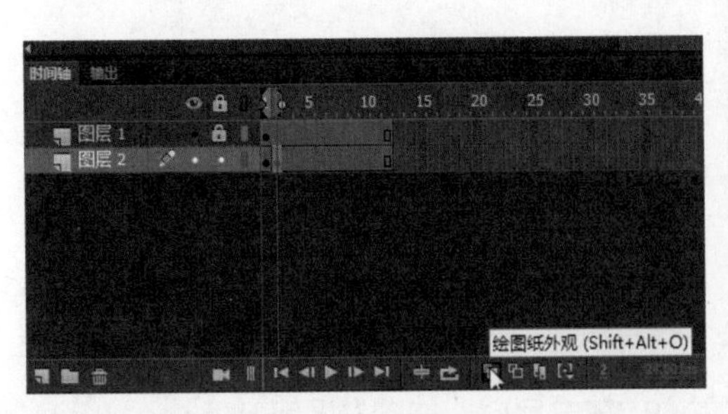

步骤 07 在第3帧创建关键帧，并根据狗狗运动规律调整狗小姐的形状，如下左图所示。

步骤 08 根据第3帧的方法为第4帧绘制狗小姐的形状，如下右图所示。

步骤 09 在第5帧创建关键帧，注意狗小姐腿部动作的绘制，如下左图所示。

步骤 10 在第6帧上为狗小姐右边两条腿加上阴影，左前腿向前伸，并适当为尾巴尖部增加些轻微的晃动，如下右图所示。

步骤11 在第7帧，狗小姐左前爪踩在地上，左后腿抬到最高点，注意抬腿的时候屁股也要跟着走势翘起，如下左图所示。

步骤12 第8帧属于关键帧的补间动作，左前腿往回收，右前腿抬起，如下右图所示。

步骤13 在第9帧，左前腿继续回收，尾巴向下移动，重心放在右后腿，如下左图所示。

步骤14 在第10帧，右后腿蹬地，胸部挺起，尾巴继续向下移动，如下右图所示。

步骤15 在第11帧，抬起右前腿，头部抬到最高点，尾巴弹起，重心放在左前腿，如下左图所示。

步骤16 在第12帧，绘制狗小姐走路的一个循环，如下右图所示。然后删除参照层，取消激活“绘图纸外观”按钮。

步骤17 按下Ctrl+Enter组合键预览动画，发现狗小姐走路的速度太快，则在每一个关键帧后面添加两个普通帧，如右图所示。

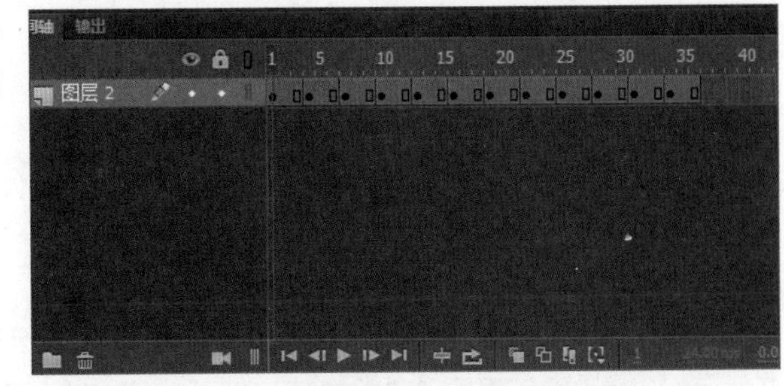

步骤18 新建图层，执行“文件>导入>导入到舞台”命令，在打开的对话框选择合适的背景，效果如下左图所示。

步骤19 至此，使用逐帧动画制作狗小姐走路动画就制作完成了，按下Ctrl+Enter组合键进行效果查看，如下右图所示。

6.3 形状补间动画

形状补间动画可以实现两个形状之间的相互转换，即在一个关键帧中绘制形状，然后在另一个关键帧中更改该形状，Animate CC根据两个形状之间的帧数量和形状来创建动画，可以实现形状大小、位置和颜色等的变化。

形状补间动画创建完成后，在“时间轴”面板上创建形状补间动画的帧的背景为浅绿色，并且在起始帧和结束帧之间形成一个黑色的箭头，如下图所示。

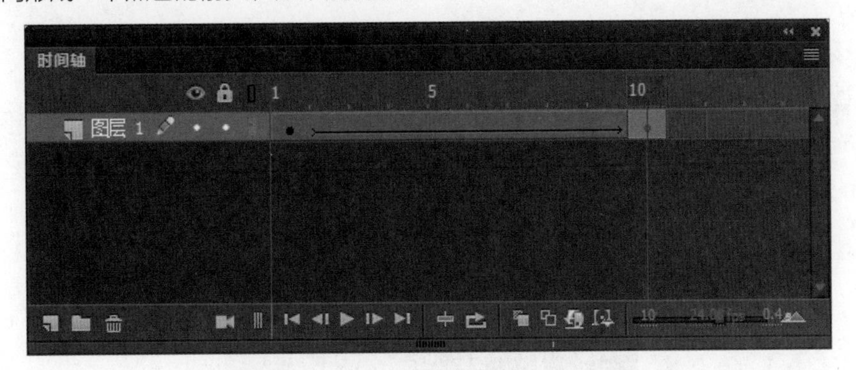

6.3.1 创建形状补间动画

制作形状补间动画的对象为分离的矢量图形，在“属性”面板中的属性为形状，在制作动画过程中不需要将动画元素转换为元件，而是要将元件实例或组合分离为形状。下面介绍创建形状补间动画的操作方法。

步骤 01 选中第1帧并右击，在快捷菜单中选择“插入空白关键帧”命令，然后在舞台上绘制填充为红色的正圆，如下左图所示。

步骤 02 在时间轴上选中该帧并右击，在快捷菜单中选择“创建补间形状”命令，如下中图所示。

步骤 03 在第5帧上插入空白关键帧，然后在舞台上绘制多边形，如下右图所示。

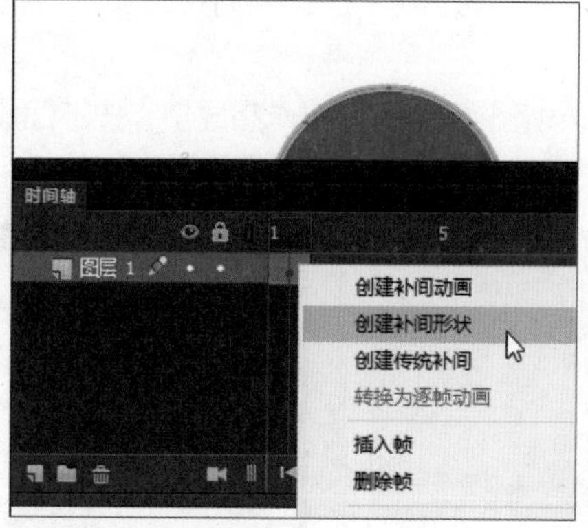

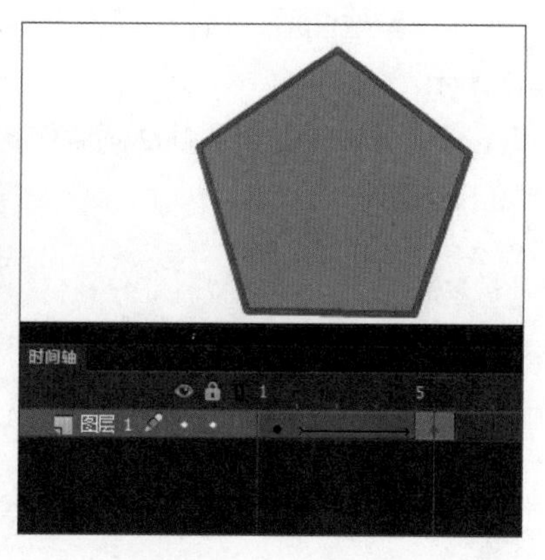

步骤 04 至此，形状补间动画制作完成，Animate CC会自动补充中间过帧，第2、3、4帧的形状如下图所示。

在创建形状补间动画时，如果过渡的帧是虚线，表示没有正确完成补间，通常情况是起始帧或结束帧上的对象不是形状，或者是缺少开始或结束关键帧。

6.3.2 形状补间动画参数设置

创建形状补间动画后，选中时间轴中形状补间的帧，在“属性”面板的“补间”选项区域有两个参数，如下图所示。

下面介绍“属性”面板的“补间”选项区域的两个参数的含义。

- **缓动**：设置对象形状变化的快慢趋势，值的范围为-100到100。当值小于0时，表示形状变化越来越快，值越小，加快的趋势越明显；当值等于0时，表示形状变化是匀速的；当值大于0时，表示形状变化越来越慢，数值越大，减慢的趋势越明显。
- **混合**：单击该下三角按钮，在列表中包含“分布式”和“角形”两个选项。“分布式”表示创建的动画中间形状比较平滑；“角形”表示创建的中间形状会保留明显的角和直线。适用于具有锐化转角和直线的混合形状。

6.3.3 应用变形提示

当形状变形较为复杂时，可以为形状添加形状提示来控制其变化，让原图形上的某点变换到目标图形的某一点，从而制作出复杂的变形效果。

1. 添加应用变形提示

要添加应用变形提示，则执行“修改>形状>添加形状提示”命令，然后添加变形控制点进行操作，具体操作如下。

步骤01 新建文档，选中第1帧，使用多角星形工具绘制红色、无描边的五角星，如下左图所示。

步骤02 右击第1帧，在快捷菜单中选择“创建补间形状”命令，在第5帧插入空白关键帧，并绘制绿色的圆形，如下右图所示。

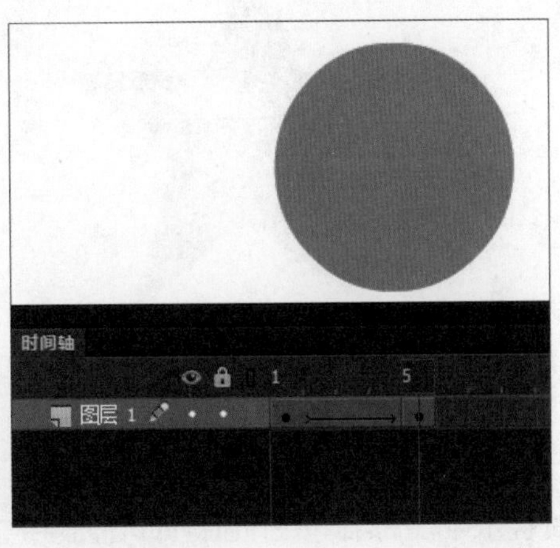

步骤03 在时间轴上选中第1帧，然后执行“修改>形状>添加形状提示”命令，在五角星中心将出现提示点a，如下左图所示。

步骤04 使用鼠标将提示点移到星形的右上角上，此时提示点底纹颜色为红色，如下右图所示。

步骤 05 选中第5帧，在圆形中心也出现红色底纹的提示点，将其移至左下角，则变为绿色底纹，如下左图所示。

步骤 06 返回第1帧，可见星形提示点的底纹颜色变为黄色，表示这两个提示点已对应了，如下右图所示。

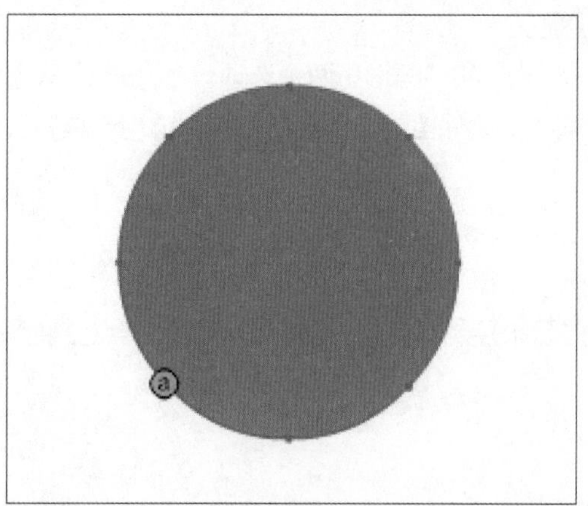

步骤 07 根据相同的方法添加其他提示点，并移至不同位置，如下图所示。

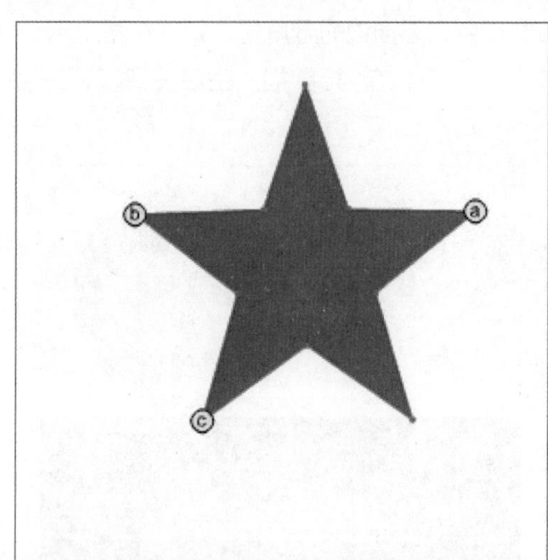

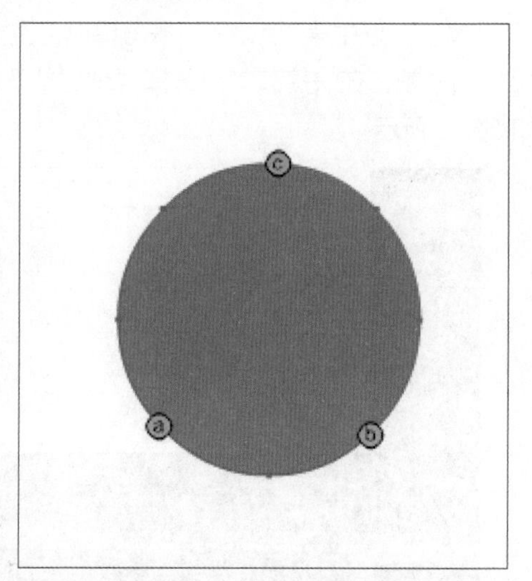

步骤 08 完成提示点添加后，按Enter键即可播放并查看制作效果，在第2、3、4帧上的变形效果，如下图所示。

用户可以和未添加变形提示进行比较，第2、3、4帧上的变形效果如下图所示。

2. 删除变形提示点

如果需要删除变形提示点，通常使用以下3种方法，第1种方法：选中提示点，使用鼠标将其拖曳至舞台外，即可删除该提示点。

第2种方法：选中提示点，执行“修改>形状>删除所有提示”命令，即可删除形状上所有提示点。

第3种方法：选中提示点并右击，在快捷菜单中选择“删除提示”或“删除所有提示”命令，即可删除选中的提示点或所有提示点。

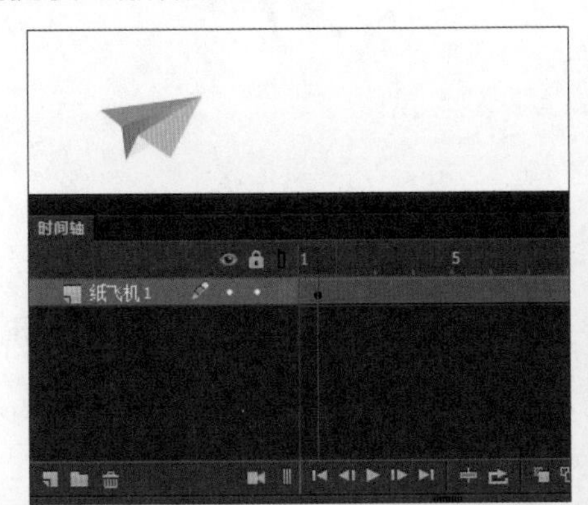

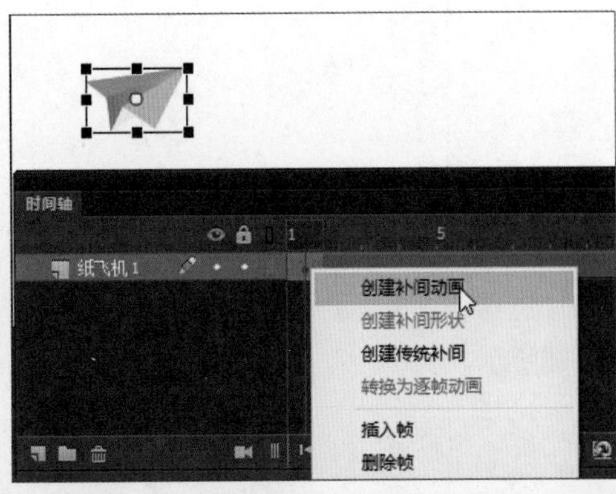

提示：隐藏提示

如果需要隐藏形状上的提示点，则在任意提示点上右击，在快捷菜单中取消勾选“显示提示”选项即可。

6.4 补间动画

补间动画也称为运动补间动画，用于对对象进行缩放、旋转、透明度等设置，处理的对象主要包括舞台上的组件实例、文字或导入的素材对象等。一个补间图层只能包含一个元件实例，如果将其他元件拖曳至时间轴的补间范围，将替换原来的元件实例。

6.4.1 创建补间动画

新建空白文档，选中第1帧，在舞台上绘制纸飞机并填充颜色，将飞机移至舞台的左下角，然后执行“修改>转换为元件”命令，将其转换为元件，选中第1帧并右击，在快捷菜单中选择“创建补间动画”命令。

在时间轴上可见补间范围为蓝色背景的一组帧，表示已经创建补间动画，将光标移至补间范围右侧，变为双向箭头时，拖曳鼠标即可调整补间范围，如下左图所示。选中第2帧，在舞台上移动元件实例，显示移动的路径，用户可以根据需要调整元件实例的大小或进行旋转操作，在第2帧上显示小实心黑色的菱形，如下右图所示。

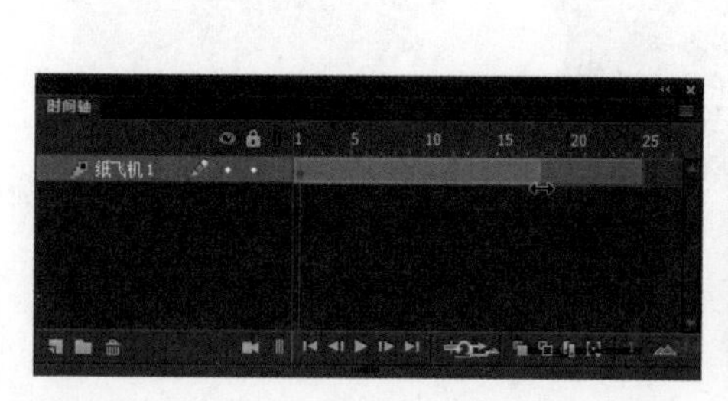

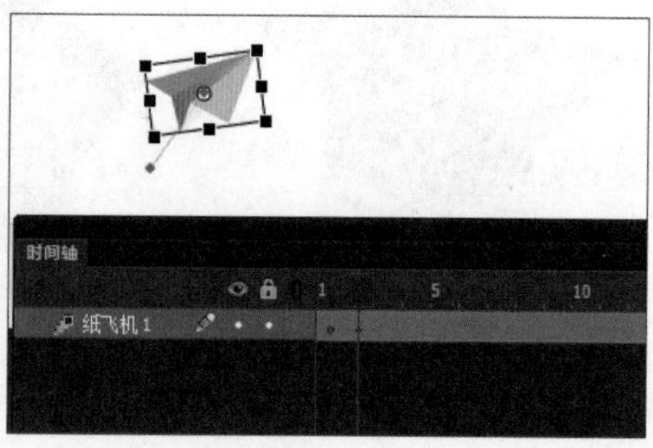

根据相同的方法为补间范围内其他帧创建运动路径，然后根据需要调整元件实例纸飞机的运动轨迹，如下图所示。

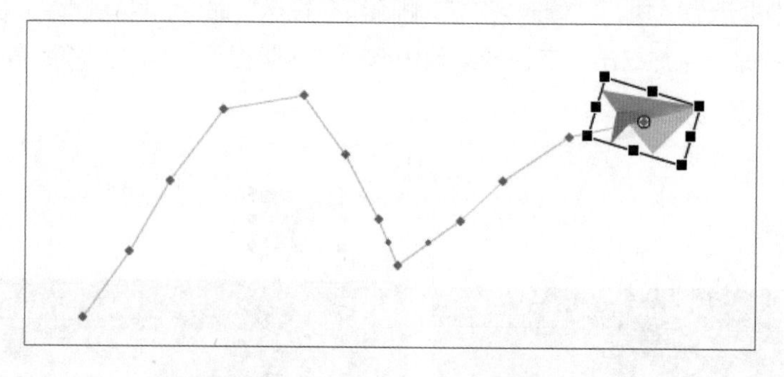

为了更好地查看纸飞机运动过程中的情况，则单击“时间轴”面板中的“绘图纸外观”按钮，调整范围，效果如下图所示。

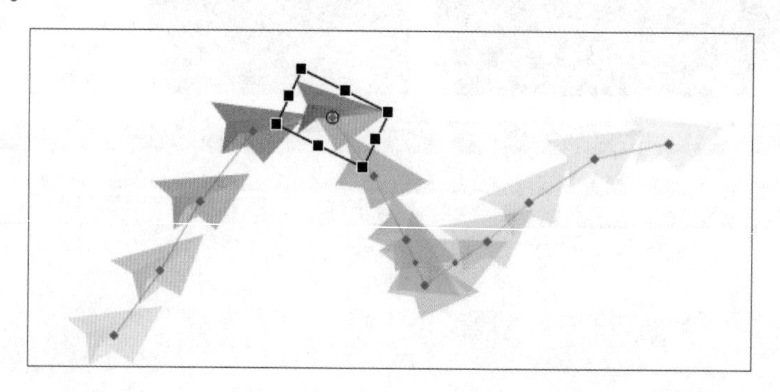

6.4.2 补间动画操作

补间动画创建完成后，用户可以对其进行复制和粘贴属性、移动补间以及合并动画等操作，下面介绍具体操作方法。

1. 复制与粘贴动画

在Animate CC中，用户可以将一个元件实例的补间动画应用到其他元件实例上。在“时间轴”面板中新建图层并重命名，导入元件实例，将其移动至左侧，如下左图所示。选中“纸飞机”图层即可选中补间，然后右击，在快捷菜单中选择“复制动画”命令，如下右图所示。

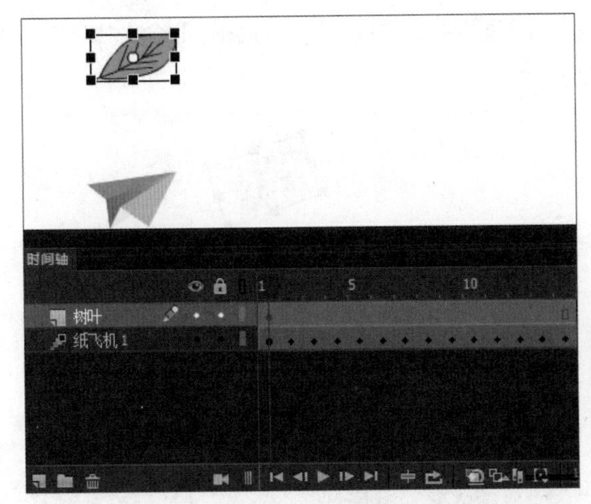

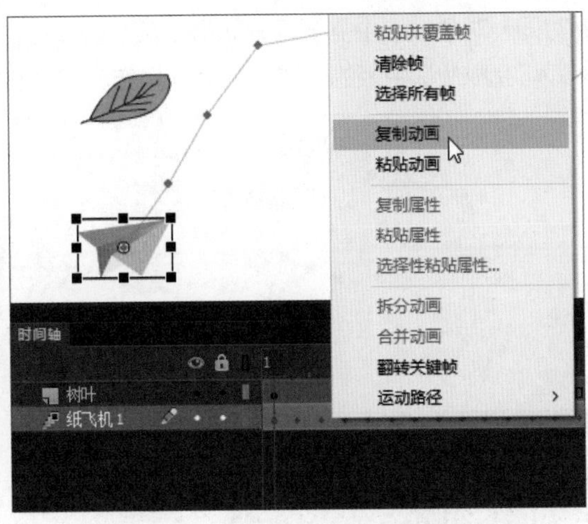

选中“树叶”图层，先创建补间动画，然后选择整个补间范围并右击，在快捷菜单中选择“粘贴动画”命令，如右图所示。

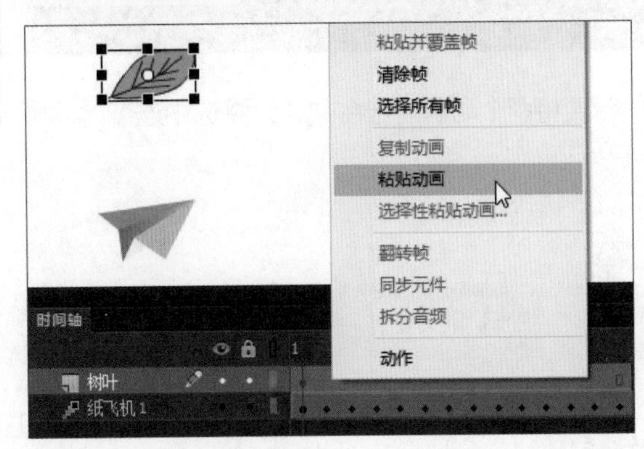

可见树叶被赋予运动路径，为了比较树叶和纸飞机的运动路径是否一致，单击“时间轴”面板“绘图纸外观”按钮，效果如下图所示。

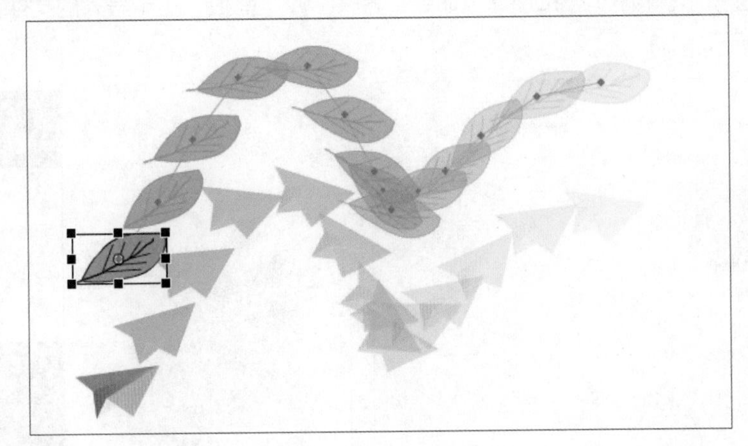

2. 移动补间范围

创建完补间动画后，补间范围可作为单个对象进行操作，用户可以将其在同一图层或不同图层中移动。选中补间范围，按住鼠标左键并拖曳至合适位置，释放鼠标左键即可。如果在移动的过程中按住Alt键，即可复制补间范围。

3. 合并与拆分动画

用户可以将一个补间动画拆分为多个动画，也可以将多个动画合并为一个动画，但是合并后的动画只针对同一对象。选中需要拆分动画中某个帧并右击，在快捷菜单中选择“拆分动画”命令，如下左图所示。即可完成从选中帧的位置拆分动画操作，如下右图所示。

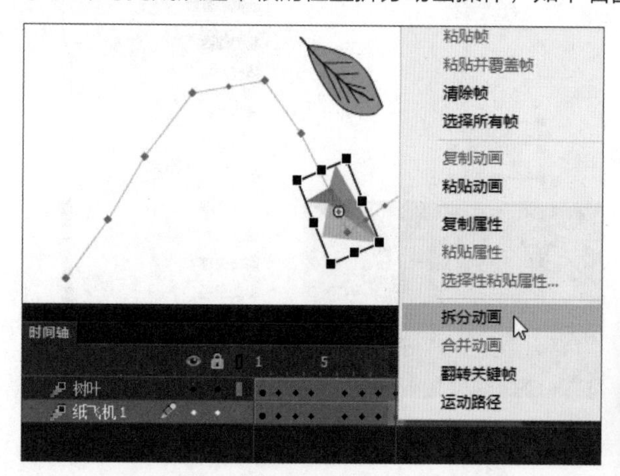

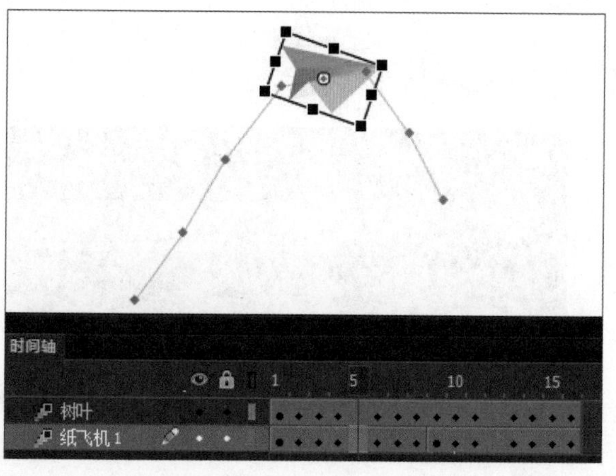

若要将两个动画进行合并，只需选中连续的动画并右击，在快捷菜单中选择“合并动画”命令即可。

知识延伸：创建传统补间

在Animate CC中动作补间动画分为传统补间和补间动画，本章已经介绍了补间动画，下面将介绍传统补间的创建方法。

新建空白文档，执行“文件>导入>导入到库”命令，打开“导入到库”对话框，选择文件，单击“打开”按钮，如下左图所示。执行“窗口>库”命令，打开“库”面板，显示导入的文件，并将其拖曳至舞台左侧，如下右图所示。

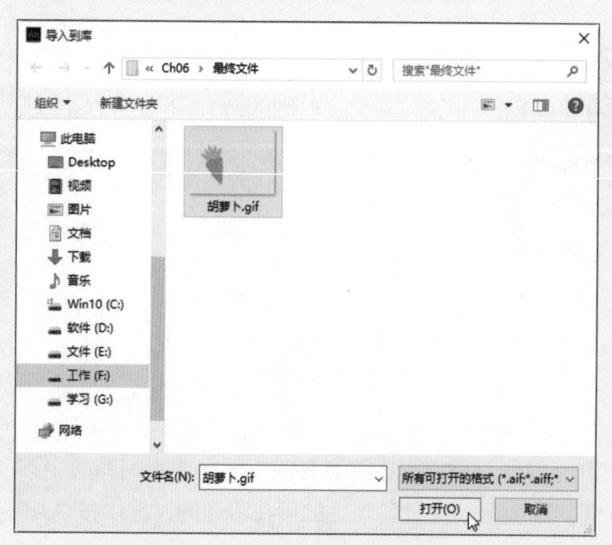

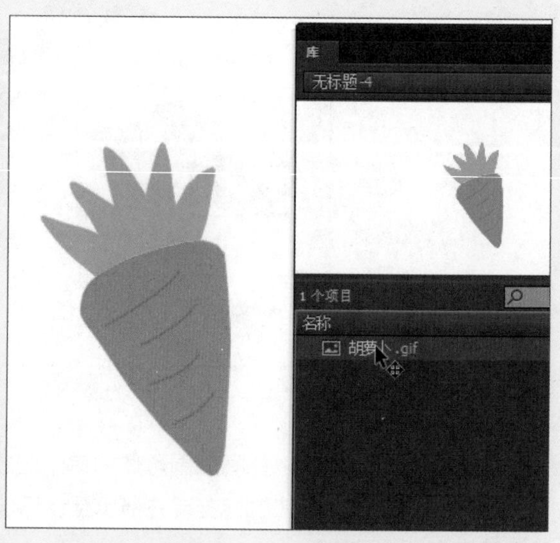

选中第10帧并右击，在快捷菜单中选择“插入关键帧”命令，在舞台上将导入的文件拖曳至舞台右侧，如下左图所示。选中第1帧并右击，在快捷菜单中选择“创建传统补间”命令，在时间轴第1帧至第10帧之间出现蓝色背景和黑色箭头，表示已经生成动画补间了，如下右图所示。

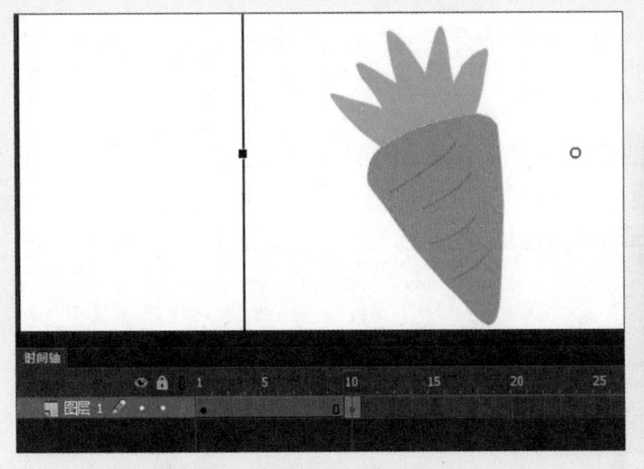

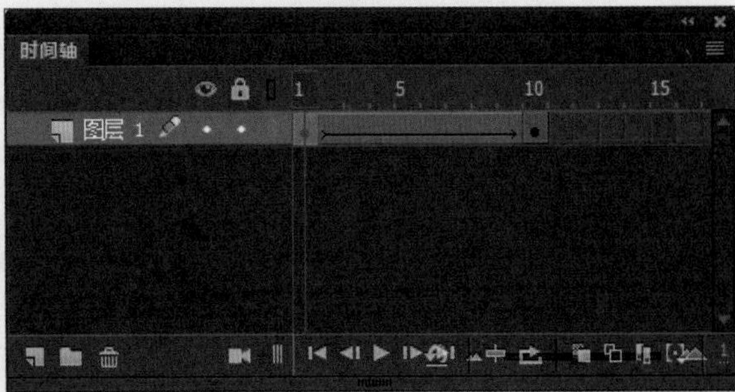

如果需要查看在每个帧产生的效果，则单击“时间轴”面板下方的“绘图纸外观”按钮，并设置范围为第1帧到第10帧，效果如下左图所示。

创建传统补间后，“属性”面板的“补间”选项区域的参数多了许多，如下右图所示。

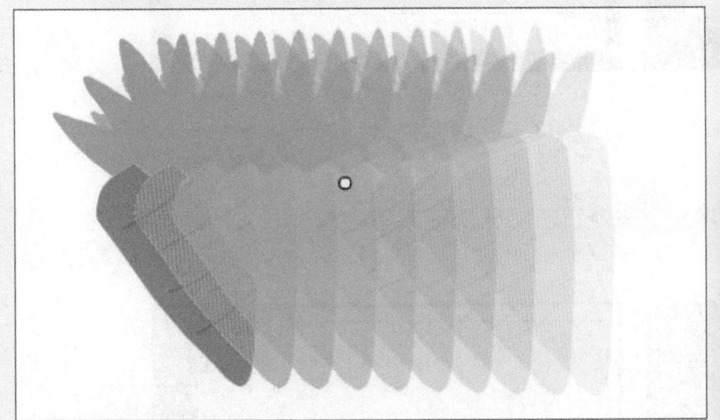

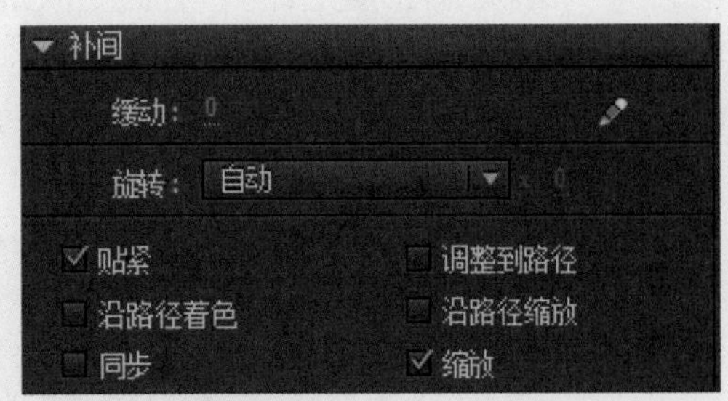

下面介绍“补间”选项区域各选项的含义。

- **缓动**：设置补间动画从开始到结束的速度，范围从-100到100。当数值为负数时，速度为加速度，即先慢后快；当数值为0时，表示匀速运动；当数值为正数值时，为减速度，即先快后慢。
- **旋转**：设置运动过程中旋转的方式和次数，包括“无”“自动”“顺时针”和“逆时针”4个选项。下图为顺时针旋转2周的效果。

- **贴紧**：使用运动引导动画时，根据对象的中心点将其吸附在运动路径上。
- **同步**：对象是一个包含动画效果的图形组件，其动画和主时间轴同步。

上机实训：制作人物眨眼说话动画

学习了关于动画制作的相关知识后，下面将通过制作人物常用讲解动作动画，来进行一步巩固所学知识，具体操作方法如下。

步骤 01 首先创建一个空白文档，选择工具箱中的矩形工具绘制一个矩形，并填充颜色作为背景，如下左图所示。

步骤 02 继续使用矩形工具在底部绘制大小不同的矩形来制作地板，如下右图所示。

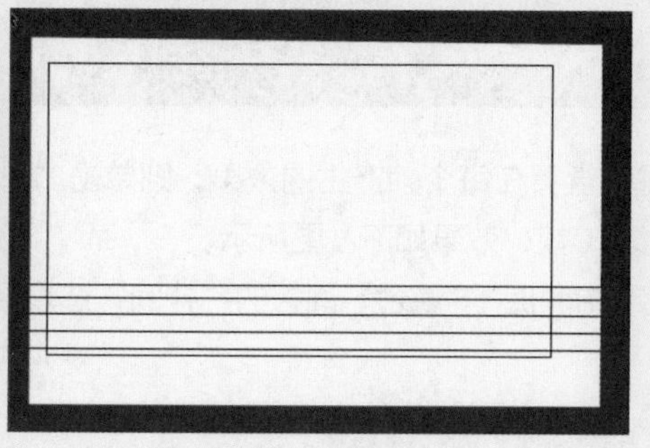

步骤 03 为绘制的矩形填充颜色，然后按下Ctrl+A组合键执行全选操作，在“属性”面板中单击“笔触颜色”按钮，设置无填充颜色，如下左图所示。

步骤 04 然后为每个色块制作元件，全选图形并在空白处右击，在快捷菜单中选择“分散到图层”命令，如下右图所示。

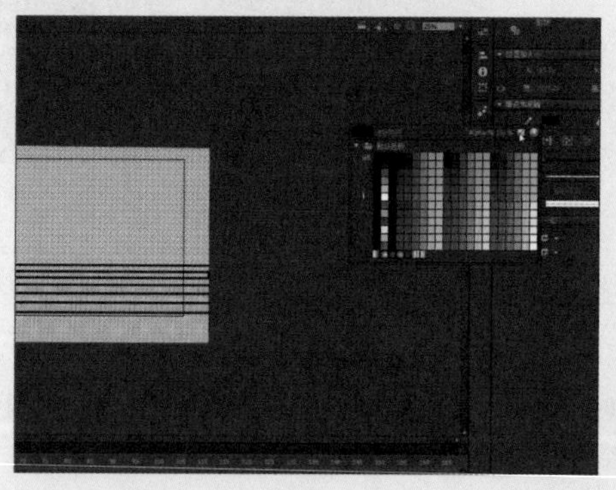

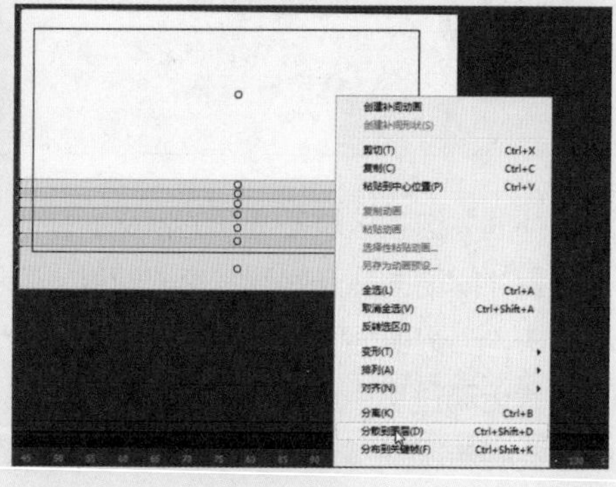

步骤 05 将各图层创建到第165帧，方便为各图层制作动画，如下左图所示。

步骤 06 在第6帧处为所有图层创建关键帧，并右击第1帧，在快捷菜单中选择“创建补间动画”命令，如下右图所示。

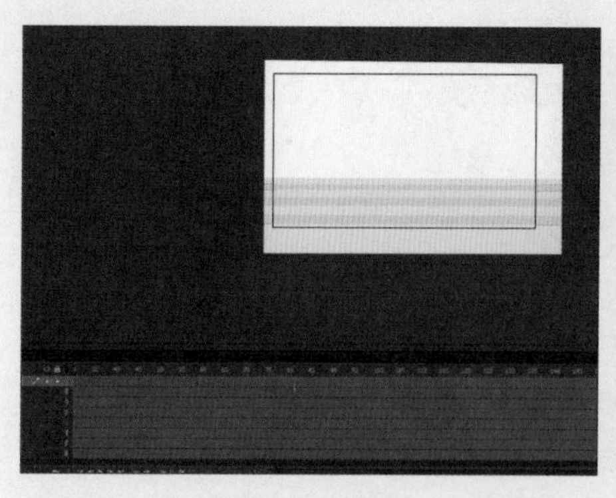

步骤07 创建补间动画后，可见“时间轴”面板中第1帧至第6帧出现箭头形状，如下左图所示。

步骤08 在第1帧按住Shift键，将所用元件平移到舞台外面，如下右图所示。

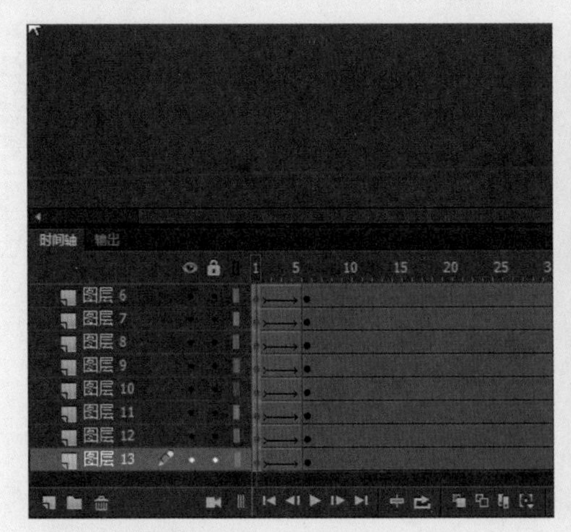

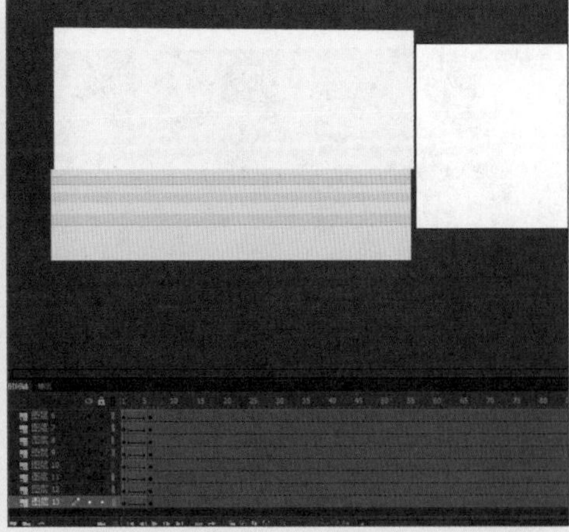

步骤09 在每一帧前面添加空白关键帧，使元件进入舞台的时间错开，如下左图所示。

步骤10 使用线条工具绘制一个书柜，并为其创建元件，效果如下右图所示。

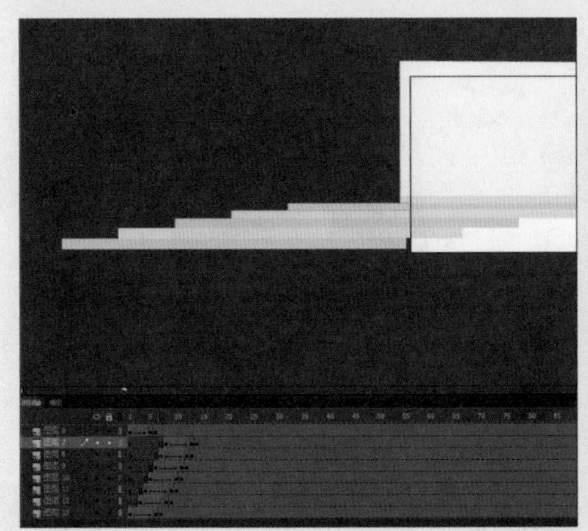

步骤11 新建图层，在20帧创建关键帧，并把书柜放到上面，把轴点移至元件的下方中心处。在25帧创建关键帧，如下左图所示。

步骤12 在20帧使用任意变形工具把书柜压扁，制作出场效果，在20-25帧之间创建补间动画，如下右图所示。

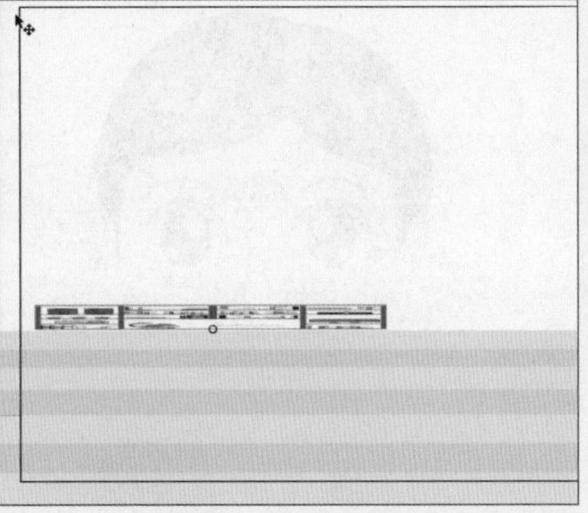

步骤13 接着绘制一个黑板，并填充颜色，为其创建元件，如下左图所示。

步骤14 创建图层，在23帧创建关键帧。把黑板放至合适位置，在30帧创建关键帧，制作补间动画让黑板从舞台外飞进来，如下右图所示。

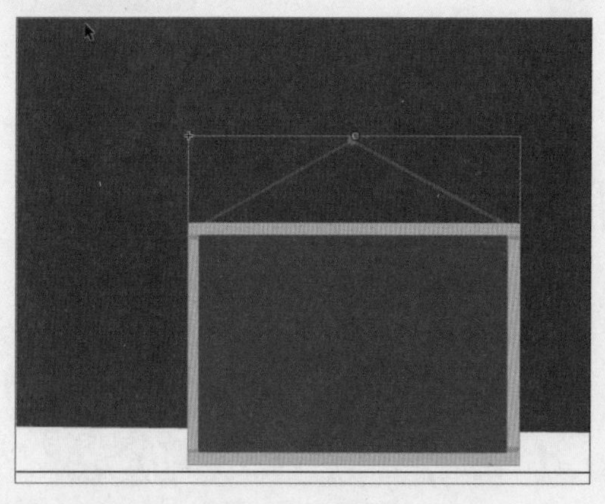

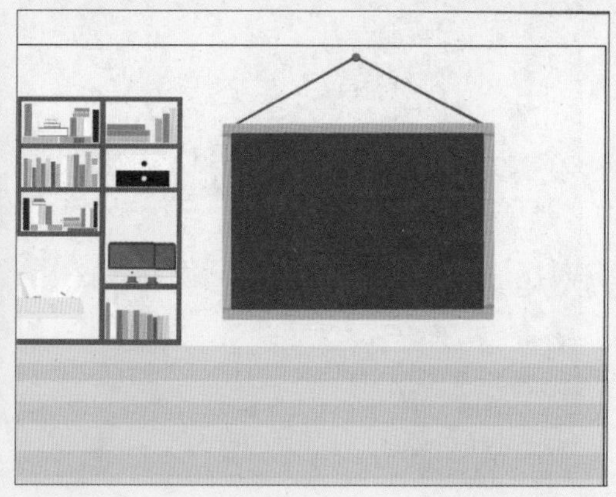

步骤15 使用线条工具绘制人物的头部，注意不包括眼睛和嘴巴，如下左图所示。

步骤16 双击进入头部元件，新建图层，并绘制嘴巴，在嘴巴图层的关键帧上分别制作几种不同形状的口型，如下右图所示。

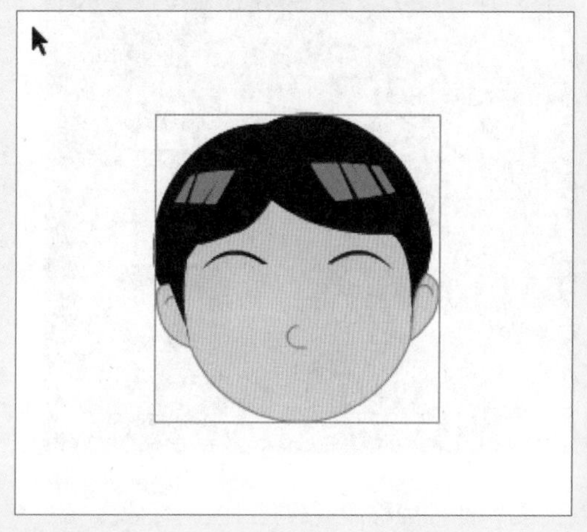

步骤17 新建图层，在第1帧绘制一个正常状态的眼睛，如下左图所示。

步骤18 在20帧处创建关键帧，制作半睁状态的眼睛，如下右图所示。

步骤 19 在第24帧处创建关键帧，把眼睛绘制成一条线，如下左图所示。

步骤 20 在第27帧处创建关键帧，把眼睛绘制成半睁状态，如下右图所示。

步骤 21 在第30帧处创建关键帧，复制正常状态的眼睛并粘贴在该位置。至此，表情循环就制作完成了，如下左图所示。

步骤 22 退出头部元件，在“属性”面板中把头部元件设置为“图形”，如下右图所示。

步骤 23 使用线条工具绘制人物各个关节，并创建元件，如下左图所示。

步骤 24 最后拼成一个完整的人物，并创建到70帧，如下右图所示。

步骤 25 退回到场景1，在第50帧创建关键帧，把人物拖到场景的适当位置，在第60帧创建关键帧，如下左图所示。

步骤 26 在50帧处把人物拖出舞台外面，如下右图所示。

步骤 27 选中人物元件，在“属性”面板的“糊糊”选项区域设置模糊x的值，如下左图所示。

步骤 28 在第50-60帧之间创建补间动画，如下右图所示。

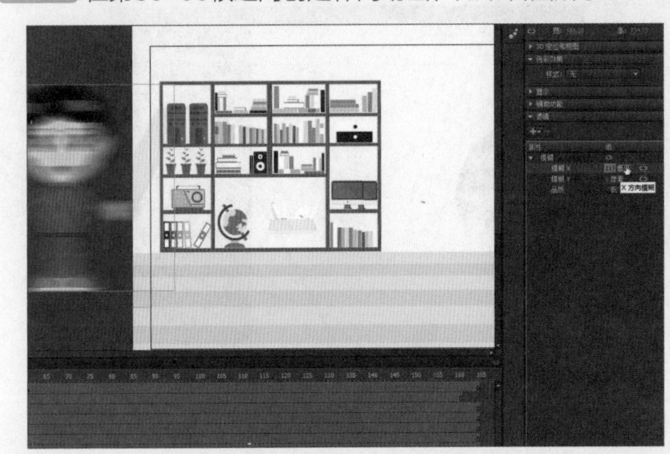

步骤 29 在第61帧处创建关键帧，把该元件在“属性”面板中设置为“图形”，如下左图所示。

步骤 30 完成整个动画的制作后，按下Ctrl+Enter组合键预览效果，如下右图所示。

课后练习

1. 选择题

（1）当关键帧上出现两条（　　）斜杠，表示该帧的标签类型为注释，用于对关键帧加以解释说明。

A. 红色　　B. 绿色

C. 黄色　　D. 黑色

（2）选择帧后，按住（　　）键，使用鼠标拖曳帧至目标位置，即可实现复制、粘贴操作。

A. Alt　　B. Ctrl

C. Ctrl+Alt　　D. Alt+Shift

（3）创建逐帧动画时，用户也可以通过导入不同格式的图像来创建逐帧动画，如（　　）格式。

A. JPEG　　B. PNG

C. GIF　　D. 以上都行

（4）添加形状提示时，可执行“修改>形状>添加形状提示”命令，或按下（　　）组合键。

A. Ctrl+Shift+H　　B. Ctrl+Alt+H

C. Ctrl+Shift+N　　D. Ctrl+Alt+N

2. 填空题

（1）在Animate CC中，若要打开“时间轴”面板，可执行________命令或者按下________组合键。

（2）创建形状补间动画时，设置“缓动”参数为________时，表示形状变化越来越快，值越小，加快的趋势越明显；值为________时，表示形状变化越来越慢，数值越大，减慢的趋势越明显。

（3）创建补间动画后，在时间轴上补间范围是一组背景颜色为________的帧。

（4）创建传统补间后，在“补间”选项区域的“旋转”列表中包括________、________、________和________4个选项。

3. 上机题

根据本章所学的动画知识，用户可以制作汽车开动的动画效果。首先绘制一辆汽车，然后创建传统补间动画，为了汽车运动更自然，可以适当设置“缓动”的值，如下图所示。

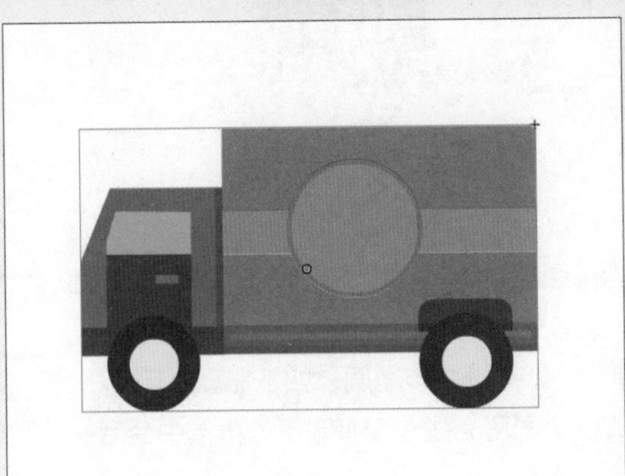

第7章 图层与高级动画应用

本章概述

图层是Animate CC中进行动画制作非常重要的功能，只有掌握了图层的应用，才能更好地制作动画。本章还将介绍遮罩动画和交互动画的制作，通过本章内容的学习，相信用户可以制作出更加丰富多彩的动画。

核心知识点

1. 熟悉图层的基本操作
2. 掌握运动引导层的创建
3. 掌握遮罩动画的创建
4. 掌握交互动画的创建

7.1 图层的应用

图层就像透明的薄片，在舞台上一层层地叠加起来，每个图层都包含一个显示在舞台中的不同图像，当对某图层上内容进行修改，不会影响其他图层的图像。在进行动画制作之前，可将作品中不同元素放置在不同图层上，如制作人走路动画时，可以将人的头部、身体、四肢等分别放在不同的图层，方便制作各种动作。

7.1.1 图层的基本操作

图层位于“时间轴”面板中，用户可以根据需要对图层进行编辑操作，如添加图层、复制和粘贴图层、选取图层、删除图层等，下面介绍几种常用的图层操作。

1. 添加图层

新建文档后，系统默认创建一个名称为“图层1”的图层，用户可以根据需要添加图层。添加图层的方法一般包括以下几种。

- 单击“时间轴”面板底部的“新建图层”按钮，添加图层，如下左图所示。
- 选择一个图层并右击，在快捷菜单中选择“插入图层”命令，在所选图层上方插入新图层。
- 执行“插入>时间轴>图层”命令，插入图层，如下右图所示。

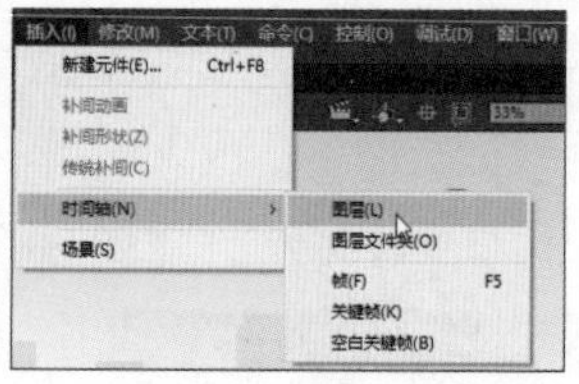

2. 选取图层

默认情况下，Animate CC以最后创建的图层为当前图层，如果需要将其他图层作为当前图层，需要先选取该图层。下面介绍选取图层的几种不同方式。

- **选择单个图层：** 将光标移至需要选择的图层上单击，即可选中该图层，如下左图所示。
- **选择连续多个图层：** 选中需要选择多个图层的第一个图层，按住Shif键不放再选中最后一个图层，即可选中之间的所有图层，如下中图所示。
- **选择不连续多个图层：** 按住Ctrl键不放，逐个选中所需的图层，如下右图所示。

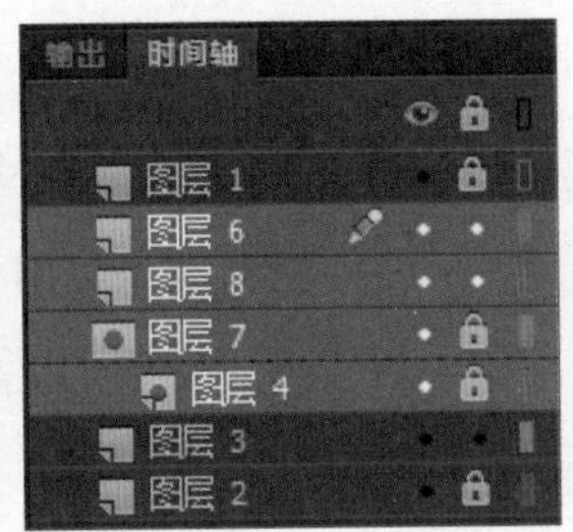

3. 重命名图层

在制作动画时，经常需要创建多个图层，为了方便查看图层可以为其重命名。在“时间轴”面板中双击需要重命名的图层，名称将变为可编辑状态，如下左图所示。然后直接输入所需名称，然后单击名称框外任意位置，完成图层重命名操作，如下右图所示。

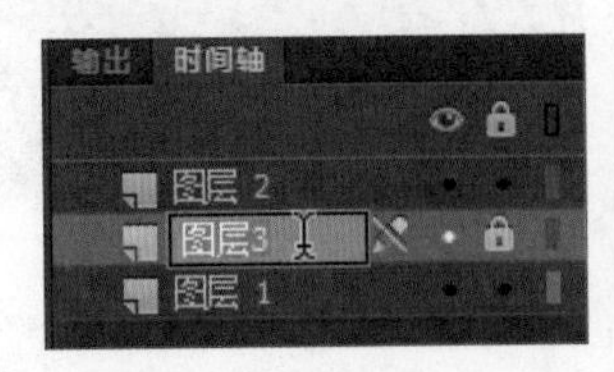

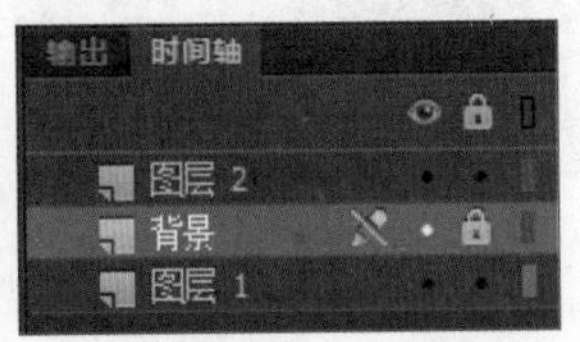

4. 复制图层

用户可以根据需要对选中的图层执行复制、剪切或拷贝等操作。在“时间轴”面板中选中需要复制的图层并右击，在快捷菜单中选择“复制图层”命令，如下左图所示。在该图层上方显示复制后的图层，如下右图所示。

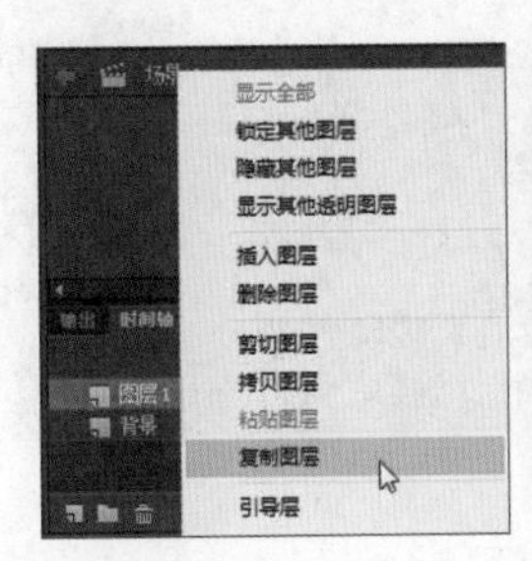

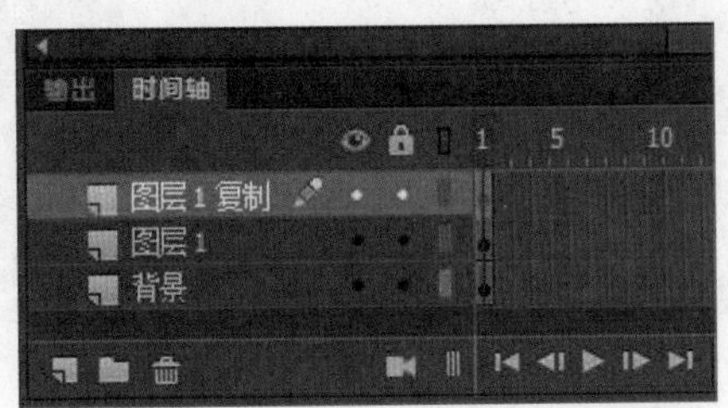

5. 设置图层属性

用户可以根据需要对图层的属性进行修改。选中图层并右击，在快捷菜单中选择“属性”命令，如下左图所示。打开“图层属性”对话框，可以设置图层的名称、显示或锁定、可见性、类型、轮廓颜色以及图层高度等参数，如下右图所示。

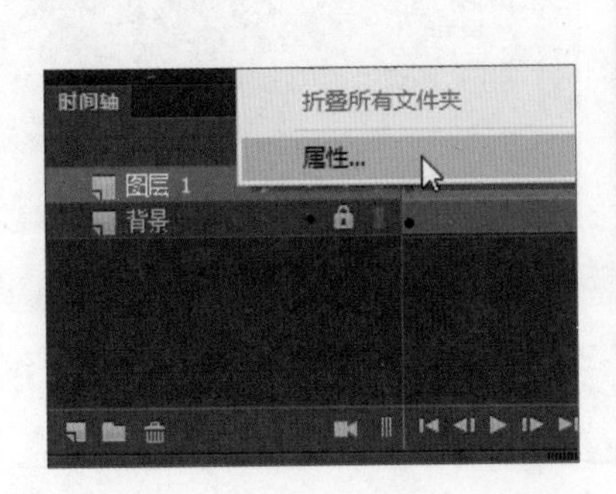

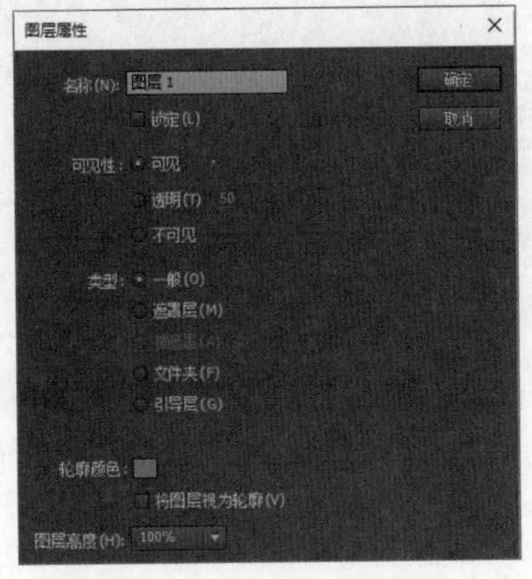

7.1.2 图层文件夹

在动画制作过程中，如果添加的图层比较多时，用户可以通过图层文件夹来管理图层，使图层层次更清晰。在Animate CC中，用户可以根据需要对图层文件夹执行新建、删除、移入或移出等操作。

1. 创建图层文件夹

执行“插入>时间轴>图层文件夹”命令，或者单击“时间轴”面板底部的“新建文件夹”按钮，如下左图所示。即可在选中的图层上方创建图层文件夹，如下右图所示。

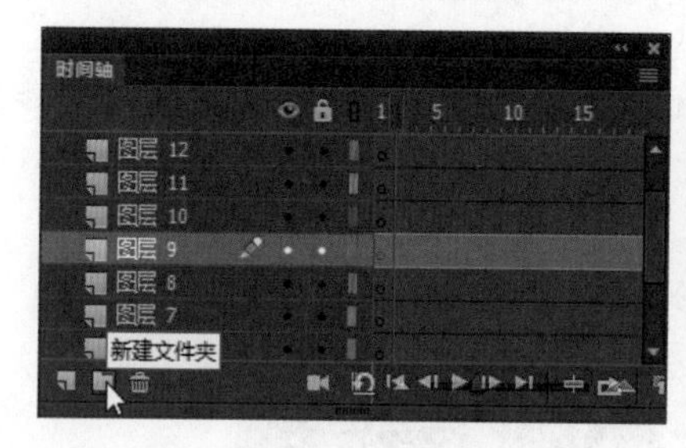

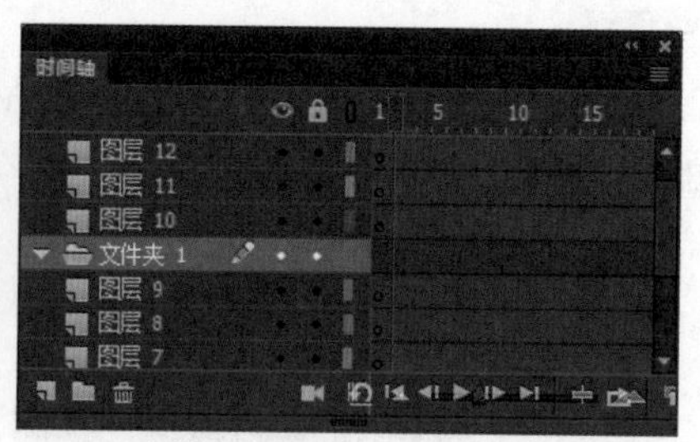

2. 删除图层文件夹

创建图层文件夹后，如果再不需要，可以将其删除。和删除图层的操作方法类似，选中需要删除的文件夹并右击，在快捷菜单中选择“删除文件夹”命令，如下左图所示。用户也可以选中文件夹后，单击“时间轴”面板中的“删除”按钮将选中的文件夹删除，如下右图所示。

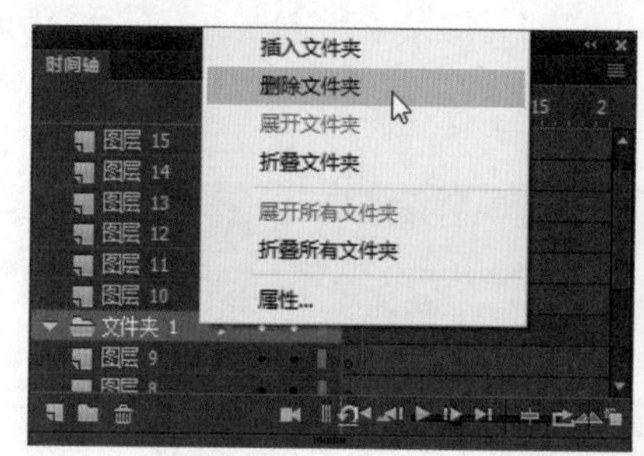

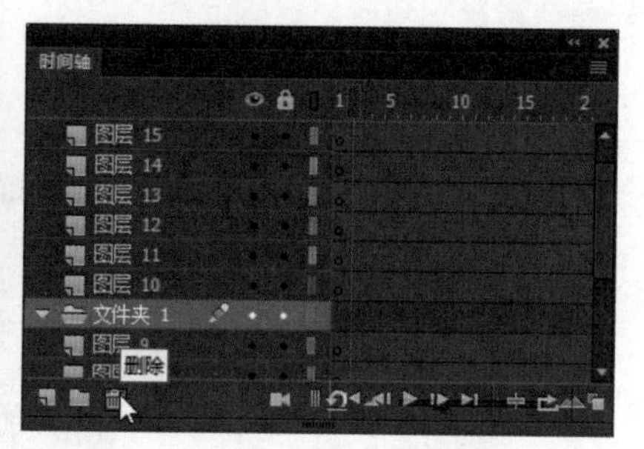

3. 将图层移入或移出文件夹

新创建的文件夹内无任何内容，用户可以根据需要将图层移入文件夹。选中需要移入的图层，按住鼠标左键不放，拖曳至文件夹下面时，如下左图所示。释放鼠标，即可将图层移入文件夹，如下右图所示。用户也可以根据需要将文件夹中的图层移出，移出图层的方法和移入相反，将图层拖曳到文件夹外即可。

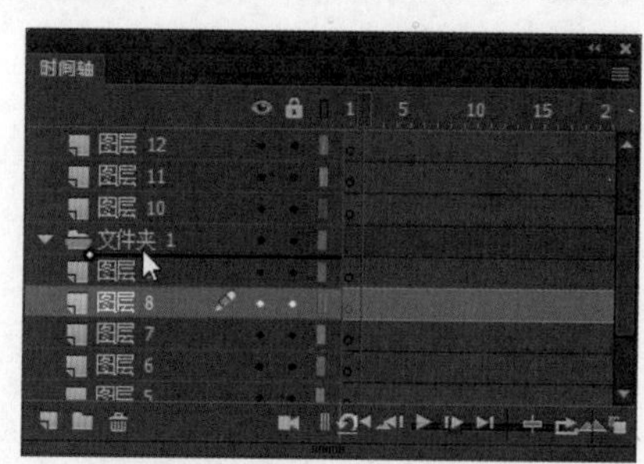

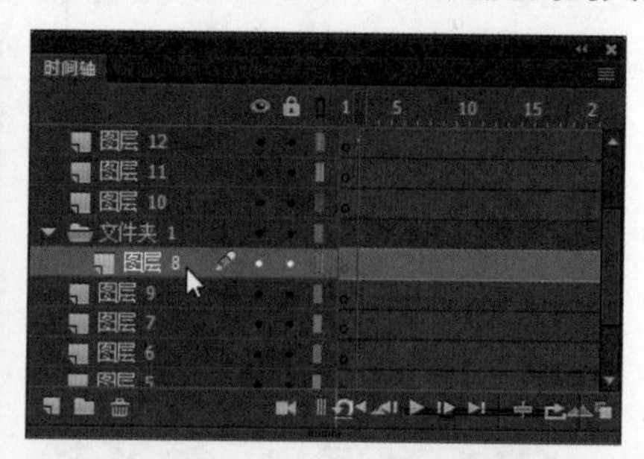

提示：折叠和展开文件夹

将图层移入文件夹后，在其下方显示图层，单击文件夹前下三角按钮即可折叠文件夹。若展开文件夹查看图层，则再次单击文件夹前下三角按钮即可。

7.1.3 普通引导层

普通引导层主要用于为其他图层提供辅助绘图和绘图定位，在播放动画时不会显示普通引导层的内容。本小节将对普通引导层的基本操作进行介绍。

1. 创建普通引导层

在Animate CC中，和创建图层不同，用户只能将普通图层转换为普通引导层。选中任意图层并右击，在快捷菜单中选择“引导层”命令，如下左图所示。用户也可以打开“图层属性”对话框中，选择“引导层”单选按钮，单击“确定”按钮进行创建，如下右图所示。

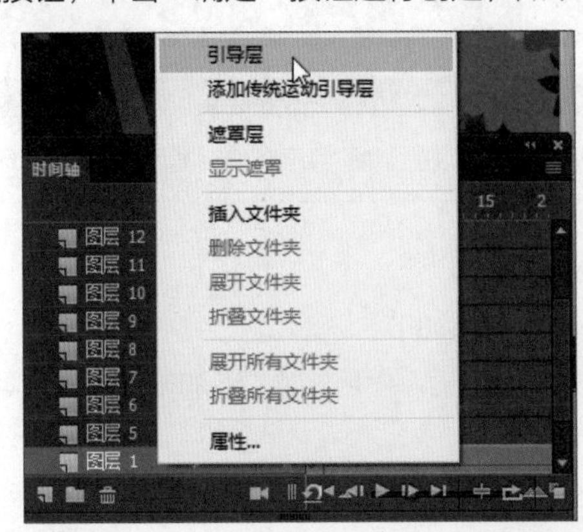

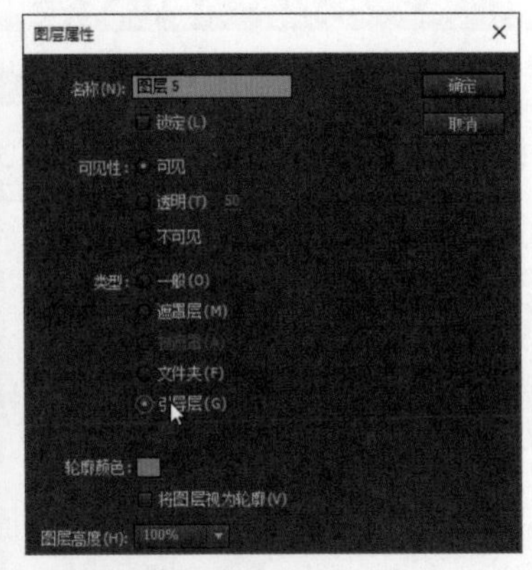

将选中的图层转换为普通引导层后，图层前的图标将变为🔨形状，如下图所示。

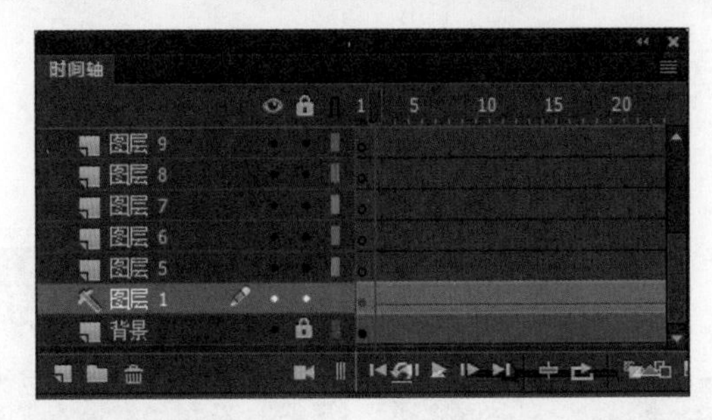

2. 将普通引导层转换为普通图层

如果需要播放动画时显示普通引导层的内容，只需将其转换为普通图层即可。选中普通引导层并右击，在快捷菜单中选择“引导层”命令，或者在“图层属性”对话框中选中“一般”单选按钮，单击“确定”按钮，即可完成转换操作。

7.1.4 运动引导层

运动引导层用于设置对象的运动路径，使被引导层对象沿着路径运动，运动引导层上的路径在播放动画时也不显示。在运动引导层上可以创建多个路径，并引导多个对象沿着不同路径运动。创建运动引导层动画时必须是动作补间动画，而形状补间动画不可用。

1. 创建运动引导层

在“时间轴”面板中选择需要添加运动引导层的图层并右击，在弹出的快捷菜单中选择“添加传统运动引导层”命令，如下左图所示。即可为选中的图层添加运动引导层，在该图层上方出现“引导层”，如下右图所示。

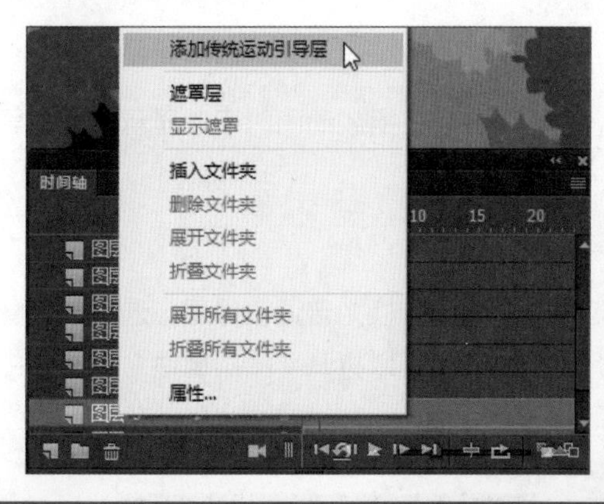

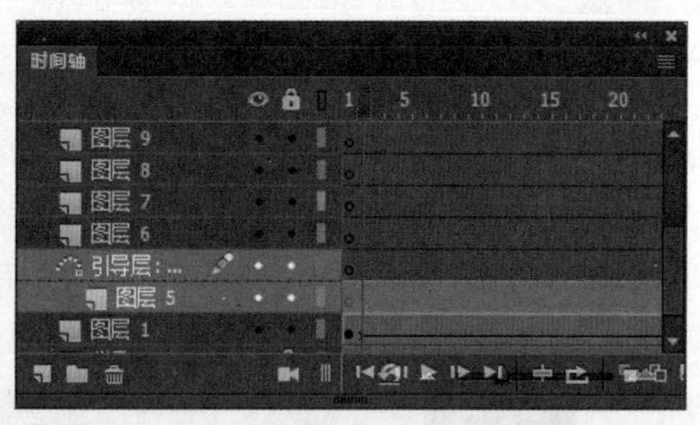

提示：将运动引导层转换为普通图层

将运动引导层转换为普通图层的方法与普通引导层转换方法一样，但是运动引导层转换后图层名称为“引导层”。

2. 应用运动引导层制作动画

下面介绍如何应用运动引导层制作动画效果，具体方法如下。

步骤 01 在“时间轴”面板中选中“图层1”并右击，在快捷菜单中选择“添加传统运动引导层”命令，如下左图所示。

步骤 02 在运动引导层，使用铅笔工具绘制一条曲线，在第20帧插入普通帧，如下右图所示。

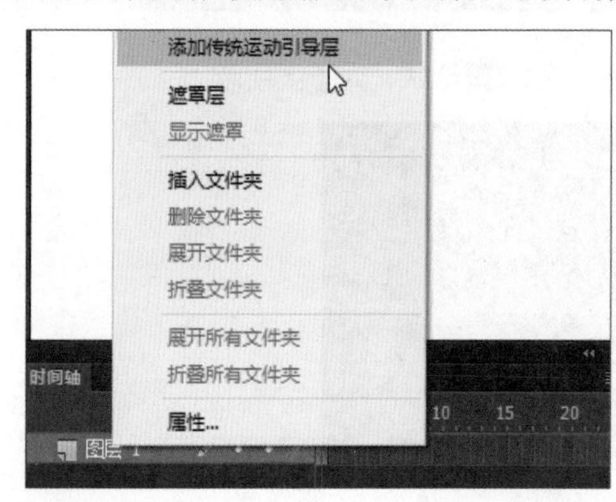

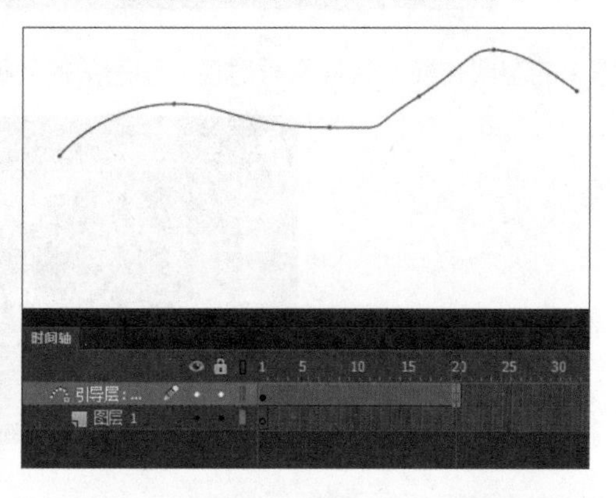

步骤 03 选中“图层1”的第1帧，打开“库”面板，将“风筝”元件拖曳至舞台中，并移至曲线的左端点上，如下左图所示。

步骤 04 在图层1第20帧插入关键帧，将舞台上的风筝移至曲线上右侧端点上，如下右图所示。

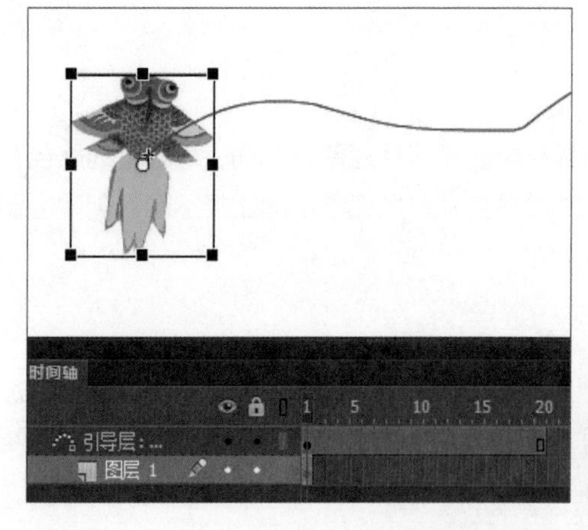

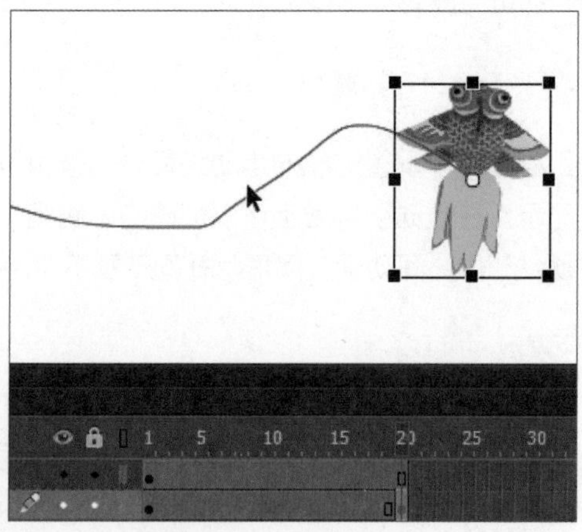

步骤05 选中第1帧并右击，在快捷菜单中选择“创建传统补间”命令，效果如下左图所示。

步骤06 新建图层并拖至最下端，完成运动引导层动画的制作，下右图为第5帧的效果。

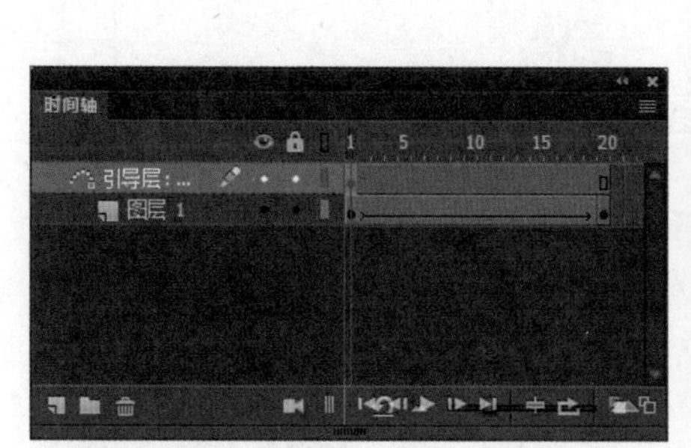

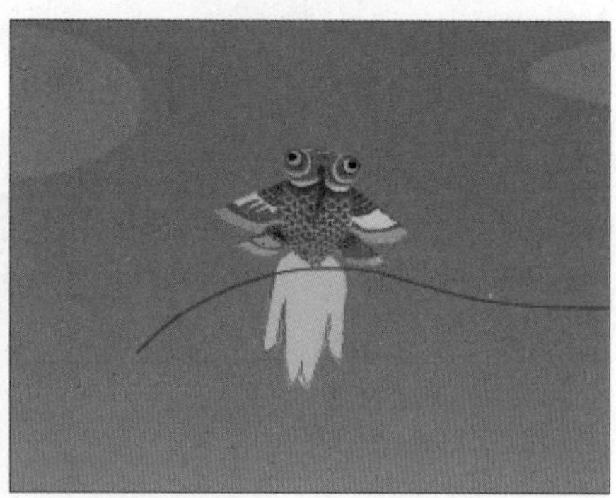

7.2 遮罩动画

遮罩动画是通过创建遮罩层制作的动画，是Animate CC重要的动画类型之一。使用遮罩动画可以制作丰富多彩的动画效果，如字幕变化、图形切换等。

7.2.1 遮罩层

遮罩层像是不透明的图层，只有通过遮罩层中的对象才能看到下面的内容。创建遮罩动画需要有两个图层，一个是遮罩层，一个是被遮罩层，遮罩层决定遮罩动画显示的形状和轮廓，被遮罩层决定动画显示的内容。

1. 创建遮罩层

在“时间轴”面板中选择需要创建遮罩层的图层并右击，在快捷菜单中选择“遮罩层”命令，如下左图所示。选中的图层转换为遮罩层，下方图层自动转换为被遮罩层，效果如下右图所示。

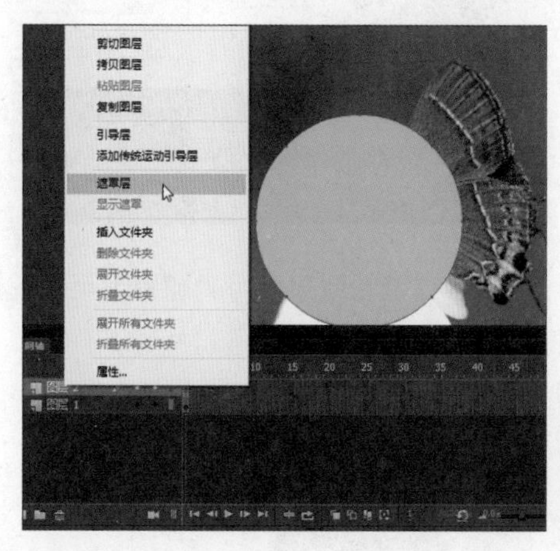

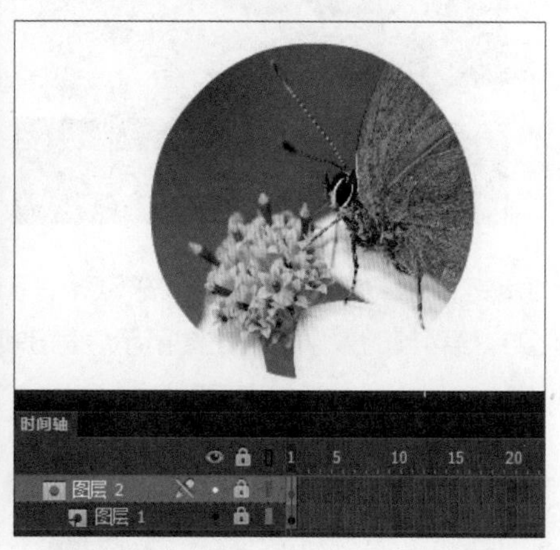

需要注意的是，创建遮罩图层时，遮罩层必须在被遮罩层上面。创建遮罩后，遮罩层的图标变为，被遮罩层的图标变为，而且两图层会被锁定。

提示：遮罩层的对象

遮罩层中的对象只可以是图形、文字或实例，不显示位图、渐变色和线条。

2. 将遮罩层转换为普通图层

在“时间轴”面板中选择遮罩层并右击，在快捷菜单中选择“遮罩层”命令，即可将遮罩层转换为普通图层。若编辑图层内的对象，则单击“锁定或解除锁定所有图层”按钮。

7.2.2 创建动态遮罩动画

下面介绍创建动态遮罩动画的方法，具体操作如下。

步骤 01 打开“动态遮罩动画.fla”文件，在图层1的第10帧插入帧，如下左图所示。

步骤 02 新建图层，在第1帧处将“库”面板中的“元件1”拖至舞台，并放在左侧，如下右图所示。

步骤 03 在图层2中选中第10帧并创建关键帧，将元件移到舞台右侧。在第1帧到第10帧之间创建传统补间动画，如下左图所示。

步骤 04 右击图层2，在快捷菜单中选择“遮罩层”命令，将图层2转换为遮罩层，图层1将被转换为被遮罩层，如下右图所示。

步骤 05 至此，动态遮罩动画创建完成，按下Ctrl+Enter组合键查看效果，可见随着毛毛虫的运动，其背景是不断变化的，第4帧的效果如下左图所示，第8帧的效果如下右图所示。

实战练习 制作病毒入侵地球MG动画

学习了遮罩动画的相关知识后，下面通过制作病毒入侵地球的MG动画，对所学知识进行巩固，具体操作步骤如下。

步骤 01 首先创建一个空白文档，具体参数设置，如下左图所示。

步骤 02 使用矩形工具绘制一个和文档相同尺寸的矩形，并填充颜色，如下右图所示。

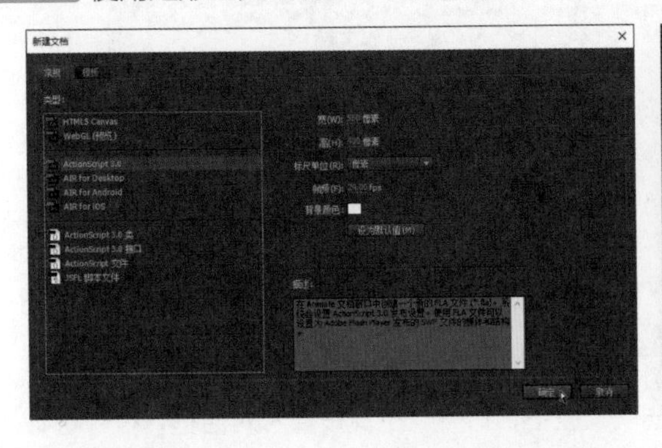

步骤 03 新建图层，执行“插入>新建元件”命令，在打开的对话框中创建一个元件，如下左图所示。

步骤 04 使用铅笔工具，绘制地图的轮廓并填充颜色，如下右图所示。

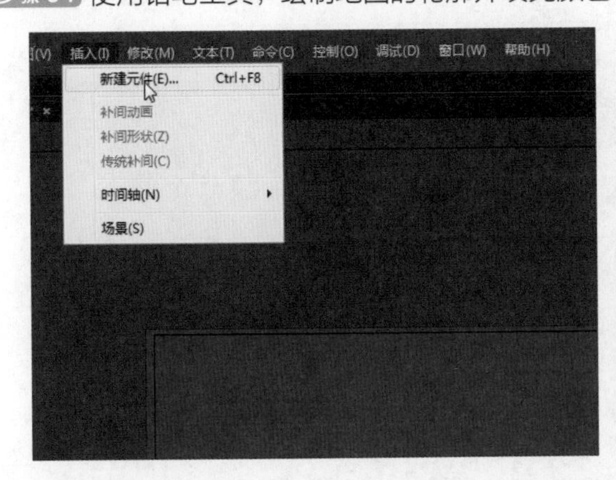

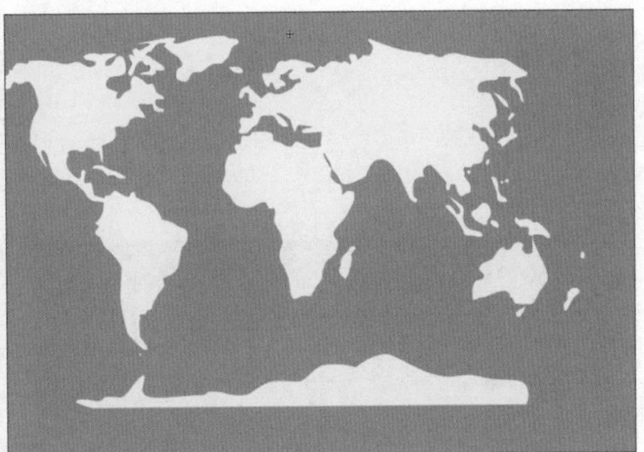

步骤 05 使用椭圆工具，按住Shift键绘制一个正圆，填充蓝色。选中正圆图形，按F8功能键为其创建元件，如下左图所示。

步骤 06 新建图层，使用椭圆工具绘制4个圆形，将4个圆组成1个云朵，然后把边缘线去掉制作小云彩图形，如下右图所示。

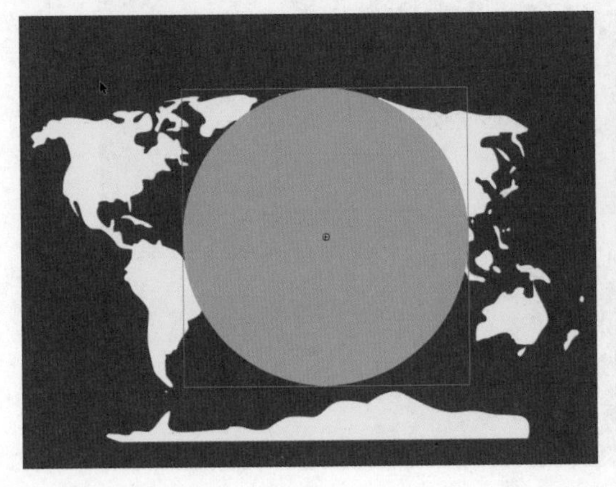

步骤07 同样的方法绘制出8朵白云，使用自由变换工具将云朵摆放成圆形，如下左图所示。

步骤08 退回到场景1，新建图层，创建一个元件，使用线条工具绘制一棵树并填充颜色，如下右图所示。

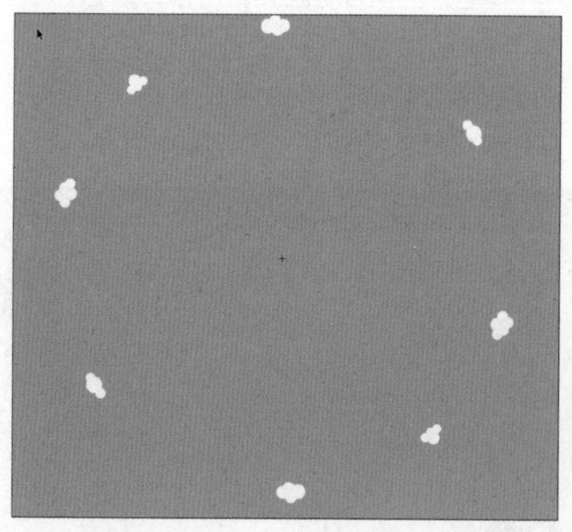

步骤09 选中多角星形工具，在“属性”面板中单击“选项”按钮，打开“工具设置”对话框，在“边数”数值框中输入3，单击“确定”按钮，如下左图所示。

步骤10 在舞台上绘制一些三角形的树，填充不同的颜色，如下右图所示。

工具设置

样式：	多边形
边数：	3
星形顶点大小：	0.5

确定 取消

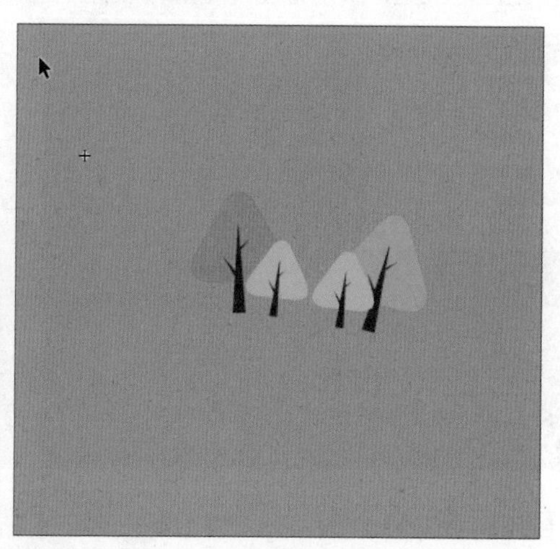

步骤11 根据相同的方法，制作一些不同的树，并将其排放成圆形，如下左图所示。

步骤12 新建图层，使用椭圆工具绘制一个圆形，如下右图所示。

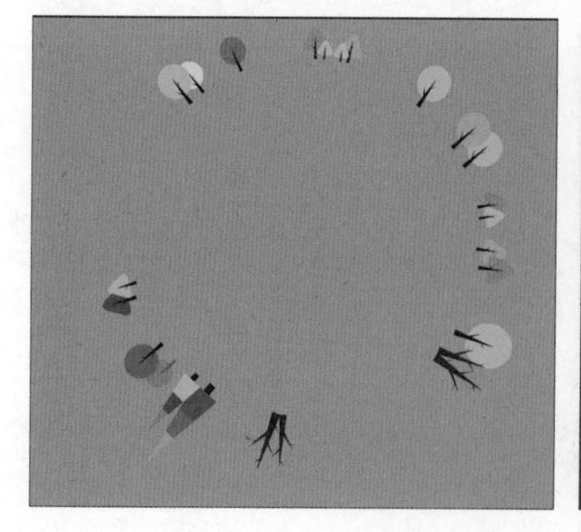

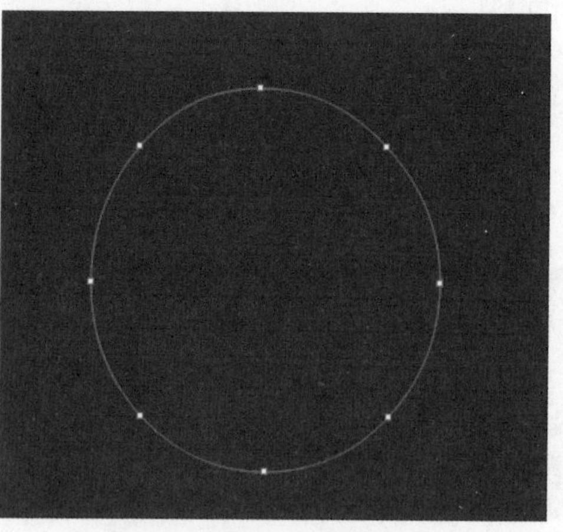

步骤13 选中圆形，在“属性”面板中设置圆形笔触的样式为虚线，并创建元件，如下左图所示。

步骤14 然后使用自由变换工具对每个元件的大小进行调整，效果如下右图所示。

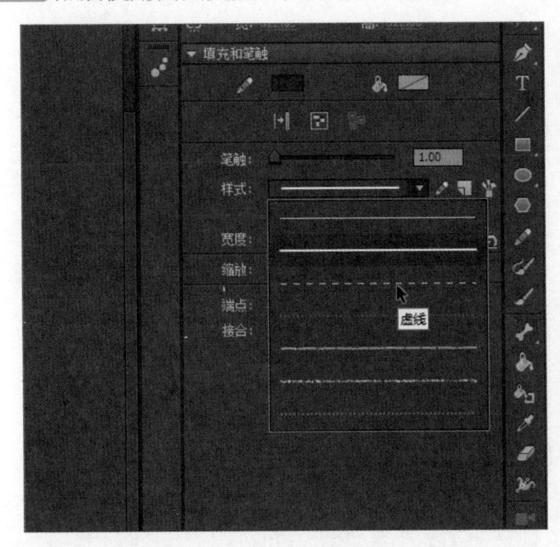

步骤15 在第100帧为所有图层创建普通帧，如下左图所示。

步骤16 在图层2的第100帧处创建关键帧，并把地图元件从左边移到右边，并创建补间动画，如下右图所示。

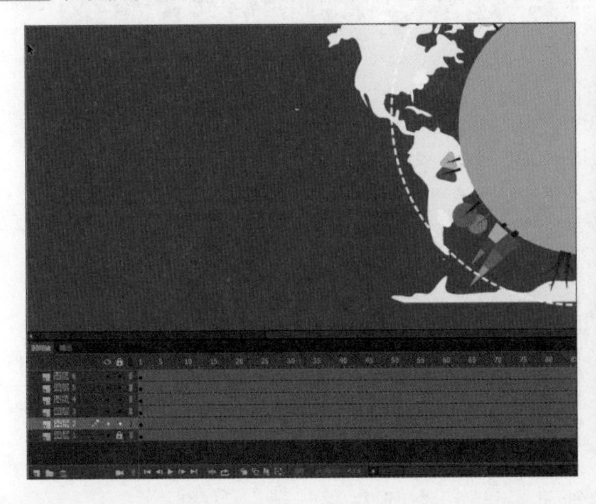

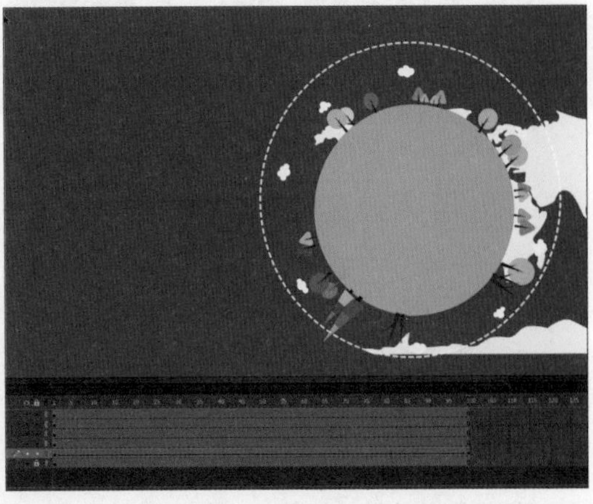

步骤17 在图层2上新建图层7，复制图层3的地球并在图层7上进行原位置粘贴，如下左图所示。

步骤18 右击图层7，在快捷菜单中选择“遮罩层”命令，如下右图所示。

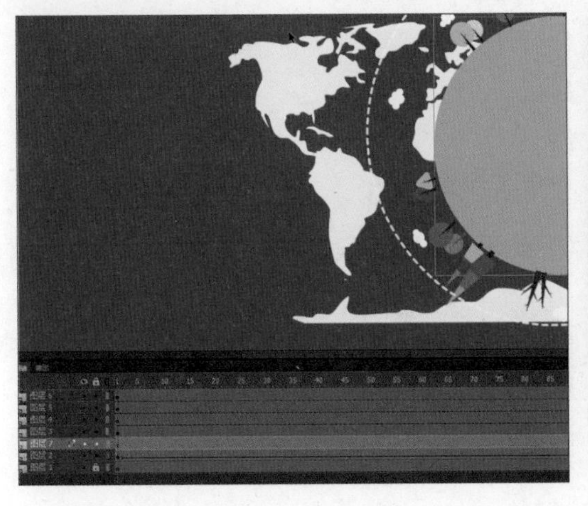

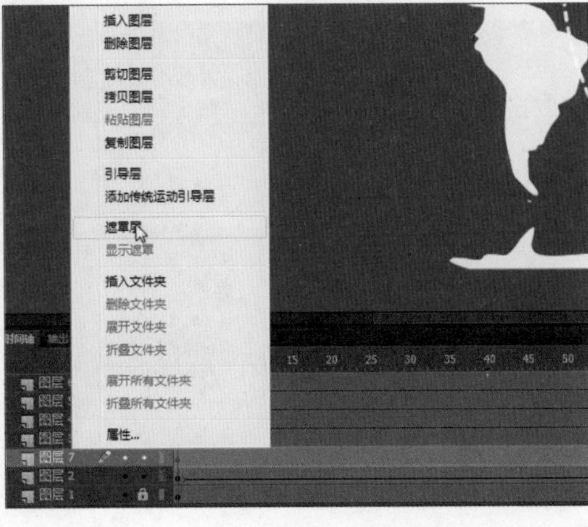

步骤 19 适当调整位置，把图层3移到下面去，地球就转起来了，如下左图所示。

步骤 20 选中图层5的大树元件，使用自由变换工具把关键点调整到中心，如下右图所示。

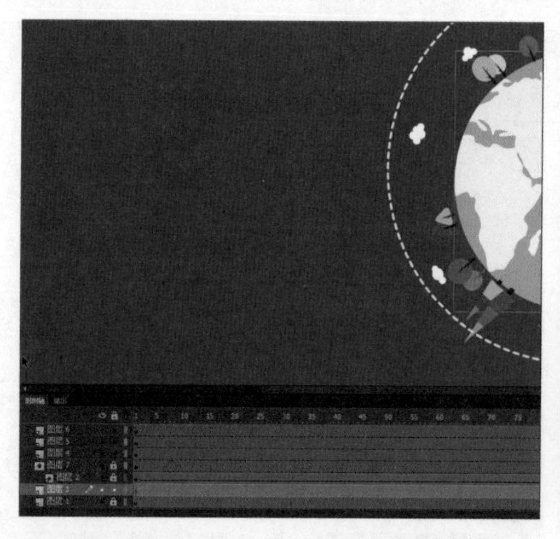

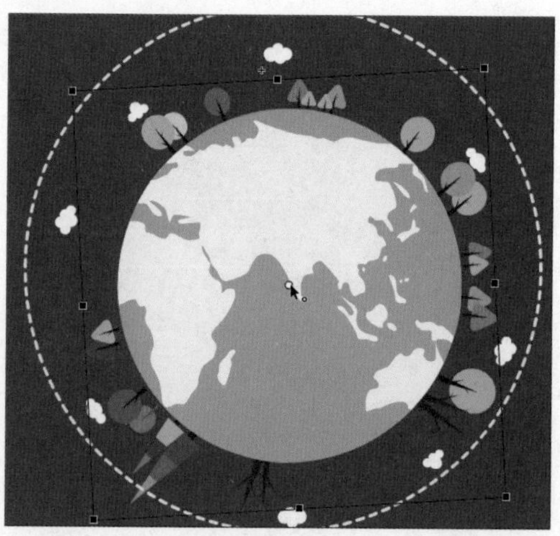

步骤 21 然后在图层5的第10帧处创建关键帧，选中第1帧并把树缩小至地球后面，如下左图所示。

步骤 22 然后创建补间动画，在“属性”面板中设置缓动值为100，如下右图所示。

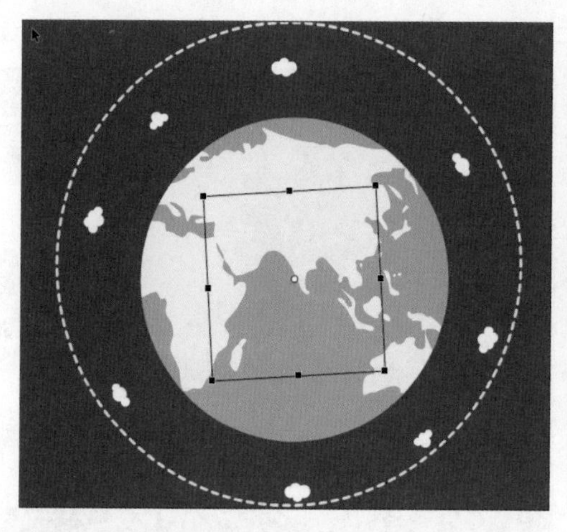

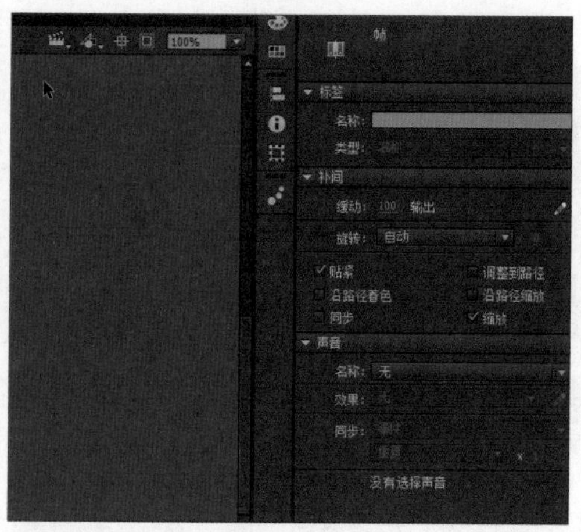

步骤 23 根据相同的方法，在图层4的第30帧处为云朵创建关键帧，如下左图所示。

步骤 24 在第15帧创建关键帧，使用自由变换工具把元件调小，并在第15到30帧之间创建补间动画，设置缓动值为100，删除第1帧元件，如下右图所示。

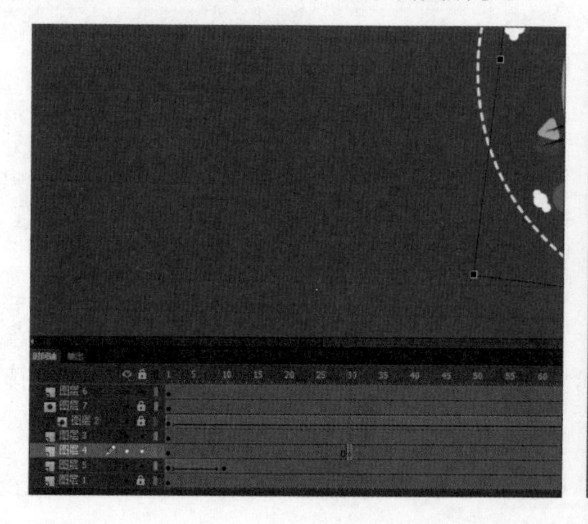

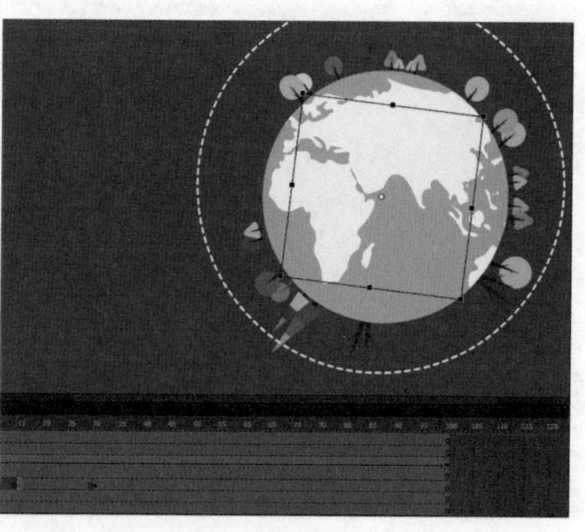

步骤25 在图层6的第40和60帧创建关键帧，然后把第1帧上的元件删除，把第40帧的元件缩小至地球的后面，在第40至60帧之间创建关键帧，设置缓动值为100，如下左图所示。

步骤26 在最上面创建图层，在65帧创建关键帧，然后绘制病毒并创建元件。如下右图所示。

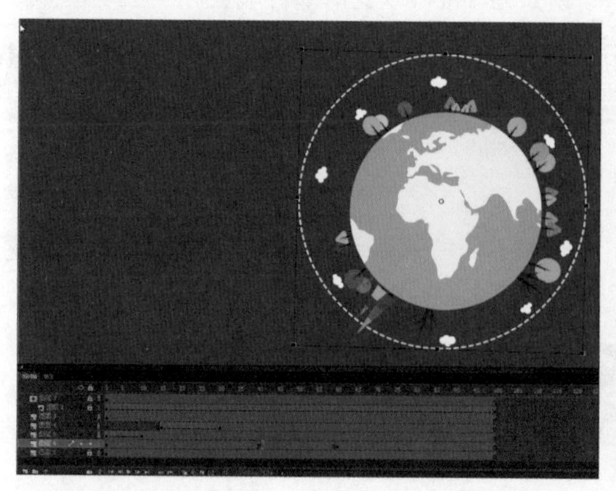

步骤27 在第70帧创建关键帧，把第65帧处的元件缩小并设置透明度为0，然后创建补间动画，如下左图所示。

步骤28 在第90帧创建关键帧，把病毒拖曳到防护线处，创建补间动画，如下右图所示。

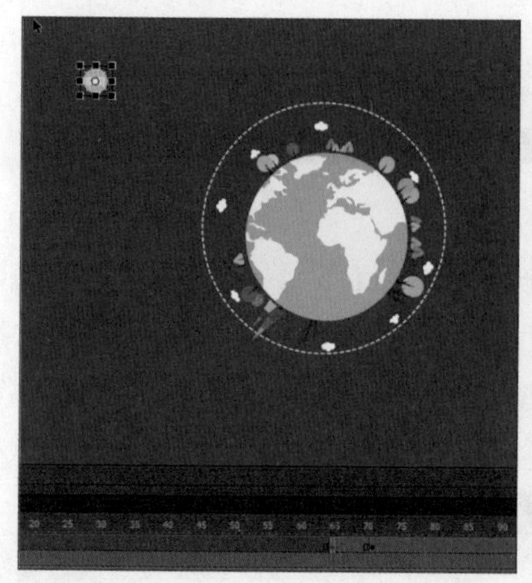

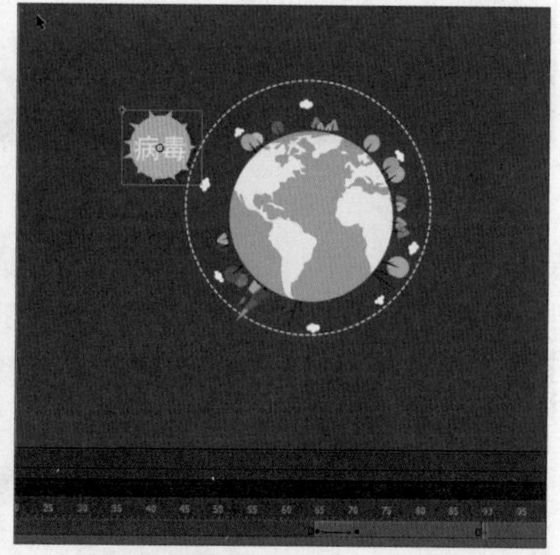

步骤29 在第100帧处把病毒形状拖远点，并创建补间动画，如下左图所示。

步骤30 把第70到90帧之间的补间动画的缓动值设为-100。在第90到100帧处补间动画缓动值设为50。最后按下Ctrl+Enter组合键预览效果，如下右图所示。

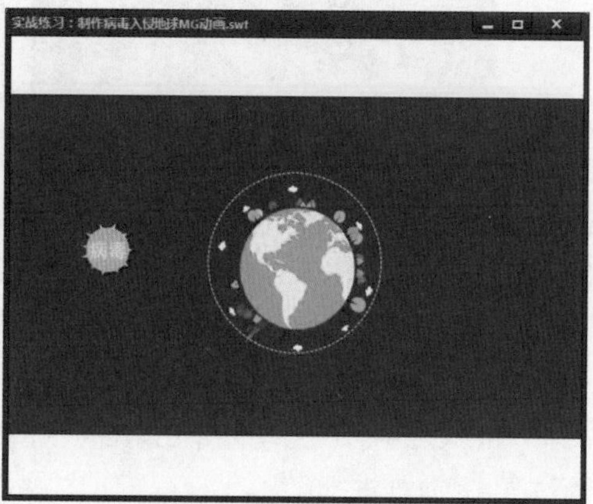

7.3 交互动画

在Animate CC中制作的动画有交互性特点，播放动画时可以支持事件响应和交互功能，即可以进行停止、退出、跳转以及网页链接等操作。在动画设计时，使用Actionscript语言编写脚本语句，可实现一些特殊的功能，该语言多用于Animate CC互动性、娱乐性和实用性的开发。

7.3.1 “动作”面板

在Animate CC中，动作脚本语言是在“动作”面板中进行编写的，所以在介绍交互动画之前先了解“动作”面板。执行“窗口>动作”命令，打开“动作”面板，如下图所示。

下面介绍“动作”面板中各区域的应用。

- **工具箱**：在“动作”面板右上方为工具箱，分别为“固定脚本”“插入实例路径和名称”“查找”“设置代码格式”“代码断片”和“帮助”。单击“插入实例路径和名称”按钮，可打开“插入目标路径”对话框，设置脚本中的动作为绝对或相对路径，如下左图所示。单击“代码断片”按钮，在打开的面板中可使用代码库，如下右图所示。

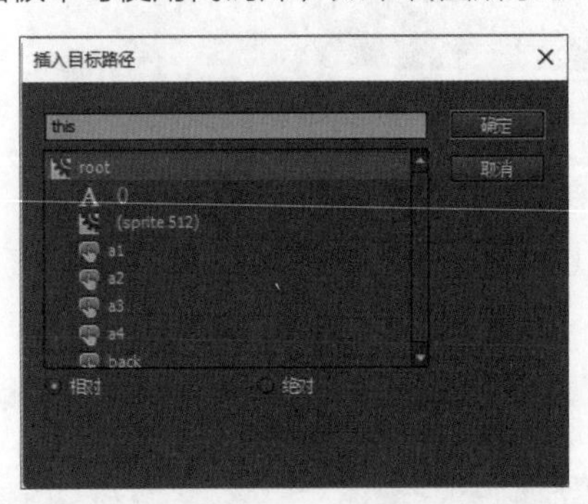

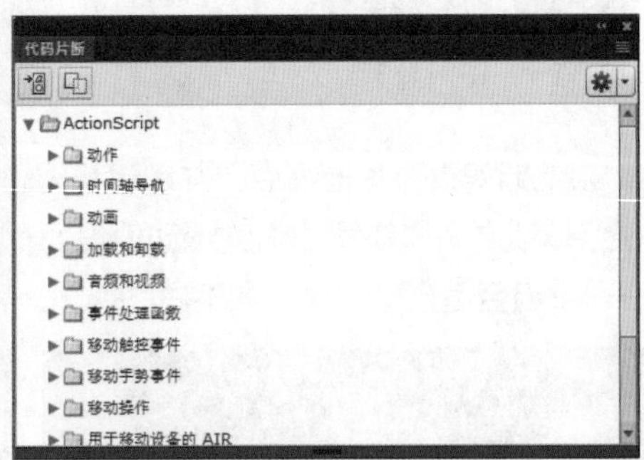

- **脚本导航器**：位于“动作”面板的左侧，显示当前对象的具体信息，如名称、位置等。在脚本导航器中选中某选项后，脚本窗口中将显示相关联的脚本语言。
- **脚本窗口**：是输入代码的区域，用户可以直接在该区域编辑动作、删除动作或输入动作。

7.3.2 创建交互动画

在Animate CC中，交互功能是由事件、对象和动作组成的，用于在事件下对某对象执行相应的动作。下面对事件和动作进行介绍。

1. 事件

事件可分为帧事件和用户触发事件，当动画播放到某时间时，帧事件会自动触发；用户触发事件是基于动作的，如鼠标事件、键盘事件等。

下面介绍常用的用户触发事件。

- **Press**：表示按下鼠标时发生的动作。
- **Release**：表示按下按钮后，松开鼠标时发生的动作。
- **rollOver**：表示光标滑入按钮时发生的动作。
- **dragOver**：表示按住鼠标不放，光标滑入按钮时发生的动作。
- **keyPress**：表示按下指定键时发生的动作。
- **mouseMove**：表示当移动光标时发生的动作。
- **enterFrame**：表示加入帧时发生的动作。

2. 动作

动作用于控制动画播放过程中对应的程序流程和播放状态，下面对常用的动作进行介绍。

- **stop()语名**：用于停止当前播放的影片，常见的运用是使用按钮控制影片剪辑。
- **gotoAndPlay()语句**：跳转并播放，跳转到指定的场景或帧，并从该帧开始播放；如果没有指定场景，会自动跳转到当前场景中的指定帧。
- **stopAllSounds语句**：用于停止当前正在播放的所有声音，并不影响动画的视觉效果。

知识延伸：3D平移动画

在Animate CC中，用户可以对舞台上影片剪辑实例使用3D平移工具，制作虚拟的3D空间效果，下面介绍具体的操作方法。

步骤 01 在舞台上导入背景图片，然后新建图层，从“库”面板中将“毛毛”影片剪辑拖曳至舞台，并调整好位置和大小，如下左图所示。

步骤 02 在“背景”图层的第30帧处插入普通帧。在“毛毛虫”图层选中第1帧并右击，在快捷菜单中选择“创建补间动画”命令，即可创建补间动画，如下右图所示。

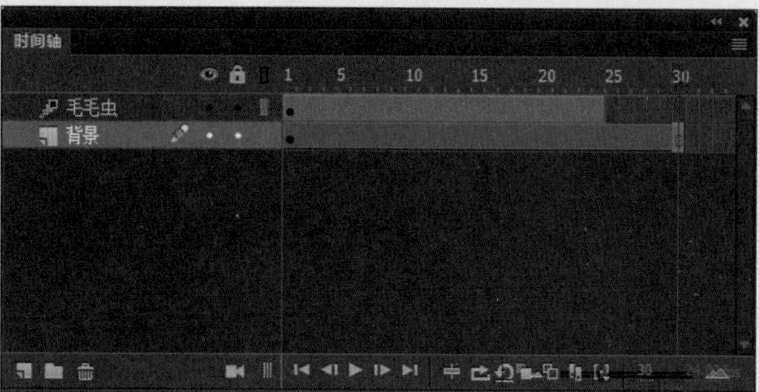

步骤 03 在两个图层的第30帧处创建关键帧，在“毛毛虫”图层的“插入关键帧”子菜单中选择“位置”命令，效果如下左图所示。

步骤 04 选择“毛毛虫”图层第1帧，选择工具箱中3D平移工具，拖曳毛毛虫中间黑点，向远处移动，如下右图所示。

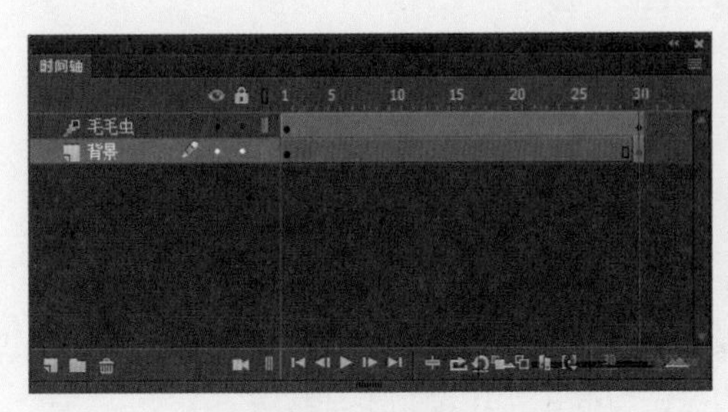

步骤 05 选择补间动画图层的第30帧，根据相同的方法更改毛毛虫的位置，绿色箭头改变Y轴坐标，红色箭头改变X轴坐标，效果如下左图所示。

步骤 06 至此，毛毛虫由远到近的动画制作完成，按下Ctrl+Enter组合键查看效果，下右图为第10帧的效果。

步骤 07 右图为第20帧毛毛虫运动的效果，可见由远及近，逐渐变大，从而产生一种3D的立体空间效果。用户也可以设置毛毛虫运动是从近到运的运动轨迹，与本实例方法相反，此处不再赘述。

上机实训：制作测试小游戏

学习了交互动画的相关知识后，下面我们将制作一款心理测试类的小游戏，对本章所学知识进行总结，具体操作方法如下。

步骤 01 打开Animate CC软件后，首先创建一个AS3空白文档，如下左图所示。

步骤 02 在图层中插入13个空白关键帧，如下右图所示。

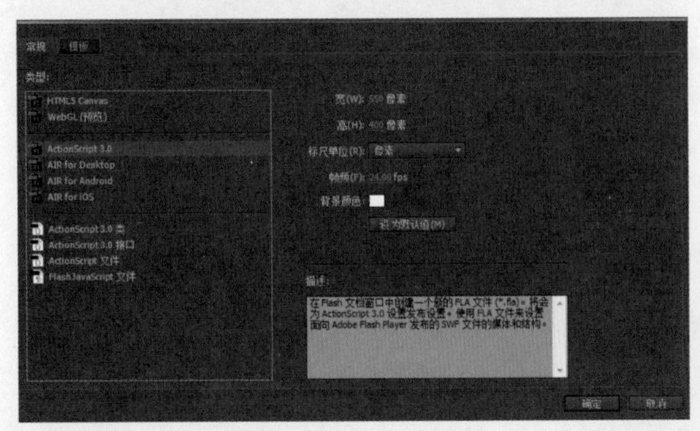

步骤 03 新建两个图层，在图层2中导入对话框素材，在图层3导入背景素材，如下左图所示。

步骤 04 使用文本工具在每个帧的对话框素材中输入不同的题目，如下右图所示。

步骤 05 选中文本框内的文字，然后对字体的样式进行调整，如下左图所示。

步骤 06 接下来将创建按钮来连接整个游戏，首先把每一题写在关键帧上，如下右图所示。

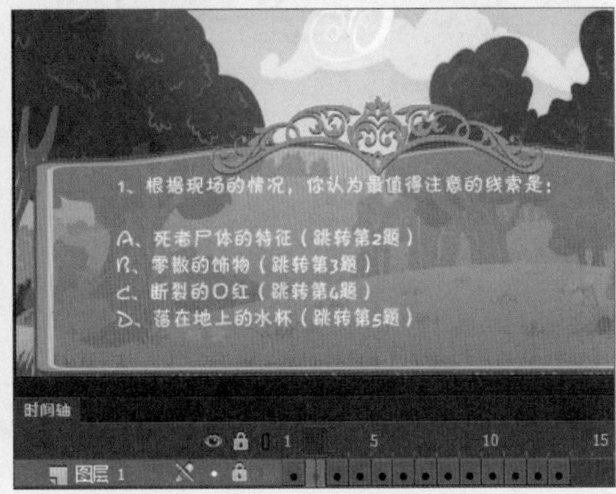

步骤 07 使用矩形工具绘制一个长方形并选中，按F8功能键，打开“转换为元件”对话框，将其制作成一个按钮，如下左图所示。

步骤 08 在该按钮的“属性”面板中设置实例名称，方便用代码关联它，如下右图所示。

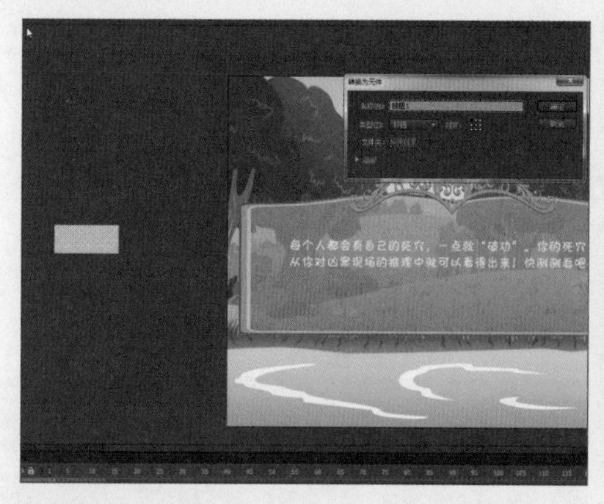

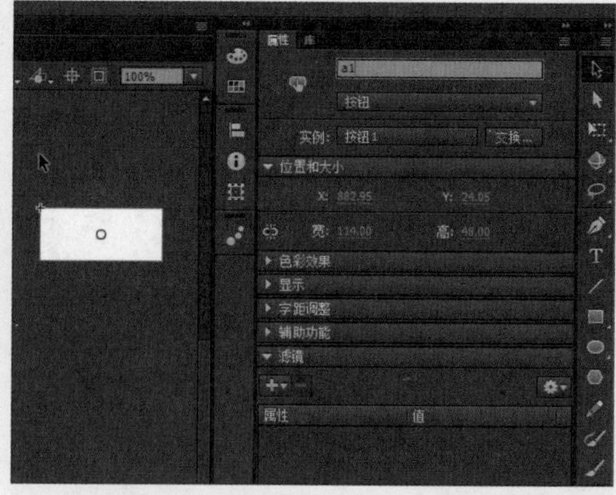

步骤 09 新建图层并命名为“按钮”，然后把每一帧都设成关键帧，确保该图层一直保持在最上层，如下左图所示。

步骤 10 将按钮剪切到该图层，在第1帧选中按钮并放大至全屏大小，单击屏幕任意区域都可以跳转到下一帧，如下右图所示。

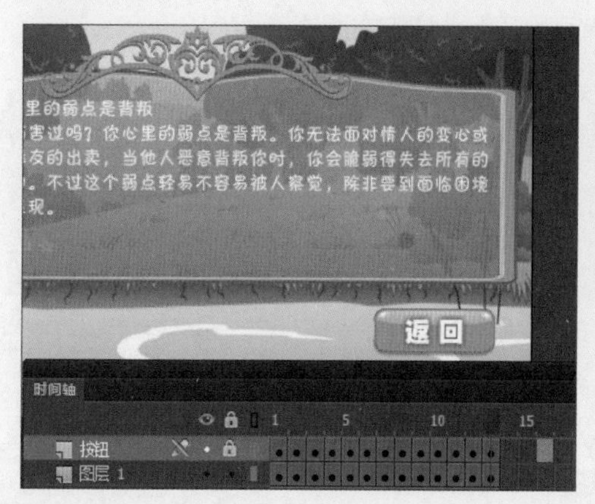

步骤 11 新建图层，同样是在每帧都创建关键帧，在菜单栏中选择“窗口>动作”命令，如下左图所示。

步骤 12 打开“动作”面板，选中第1帧，在脚本窗中输入代码，表示单击按钮a1会跳转到第2帧，如下右图所示。

步骤 13 复制按钮放到按钮层第2帧，将其缩放到可以盖住单个选项的大小，然后按住Alt键拖曳出另外三个按钮，如下左图所示。

步骤 14 分别将创建的4个按钮命名为a1、a2、a3和a4，如下右图所示。

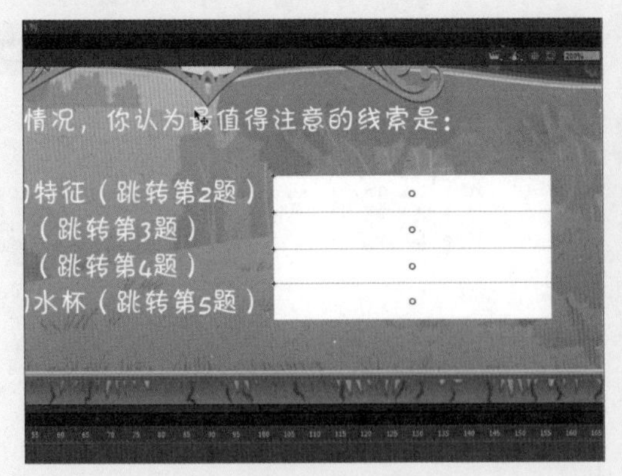

步骤 15 要想把按钮的透明度整体降低一些，则双击按钮元件，选中按钮色块，单击右边颜色按钮，设置A的值为47%，然后退回到场景，如下左图所示。

步骤 16 选择代码层的第2帧，添加第2层选项按钮的代码。本案例共有13帧，所以定义到13，如下右图所示。

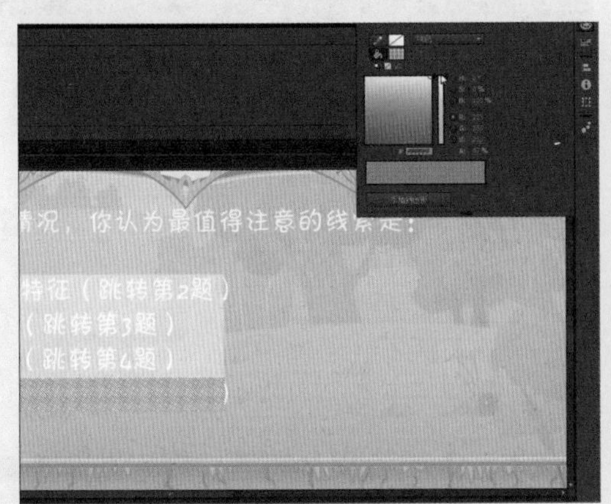

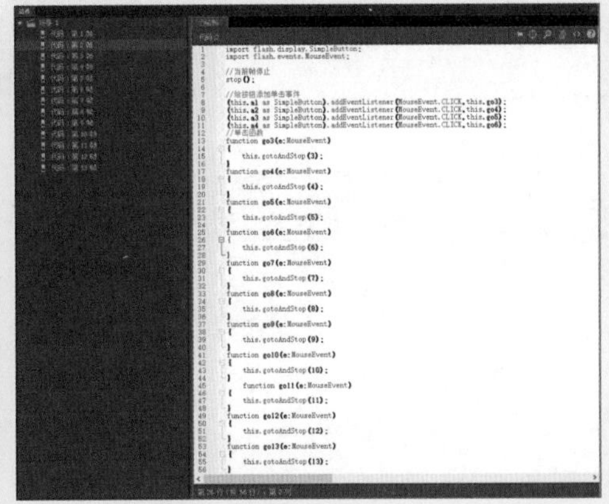

步骤 17 选中4个按钮并复制到第3帧，在空白处右击，在弹出的快捷菜单中选择“粘贴到当前位置”命令。然后调整位置使它们覆盖到第2题各选项上，如下左图所示。

步骤 18 接着在代码层选择第3帧，在“动作”面板中输入代码。如下右图所示。

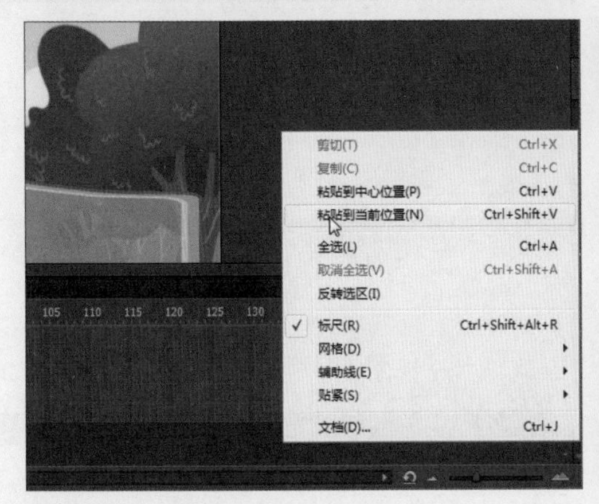

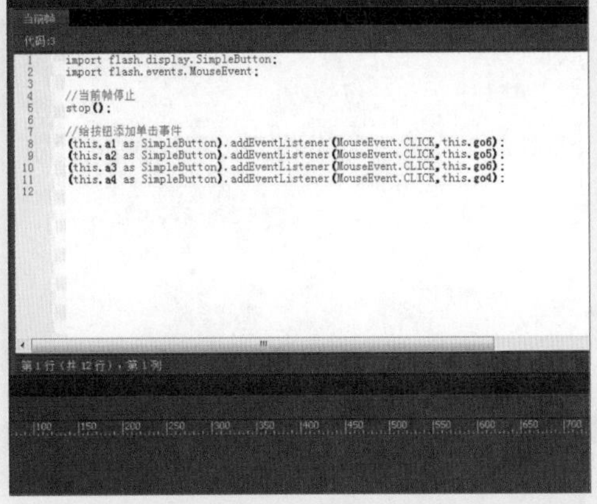

步骤19 同样的方法将4个按钮复制并粘贴到按钮图层的第4帧处，使它们覆盖此题的各选项，如下左图所示。

步骤20 在代码层第4帧加入代码，因为第一帧是封面，所以数字都往后类推1个，如下右图所示。

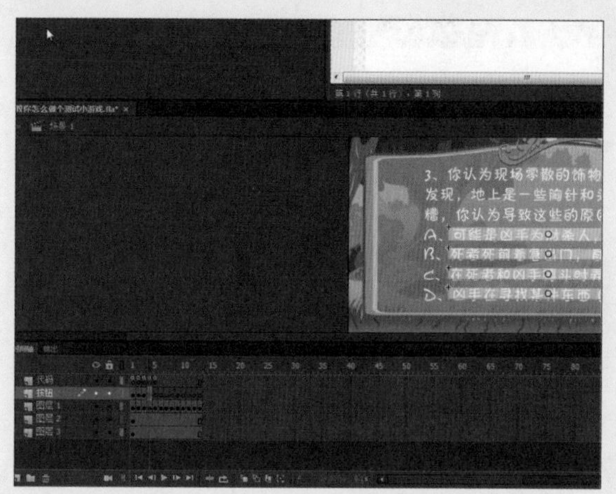

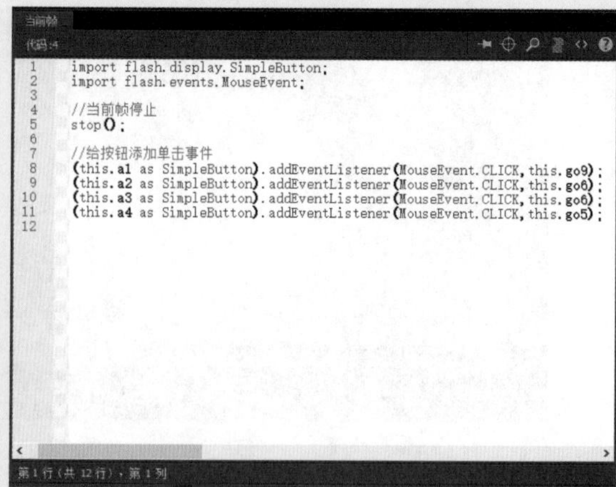

```
1  import flash.display.SimpleButton;
2  import flash.events.MouseEvent;
3
4  //当前帧停止
5  stop();
6
7  //给按钮添加单击事件
8  (this.a1 as SimpleButton).addEventListener(MouseEvent.CLICK,this.go9);
9  (this.a2 as SimpleButton).addEventListener(MouseEvent.CLICK,this.go6);
10 (this.a3 as SimpleButton).addEventListener(MouseEvent.CLICK,this.go6);
11 (this.a4 as SimpleButton).addEventListener(MouseEvent.CLICK,this.go5);
12
```

步骤21 继续将按钮粘贴到按钮图层的第5帧，在代码层输入代码，如下左图所示。

步骤22 同样的方法在“动作”面板中输入第6帧的代码，如下右图所示。

```
import flash.display.SimpleButton;
import flash.events.MouseEvent;

//当前帧停止
stop();

//给按钮添加单击事件
(this.a1 as SimpleButton).addEventListener(MouseEvent.CLICK,this.go7);
(this.a2 as SimpleButton).addEventListener(MouseEvent.CLICK,this.go8);
(this.a3 as SimpleButton).addEventListener(MouseEvent.CLICK,this.go9);
(this.a4 as SimpleButton).addEventListener(MouseEvent.CLICK,this.go8);
```

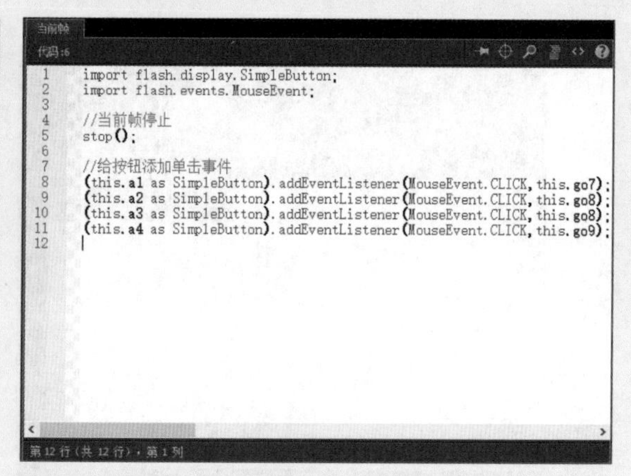

```
1  import flash.display.SimpleButton;
2  import flash.events.MouseEvent;
3
4  //当前帧停止
5  stop();
6
7  //给按钮添加单击事件
8  (this.a1 as SimpleButton).addEventListener(MouseEvent.CLICK,this.go7);
9  (this.a2 as SimpleButton).addEventListener(MouseEvent.CLICK,this.go8);
10 (this.a3 as SimpleButton).addEventListener(MouseEvent.CLICK,this.go8);
11 (this.a4 as SimpleButton).addEventListener(MouseEvent.CLICK,this.go9);
12
```

步骤23 继续复制按钮，在第7帧处输入代码，如下左图所示。

步骤24 在第8帧处写入代码，因为这一帧只需要3个按钮，所以删除a4按钮，如下右图所示。

```
1  import flash.display.SimpleButton;
2  import flash.events.MouseEvent;
3
4  //当前帧停止
5  stop();
6
7  //给按钮添加单击事件
8  (this.a1 as SimpleButton).addEventListener(MouseEvent.CLICK,this.go8);
9  (this.a2 as SimpleButton).addEventListener(MouseEvent.CLICK,this.go9);
10 (this.a3 as SimpleButton).addEventListener(MouseEvent.CLICK,this.go9);
11 (this.a4 as SimpleButton).addEventListener(MouseEvent.CLICK,this.go8);
12
```

```
1  import flash.display.SimpleButton;
2  import flash.events.MouseEvent;
3
4  //当前帧停止
5  stop();
6
7  //给按钮添加单击事件
8  (this.a1 as SimpleButton).addEventListener(MouseEvent.CLICK,this.go11);
9  (this.a2 as SimpleButton).addEventListener(MouseEvent.CLICK,this.go12);
10 (this.a3 as SimpleButton).addEventListener(MouseEvent.CLICK,this.go9);
11
```

步骤25 第9帧是4个按钮，关联到了4个答案页，如下左图所示。

步骤26 根据需要在4个答案的位置添加退回到第1帧的按钮，并将此按钮命名为back，如下右图所示。

步骤27 输入第10帧的代码，定义go20是跳转到第1帧，如下左图所示。

步骤28 第11帧就不要重复定义了，不然会报错，所以把函数代码删除，其余代码复制到动作里，如下右图所示。

```
import flash.display.SimpleButton;
import flash.events.MouseEvent;

//当前帧停止
stop();

//给按钮添加单击事件
(this.back as SimpleButton).addEventListener(MouseEvent.CLICK, this.go20)
//单击函数
function go20(e:MouseEvent)
{
    this.gotoAndStop(1);
}
```

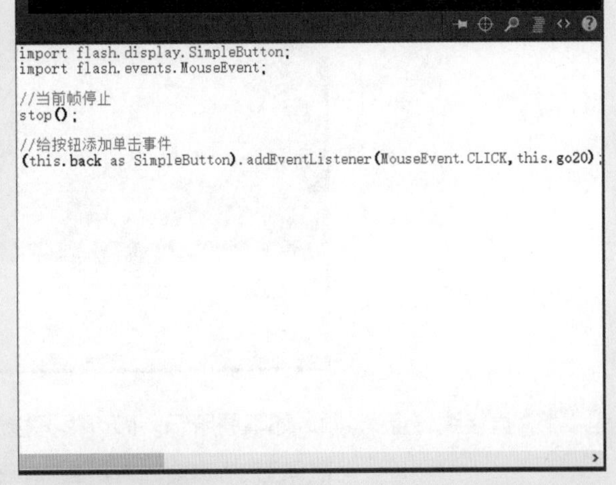

步骤29 最后单击“时间轴”面板上的“锁定或解除锁定所有图层”按钮，锁定除了按钮图层外的所有图层，如右图所示。

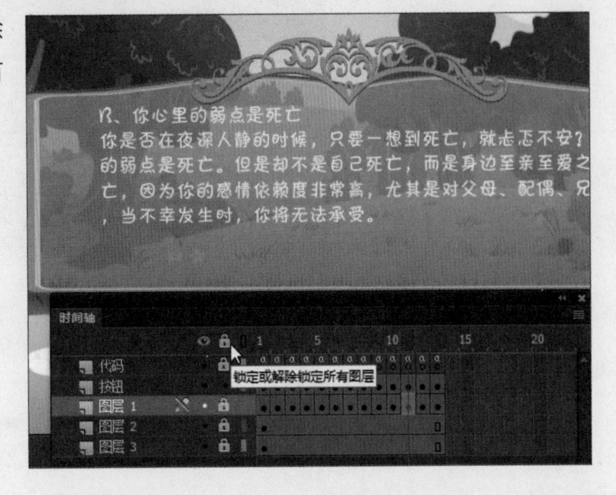

步骤30 单击“编辑多个帧”按钮，然后按住鼠标左键，将帧数从第1帧拉到第8帧处。然后按下Ctrl+A组合键，执行全选操作，如下左图所示。

步骤31 在“属性”面板的“色彩效果”选项区域中，设置“样式”为Alpha，然后把Alpha 设置为0，如下右图所示。

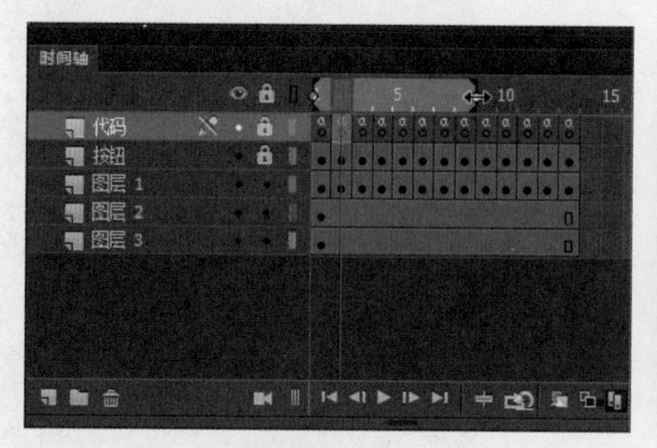

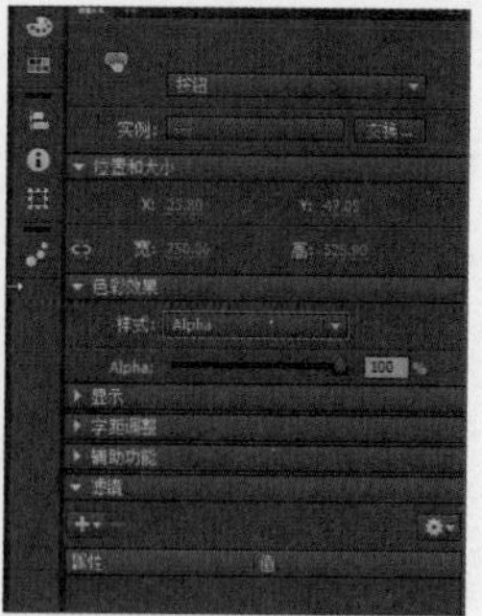

步骤32 至此，本案例制作完成，按下Ctrl+Enter组合键，查看游戏效果。在第1题中选择C选项，效果如下图所示。

步骤33 直接跳转至第4题，如下图所示。即可根据提示逐步完成测试，最后会得出结果。

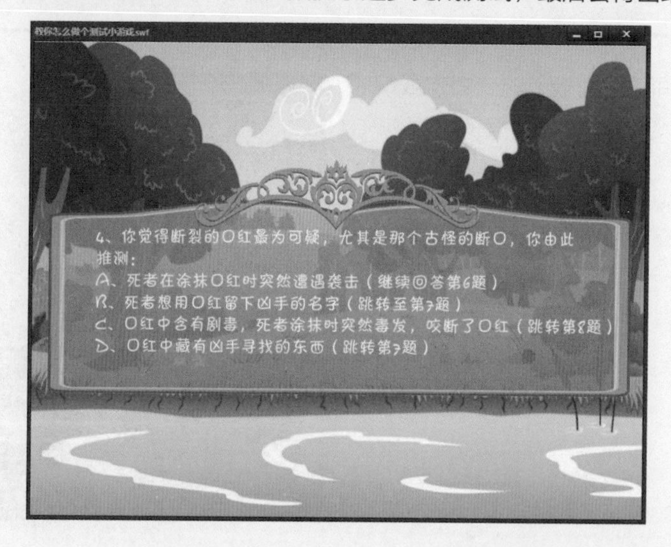

课后练习

1. 选择题

（1）如果需要选择不连续多个图层，则按住（　　）键不放，逐个选中所需图层即可。

A. Alt　　B. Ctrl

C. Shift　　D. Ctrl+Shift

（2）创建运动引导层时，在“时间轴”面板中右击图层，在快捷菜单中选择（　　）命令，即可完成为选中的图层添加运动引导层操作。

A. 添加传统运动引导层　　B. 创建运动引导层

C. 添加运动引导层　　D. 创建传统运动引导层

（3）创建遮罩层时，其中的对象不可以是（　　）。

A. 图形　　B. 位图

C. 文字　　D. 实例

（4）用户触发事件，（　　）表示按下鼠标时发生的动作。

A. keyPress　　B. enterFrame

C. Release　　D. Press

2. 填空题

（1）用户可以对图层的属性进行修改，选中图层并右击，在快捷菜单中选择________命令，打开“图层属性”对话框。

（2）创建遮罩层后，________决定遮罩动画显示的形状和轮廓，________决定动画显示的内容。

（3）________事件表示按住鼠标不放，光标滑入按钮发生的动作。

3. 上机题

本章学习了交互式动画的相关知识，读者可根据提供的素材制作一个交互式动画，通过添加按钮，输入各种代码，跳转到对应的位置，请参照下图。

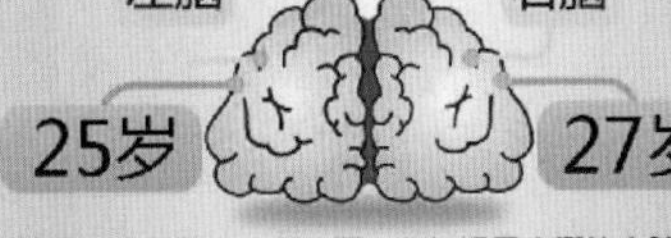

第8章 外部素材的应用

本章概述

使用Animate CC制作动画时，可以导入外部图像、声音和视频素材，增加动画的画面效果。本章将介绍各种外部素材导入的相关操作，为制作完美的动画奠定基础。

核心知识点

❶ 熟悉图像素材的导入
❷ 掌握声音的导入
❸ 掌握声音的编辑操作
❹ 掌握视频的导入操作

8.1 图像素材的应用

在Animate CC中制作动画时，导入准备好的素材，可以使画面更精采，还可以节省动画效果制作时间，提高工作效率。本小节主要介绍导入图像素材的相关操作。

8.1.1 导入图像素材

在Animate CC中可以导入位图和矢量图形，其中位图的格式包括JPG、PNG、GIF等，矢量图形包括Illustrator文件等。

1. 导入位图素材

在Animate CC中导入位图素材时有两种形式，即“导入到舞台”和“导入到库”，前者是将导入的素材放置在舞台上，并且在库中也存在该位图资源，而后者将位图素材直接存放在“库”面板中，若需要导入舞台上，需要将其拖曳至舞台。

首先打开Animate CC软件，执行“文件>导入>导入到舞台”命令，或者按下Ctrl+R组合键，如下左图所示。在打开的“导入”对话框中选择合适的位图素材，单击“打开”按钮。用户也可以按住Ctrl键的同时选择多张位图素材，然后单击“打开”按钮，如下右图所示。

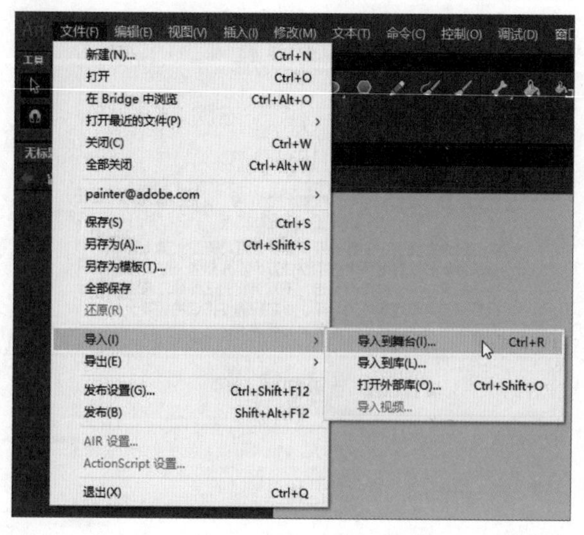

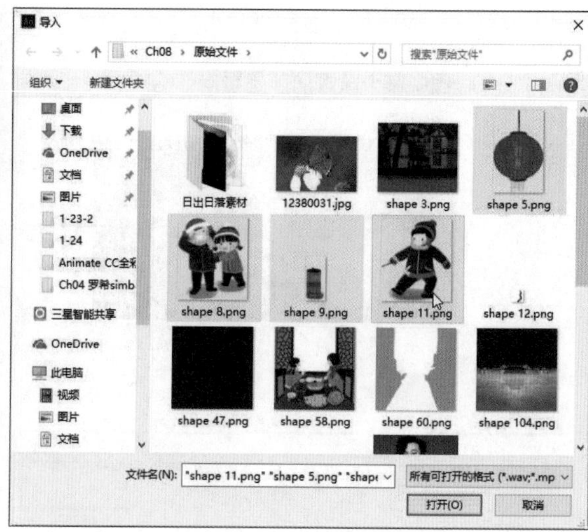

即可将选中的位置素材导入舞台上，然后用户可以使用工具箱中的工具对其执行相应的操作，如下图所示。

提示：导入序列图片

在导入位图素材时，如果是序列的图片，则系统自动打开提示对话框，提示“此文件看起来是图像序列的组成部分。是否导入序列中所有图像?”，如下图所示。若单击“否”按钮，则只导入选中的图片；若单击“是”按钮，则导入序列图片，并且在“时间轴”面板中出现序列帧组成的逐帧动画。

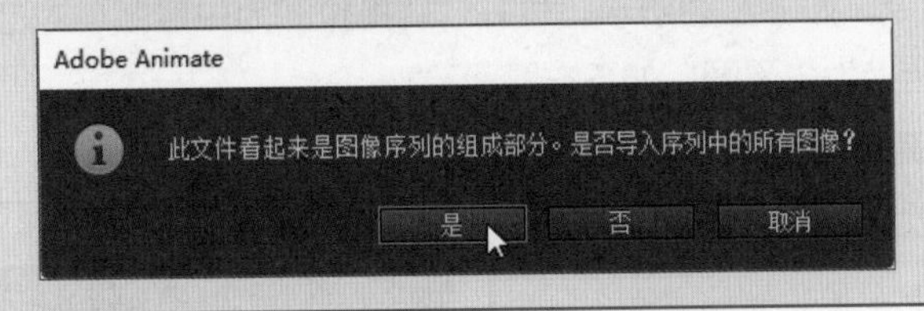

2. 导入矢量图形

Illustrator是著名的矢量图形绘制软件，下面以AI格式的矢量图形为例，介绍矢量图形的导入方法。执行“文件>导入>导入到舞台”命令，打开“导入”对话框，选中AI格式文件，单击“打开”按钮，如下左图所示。打开相关的对话框，设置参数后单击“导入”按钮，如下右图所示。

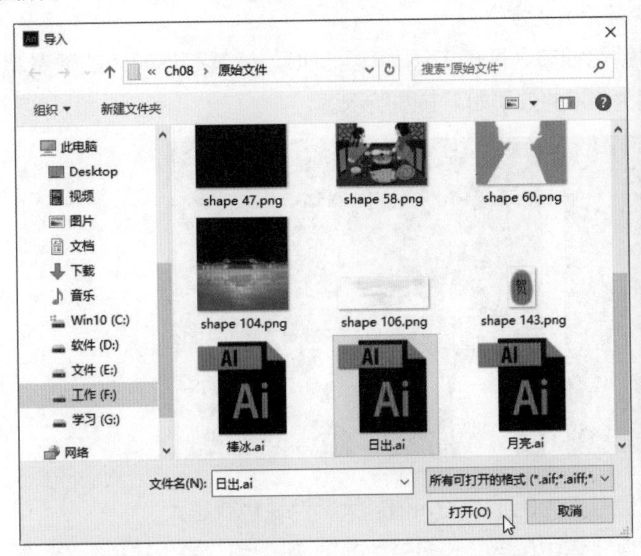

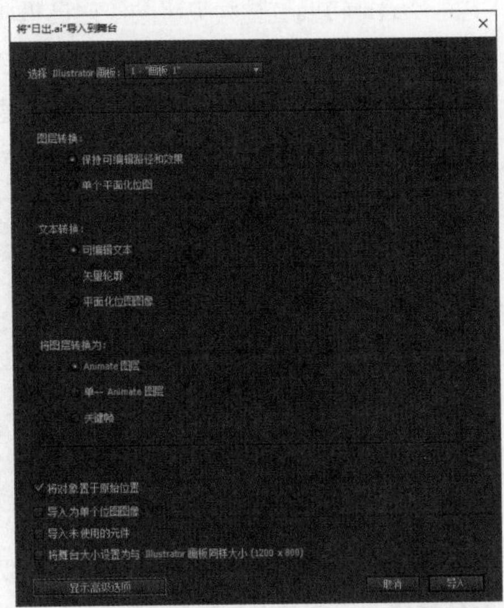

下面介绍导入AI格式文件时弹出的将AI文件导入到舞台对话框中的相关参数。

- **图层转换**：用于设置将AI文件的图形保持可编辑路径，或将其转换为位图。下左图为选中“保持可编辑路径和效果”单选按钮的效果，下右图为选中“单个平面化位图”单选按钮的效果。

- **文本转换**：用于设置将AI文件中的文本转换为可编辑文本、矢量轮廓或平面化位图图像。
- **将图层转换为**：选择“Animate图层”单选按钮，则保持AI文件中原有的图层关系；选择“单一Animate图层”单选按钮，则将AI文件中图形保存在Animate的一个图层中；选择“关键帧”单选按钮，则将AI文件中不同图层的元素放置在不同的关键帧中。

8.1.2 将位图转换为矢量图

在Animate CC中，用户可以直接将位图转换为矢量图形。在舞台上选中位图，然后执行“修改>位图>转换位图为矢量图”命令，如下左图所示。打开“转换位图为矢量图”对话框，设置相关参数后单击“确定”按钮，即可将位图转换为矢量图，如下右图所示。

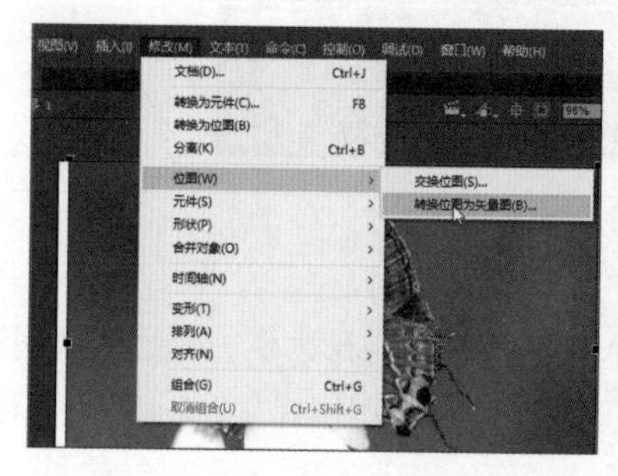

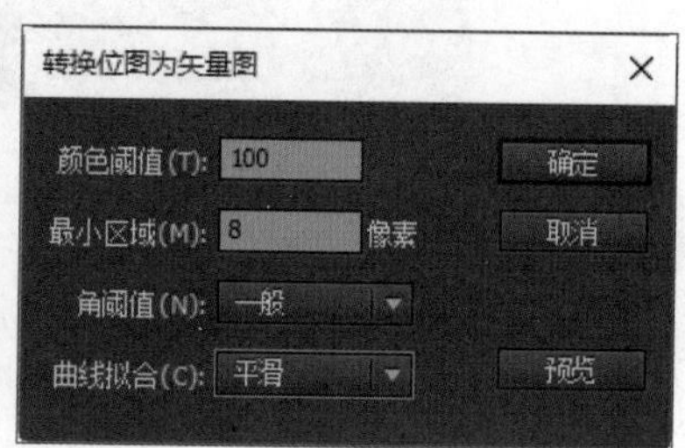

下面介绍“转换位图为矢量图”对话框中各参数的含义。

- **颜色阈值**：设置位图转换为矢量图的颜色细节，取值范围为0至500，值越高，颜色的数量就越少。值为100的效果如下左图所示，值为300的效果如下右图所示。

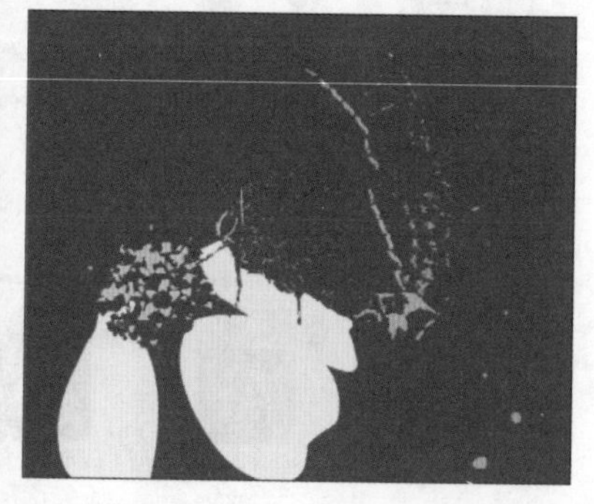

- **最小区域**：设置转换时色块的大小，取值范围为0到1000，值越大，色块也就越大。
- **角阈值**：设置转换为矢量图时转角的程度，其中包含“较多转角”“一般”和“较少转角”3个选项。
- **曲线拟合**：设置转换过程中边缘的平滑程度，包括“像素”“非常紧密”“紧密”“一般”“平滑”和“非常平滑”选项。选择“曲线拟合”为“像素”的效果如下左图所示，选择“曲线拟合”为“非常平滑”的效果如下右图所示。

提示：将矢量图形转换为位图

选中矢量图形，执行“修改>转换为位图”命令，即可完成将矢量图形转换为位图的操作。

实战练习 制作公园提示牌

学习了导入图片和将位图转换为矢量图的相关知识后，下面将通过制作公园提示牌的案例来巩固所学知识，具体操作如下。

步骤 01 打开Animate CC软件，执行“文件>新建”命令，在打开的“新建文档”对话框中设置相关参数，单击“确定”按钮，如下左图所示。

步骤 02 执行“文件>导入>导入到舞台”命令，打开“导入”对话框，选择需要导入的图片，单击“打开”按钮，如下右图所示。

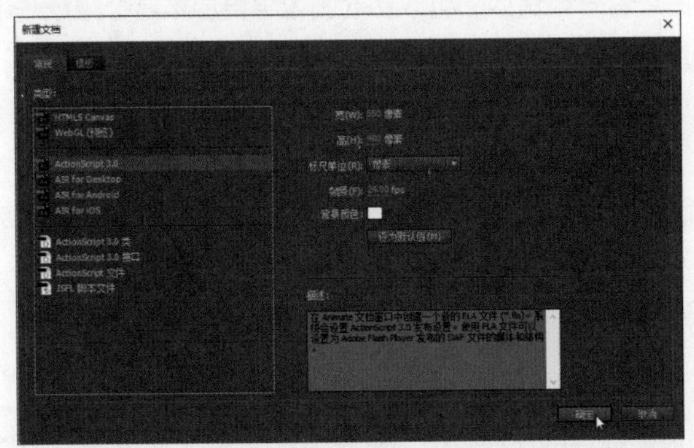

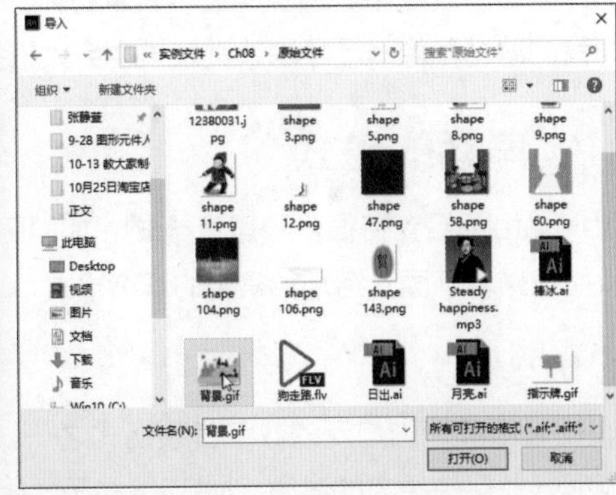

步骤 03 使用任意变形工具选中导入的图片，将其适当调整大小和位置，将“图层2”命名为“背景”，如下左图所示。

步骤 04 新建图层，然后将“提示牌.gif”素材导入舞台，执行“修改>位图>转换位图为矢量图”命令，在打开的对话框中设置相应的参数，如下右图所示。

转换位图为矢量图

颜色阈值(T): 100

最小区域(M): 4 像素

角阈值(N): 一般

曲线拟合(C): 平滑

确定 取消 预览

步骤05 转换为矢量图后，使用选择工具选中提示牌的白色背景区域，按Delete键执行删除操作，然后将其他部分选中，按下Ctrl+G组合键进行组合，如下左图所示。

步骤06 新建图层，然后使用文本工具输入标语文字，并设置字体属性，使用任意变形工具调整大小和位置，最终效果如下右图所示。

8.2 声音素材的应用

制作动画的过程中，适当添加声音素材作为背景音乐或音效，可以使动画效果更加丰富。想象一下，没有声音的动画就像一场哑剧，其效果也会大打折扣。

8.2.1 声音的格式

Animate CC支持很多种声音格式，如MP3、WAV、AU等。这些声音的导入，可以使动画更加完美、吸引眼球，下面介绍几种常用的声音格式。

1. MP3格式

MP3是目前最为广泛的数字音频格式之一。MP3格式将声音以1:10的压缩率压缩为较小的文件，而且还能很好地保持原来的音质。MP3格式虽然经过破坏性的压缩，但是音质仍然接近CD的水平，所以对于追求体积小、音质好的动画来说，MP3格式是首选。

2. WAV格式

WAV格式是微软公司开发的一种声音文件格式，属于无损音乐格式。WAV格式可以直接保存声音波形的取样，无压缩，因此其音质比较好。WAV格式的主要缺点是存储空间比较大，所以在Animate CC动画中没有广泛应用。

3. AIFF格式

AIFF格式是Apple公司开发的一种声音文件格式，属于Quick Time技术的一部分。AIFF支持ACE2、ACE8、MAC3和MAC6压缩，支持16bit44.1kHz立体声。

4. AU格式

AU格式是一种压缩声音的文件格式，支持8bit声音，主要应用于互联网。

8.2.2 声音的导入

在Animate CC中导入声音的方法和导入图像的操作方法相似，执行“文件>导入>导入到库”命令，打开“导入到库”对话框，选择音频文件，单击“打开”按钮，如下左图所示。打开“库”面板，选中导入的声音，拖曳至舞台即可，如下右图所示。

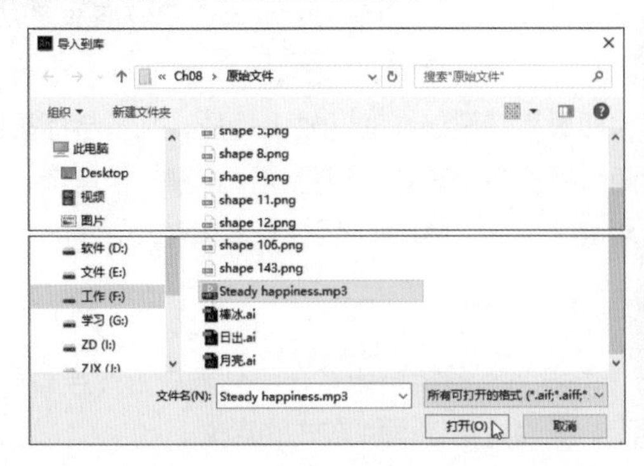

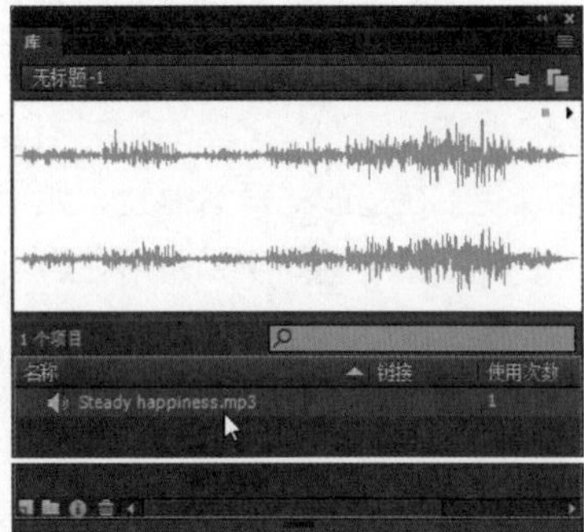

一般情况下，导入的声音素材都是放在独立的图层上，每层作为一个独立的声音通道，当播放动画文件时，所有的声音将混合在一起。

8.2.3 声音的“属性”面板

在Animate CC中导入声音后，用户可以对其进一步设置。在“属性”面板中可以设置声音的效果或是否同步等。在“时间轴”面板中，选中导入声音的帧，按下Ctrl+F3组合键，打开“属性”面板，其中“声音”选项区域如下左图所示。

1. 设置声音效果

在“属性”面板的“声音”选项区域中，单击“效果”下三角按钮，在其列表中可以选择声音播放的效果，其中包括8个选项，如下中图所示。下面将分别介绍其含义。

- **无**：选择该选项，表示不应用任何声音效果。
- **左声道/右声道**：表示只在左声道或右声道播放声音。
- **向右淡出**：选择该选项，表示声音从左声道逐渐传至右声道。
- **向左淡出**：选择该选项，表示声音从右声道逐渐传至左声道。
- **淡入**：表示声音在持续时间内逐渐增强。
- **淡出**：表示声音在持续时间内逐渐减弱。
- **自定义**：选择该选项后，打开“编辑封套”对话框，用户可根据需要创建自己的声音效果，如下右图所示。

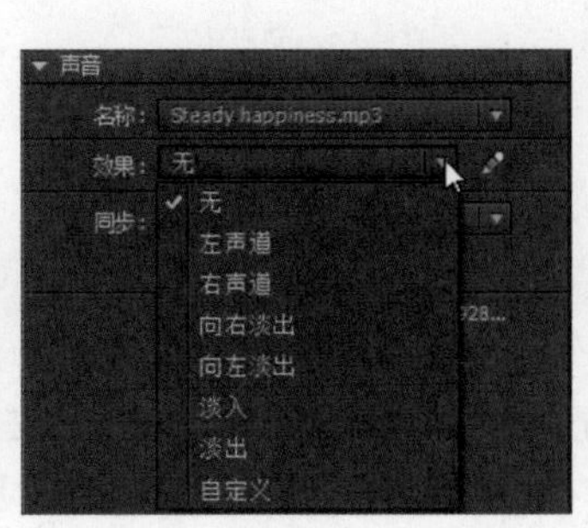

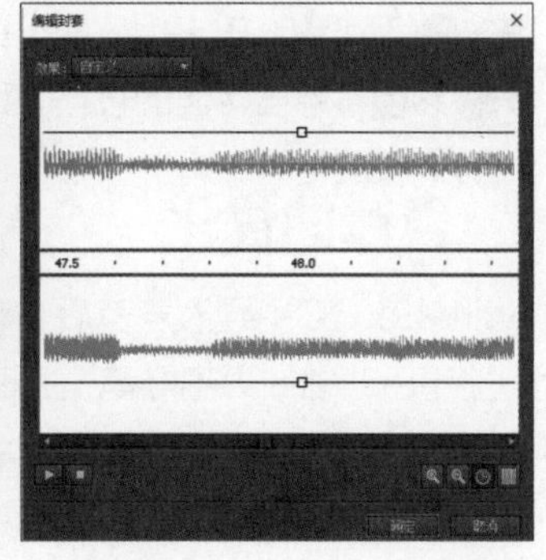

2. 设置声音的同步方式

在“属性”面板的“声音”选项区域中单击“同步”下三角按钮，在其列表中可以选择声音同步的类型，其中包括4个选项，如下左图所示。下面将分别介绍其含义。

- **事件**：默认为该选项，表示将声音和发生的事件同步播放，事件声音在它的开始关键帧显示时播放，并独立于时间轴之外，即使影片停止也会继续播放。如果事件的声音已经播放了，而声音再次被执行播放操作，则第一个声音会播放，而另一个声音会同时播放。
- **开始**：该选项与“事件”选项的功能相近，如果声音已经在时间轴上播放，则不会播放新的声音。
- **停止**：可以使正在播放的声音停止，如果同时播放多个声音，可指定停止某一个声音。
- **数据流**：使声音和动画同步，方便在Web站点上播放。Animate强制音频和动画同步。

3. 设置声音的重复

在“属性”面板的“声音”选项区域中单击“重复”下三角按钮，在其列表中选择声音循环的方式，包括“重复”和“循环”两个选项，如下右图所示。下面介绍这两种方式的含义。

- **重复**：该选项可以设置声音循环的次数，选中该选项后，在右侧数值框中输入数值来设置循环的次数，其默认为播放1次。
- **循环**：表示循环播放声音。如果选择该选项，帧会添加到文件中，随着声音循环播放次数的增加，文件的大小会倍增，所以一般情况下不建议选择该选项。

4. 编辑声音封套

在“属性”面板的“声音”选项区域中，选择声音“效果”为“自定义”时，将打开“编辑封套”对话框，该对话框分为上下两个编辑区域，上方为左声道编辑区，下方为右声道编辑区。在编辑区中可以通过调整控制线来设置声音的大小、淡出和淡入效果。

下面介绍“编辑封套”对话框中各选项的含义。

- **效果**：单击该下三角按钮，在列表中选择声音的播放效果。
- **播放声音**：单击该按钮，即可播放编辑后的声音。
- **停止声音**：单击该按钮，即可停止编辑后的声音。
- **放大/缩小**：单击相应的按钮，可以在窗口中显示声音波形在水平方向上放大或缩小。
- **秒/帧**：单击相应的按钮，即可在秒和帧之间切换。

8.2.4 声音的优化

在Animate CC中导入声音后，有可能会出现很多小问题，如声音不能与动画完美衔接，或者声音文件太大，使用后动画效果不好等，此时可以对声音进行优化处理。

打开“库”面板，选中需要优化的声音，单击面板底部的“属性”按钮，即可打开“声音属性”对话框，如下左图所示。单击“压缩”下三角按钮，在列表中选择声音的压缩形式。

- **默认**：选择该压缩方式，将使用“发布设置”对话框中的默认压缩设置。
- **ADPCM**：适用于对较短的事件进行压缩，选择该选项后，在下方出现关于该压缩方式的设置参数，如下右图所示。若勾选“将立体声转换为单声道”复选框，则将混合立体声转换为单声道。通过“采样率”增强音频的效果，还能减小文件的大小，根据需要选择相应的选项即可，其中包括5 kHz、11 kHz、22 kHz、44 kHz几个选项；选择“ADPCM位”的相应选项，可以调整文件的大小。
- **MP3**：多应于压缩较长的流式声音。
- **Raw**：选择该压缩方式，在导出动画时不压缩声音。选择该选项后，在下方可以设置预处理和采样率两个参数。
- **语音**：该压缩方式适用于语音压缩方式导出声音。选择该选项后，只需设置采样率的参数即可。

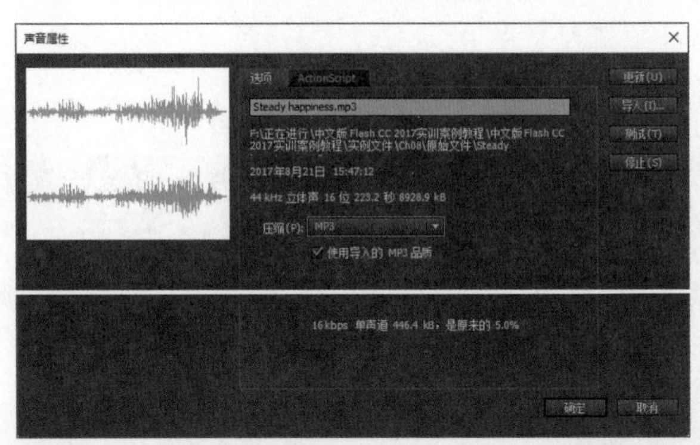

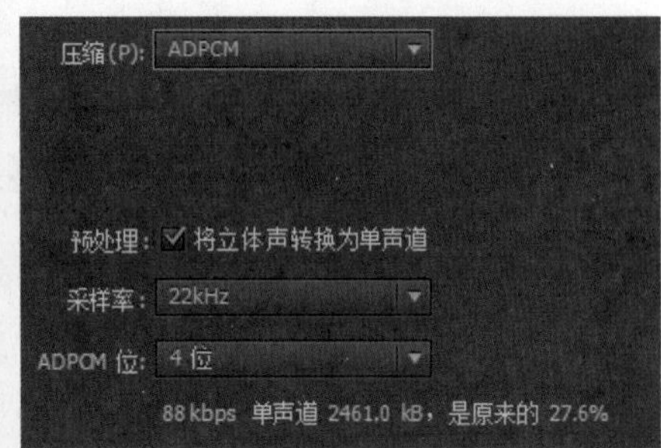

提示：声音的输出

打开“库”面板，选中需要输出的声音，打开“声音属性”对话框，设置压缩方式，单击“测试”按钮，然后单击“确定”按钮即可完成声音的输出。

8.3 视频素材的应用

在Animate CC中不但可以导入图像和声音素材，也可以导入外部视频，使动画作品更丰富。导入视频后，用户还可以根据需要进行裁剪、控制播放进程等操作，但是不能修改视频中的具体内容。

执行“文件>导入>导入视频”命令，打开“导入视频”对话框，单击“浏览”按钮，在弹出的“打开”对话框中选择需要导入的视频，单击“打开”按钮，如下左图所示。返回“导入视频”对话框，选中“在SWF中嵌入FLV并在时间轴播放”单选按钮，单击“下一步”按钮，如下右图所示。

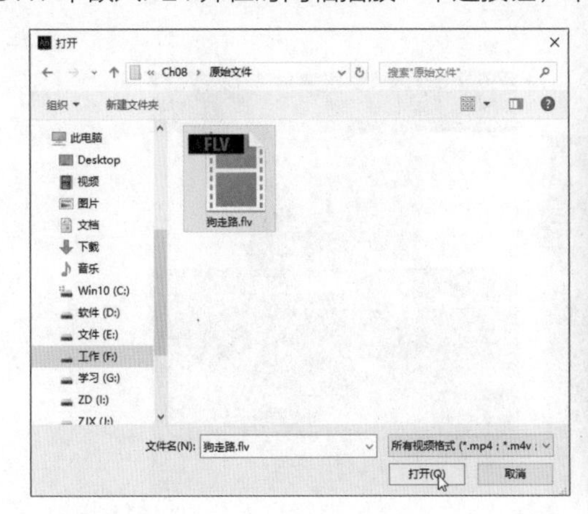

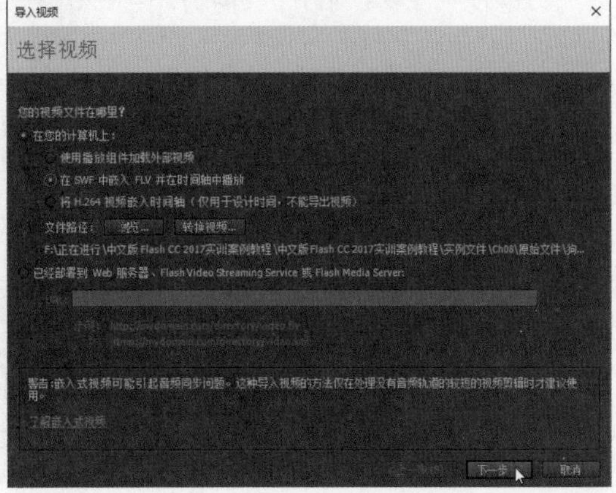

在“嵌入”面板中保持默认的设置，单击“下一步”按钮，如下左图所示。然后单击“完成”按钮，完成视频的导入，如下右图所示。

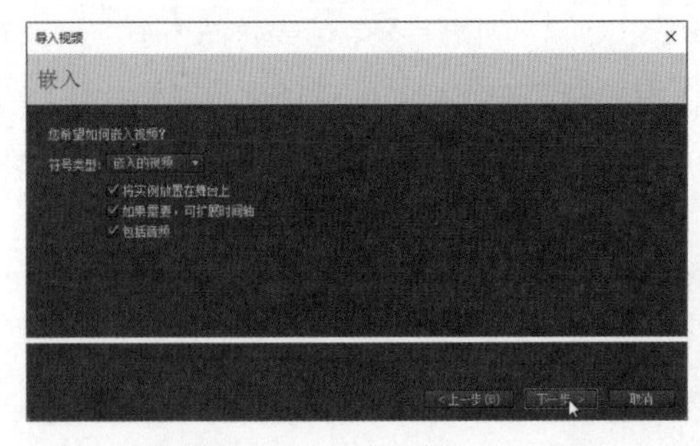

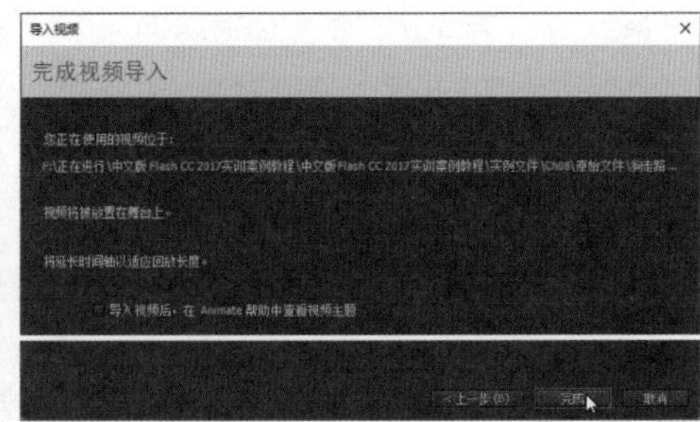

知识延伸：使用播放组件加载外部视频

使用播放组件加载外部视频，即导入的视频将使用播放组件来加载。执行“文件>导入>导入视频”命令，打开“导入视频”对话框，选中“使用播放组件加载外部视频”单选按钮，如下左图所示。单击“浏览”按钮，在打开的“打开”对话框中选择视频文件，单击“打开”按钮，如下图所示。

返加至上级对话框，单击“下一步”按钮，在“设定外观”面板中单击“外观”下三角按钮，在列表中选择所需外观样式选项，单击“颜色”色块，在打开的面板中设置颜色，如下左图所示。设置完成后，单击“下一步”按钮，进入“完成视频导入”界面，保持默认设置，单击“完成”按钮，即可在“库”面板中显示导入的视频元素，如下右图所示。

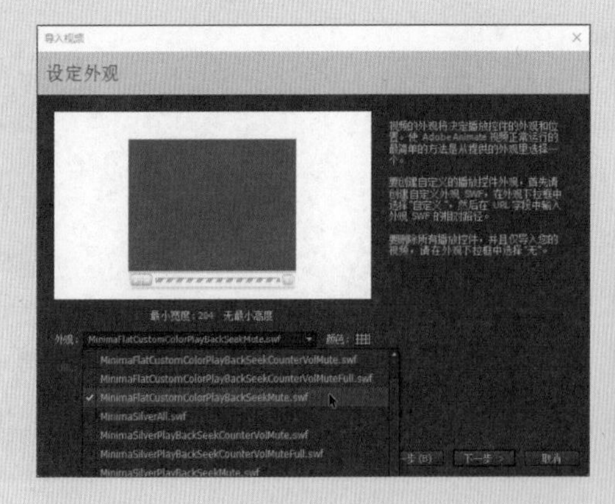

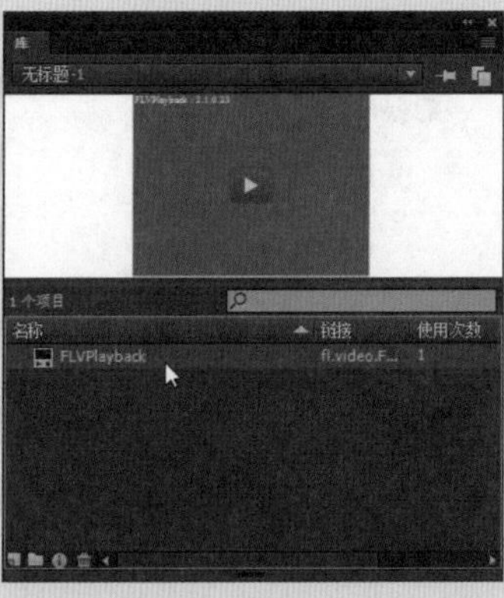

上机实训：制作日出日落动画

学习了在Animate CC中导入图像、音频和视频以及相应的编辑操作后，下面以制作日出日落动画为例，详细介绍导入图像和视频的应用，具体操作如下。

步骤 01 首先创建一个空白文档，具体参数设置如下左图所示。

步骤 02 执行“文件>导入>导入到舞台”命令，在打开的对话框中选择图片素材，将其导入，并修改图层名为“背景”，如下右图所示。

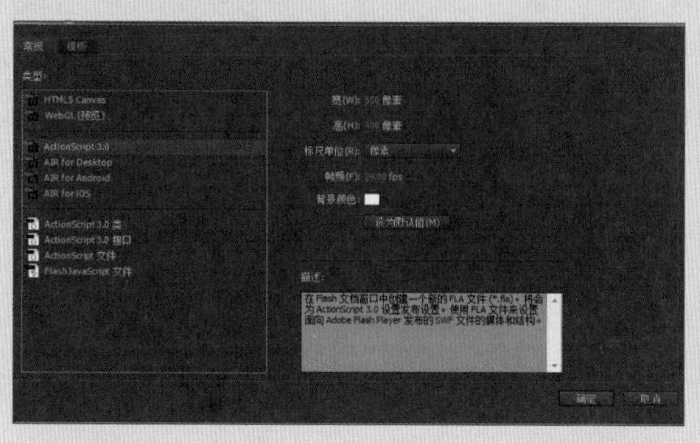

步骤 03 新建图层并命名为“草”，然后在该图层创建一个元件后，进入到元件内部，如下左图所示。

步骤 04 要导入视频素材，则执行“文件>导入>导入视频”命令，如下右图所示。

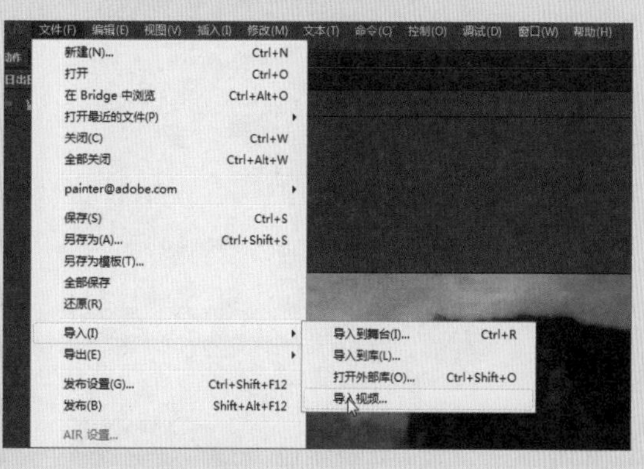

步骤 05 弹出“导入视频”对话框，单击“浏览”按钮，在打开的对话框中选择“草.flv”素材，设置相关参数，完成视频导入，如下左图所示。

步骤 06 退回到场景1，选中“草”元件，在“属性”面板的“显示”选项区域中设置“混合”为“滤色”，如下右图所示。

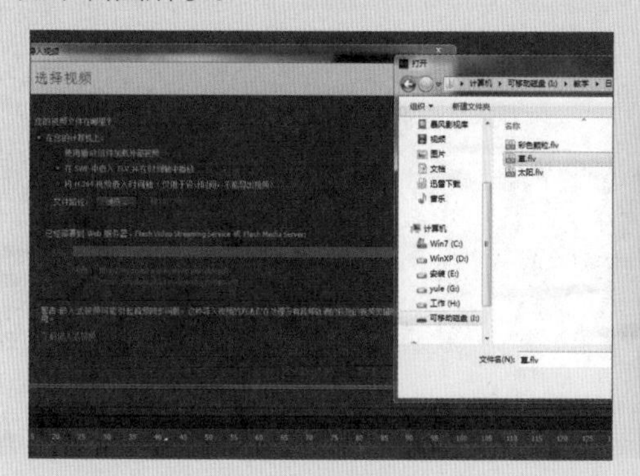

步骤 07 新建图层并命名为“太阳”，创建一个元件并进入元件内部，根据相同的方法导入“太阳.flv”视频素材，如下左图所示。

步骤 08 退回到场景1，选择该元件，在“属性”面板中设置“混合”为“滤色”，效果如下右图所示。

步骤 09 把所有帧延长到第100帧，新建图层并命名为“文字”，然后在25帧处创建关键帧，如下左图所示。

步骤 10 使用文本工具输入“日出”文本，按下Ctrl+B组合键将其打散，如下右图所示。

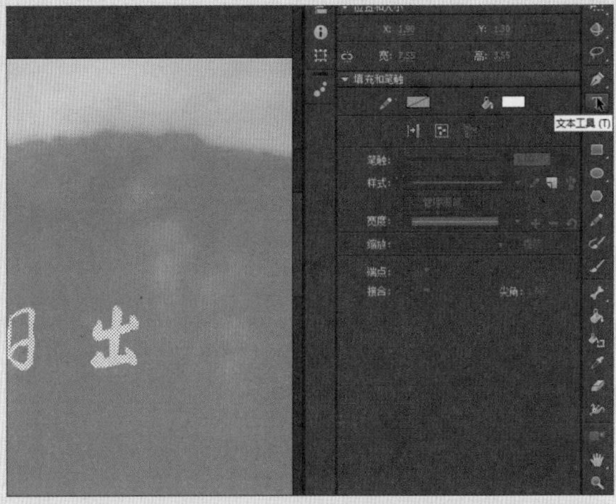

步骤 11 退回到场景1，选中“日出”元件，在“属性”面板的“滤镜”选项区域创建发光和模糊滤镜，参数设置如下左图所示。

步骤 12 在“文字”图层的第85帧创建关键帧，并把第25帧处的元件向下平移，如下右图所示。

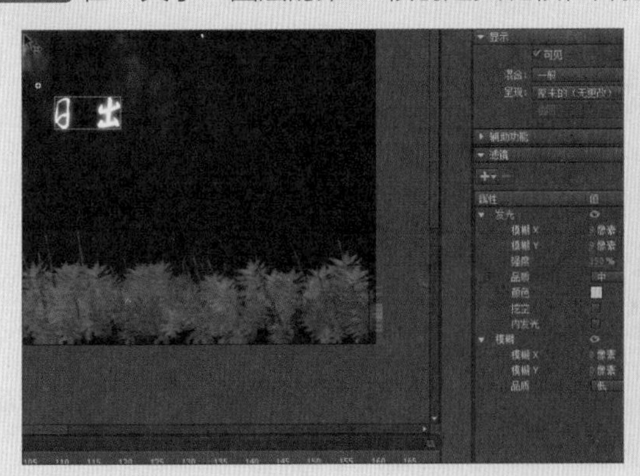

步骤 13 在第100帧和第120帧处分别创建关键帧。在“色彩效果”选项区域中，分别设置第8帧和第120帧上元件的Alpha值为0，如下左图所示。

步骤 14 在第25-85帧和第100-120帧之间创建补间动画，效果如下右图所示。

步骤 15 在第40帧分别为“太阳”“草”和“背景”图层创建关键帧，并创建第1到40帧之间的补间动画。在第1帧将3个元件的Alpha值设为0，制作淡入的开场效果，如下左图所示。

步骤 16 在“太阳”图层上方新建图层，并命名为“遮罩”，在该图层的第130帧处创建关键帧，如下右图所示。

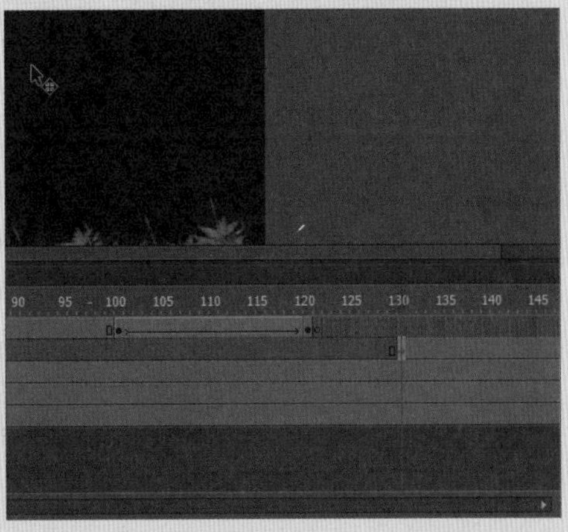

步骤 17 创建一个元件，在元件内部使用线条工具沿着背景的山丘绘制1个遮罩块，如下左图所示。

步骤 18 退回场景1，在“遮罩”图层上右击，在快捷菜单中选择“遮罩层”命令，如下右图所示。

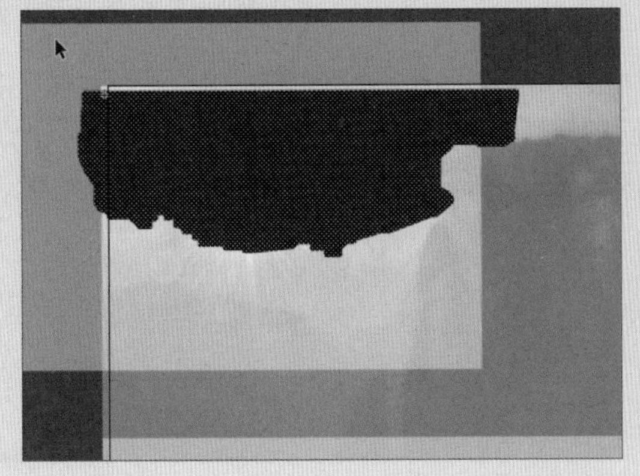

步骤19 在“太阳”图层的第130帧和第195帧处创建关键帧，并把第180帧处的太阳下移，然后在第130到195帧之间创建补间动画，如下左图所示。

步骤20 在“文字”图层的第130帧处创建关键帧，使用文本工具输入文字，并创建元件，如下右图所示。

步骤21 在“属性”面板中为该元件添加发光滤镜，设置模糊X和Y的值为9，设置强度值为150%，如下左图所示。

步骤22 在第150帧、第175帧和第195帧处创建关键帧，并在第130帧处把元件上移，设置Alpha值为0，在第195帧把元件下移，设置Alpha值为0。然后创建补间动画，如下右图所示。

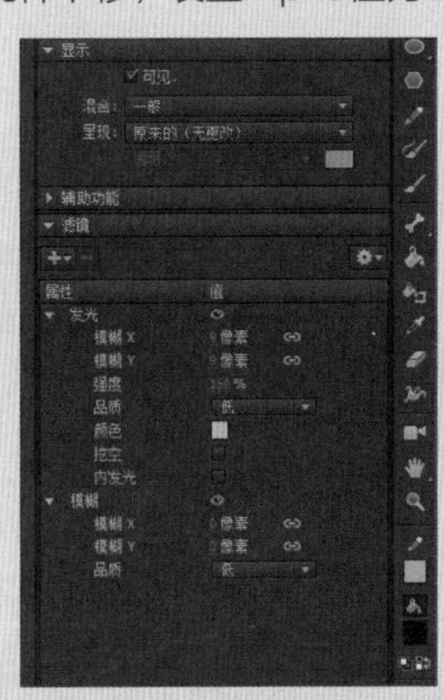

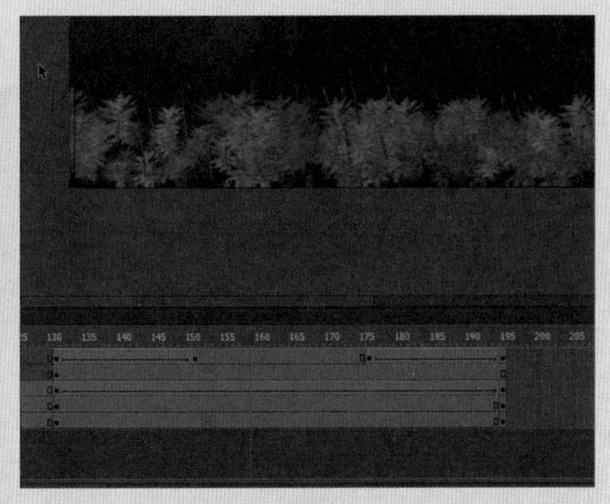

步骤23 在第130帧和第195帧处分别为“草”和“背景”图层，创建关键帧，如下左图所示。

步骤24 在第195帧处选中“草”和“背景”图层，在“色彩效果”选项区域中，设置“样式”为“高级”，相关参数设置如下右图所示。

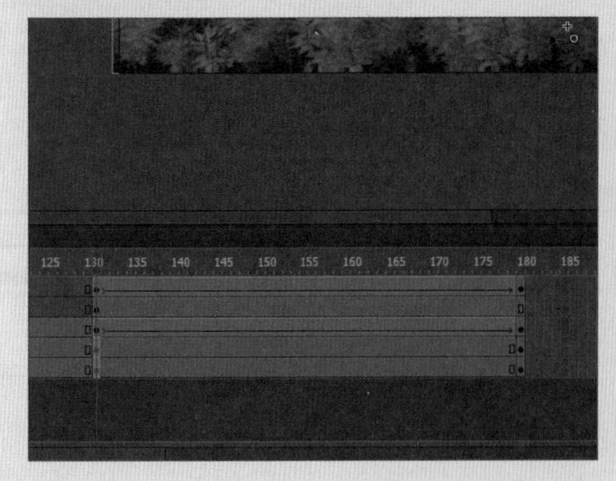

步骤25 为“草”和“背景”图层的第130到195帧之间创建补间动画，如下左图所示。

步骤26 在“背景”图层第196帧处创建关键帧，导入素材“背景2.png”，并创建元件，在“属性”面板中设置亮度值为-77，如下右图所示。

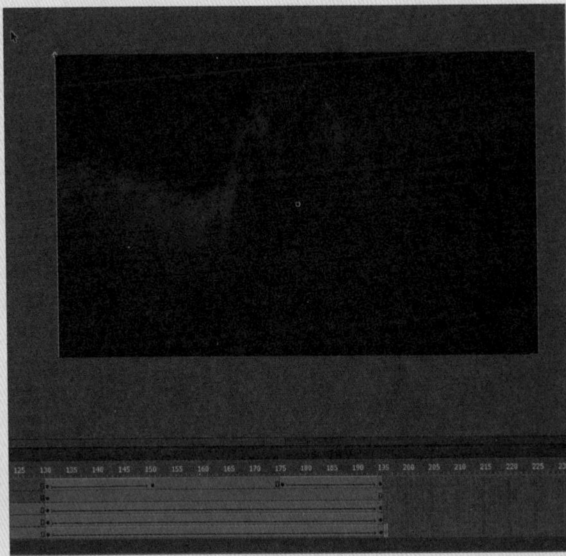

步骤27 在“草”图层的第196帧处创建关键帧，并在该图层上方创建新图层，命名为“月亮”，在第196帧处创建关键帧，导入“月亮.png”素材，如下左图所示。

步骤28 在第196帧选中“月亮”元件，在“属性”面板中设置Alpha值为0%，如下右图所示。

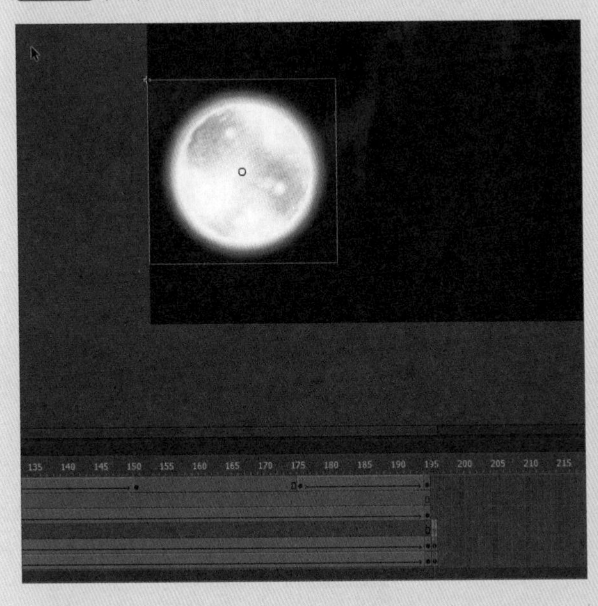

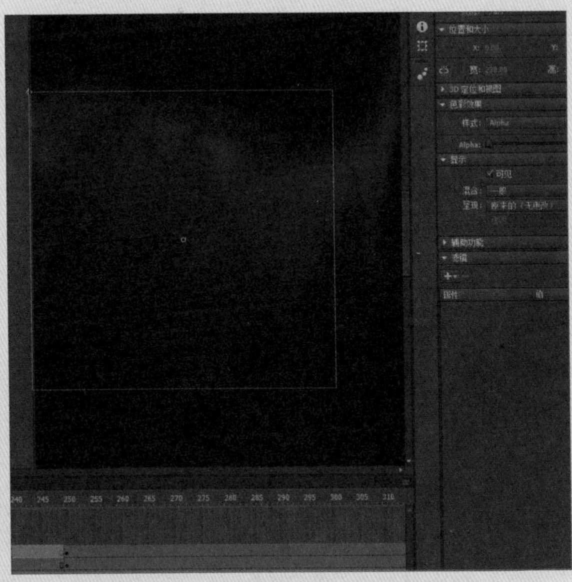

步骤29 在第250帧为“月亮”“草”和“背景”图层分别创建关键帧，如下左图所示。

步骤30 在第250帧处把“草”“背景”和“月亮”图层的样式设置为“无”，将“月亮”的Alpha值设为100%，效果如下右图所示。

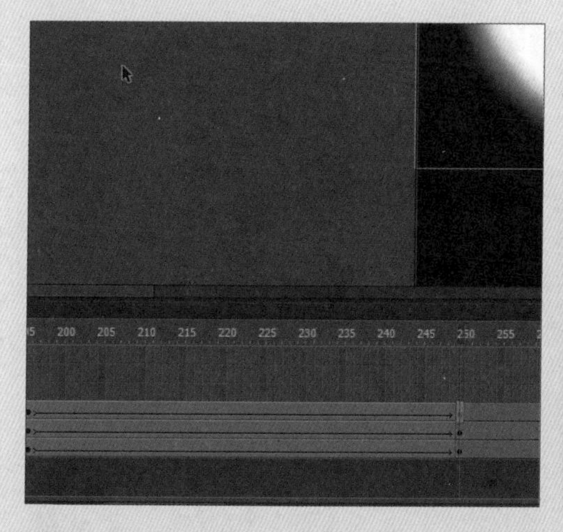

步骤 31 在“文字”图层的第196帧处使用文本工具输入文字并创建元件，如下左图所示。

步骤 32 选中该元件，在“属性”面板中添加发光滤镜，设置模糊X和Y值为9、强度值为150，颜色为蓝色，如下右图所示。

步骤 33 在第250帧处创建关键帧，并在196帧把元件下移，设置Alpha值为0，为第196到250帧之间创建补间动画，如下左图所示。

步骤 34 为第280和295帧分别创建关键帧，在第295帧处将该元件上移，并设置Alpha值为0，为第280到295帧之间创建补间动画，如下右图所示。

步骤 35 在“文字”图层第320帧处创建关键帧，使用文本工具输入文字，并创建元件，为其添加发光滤镜，具体参数设置如下左图所示。

步骤 36 在“文字”图层的第340帧、第380帧和第400帧处分别创建关键帧，如下右图所示。

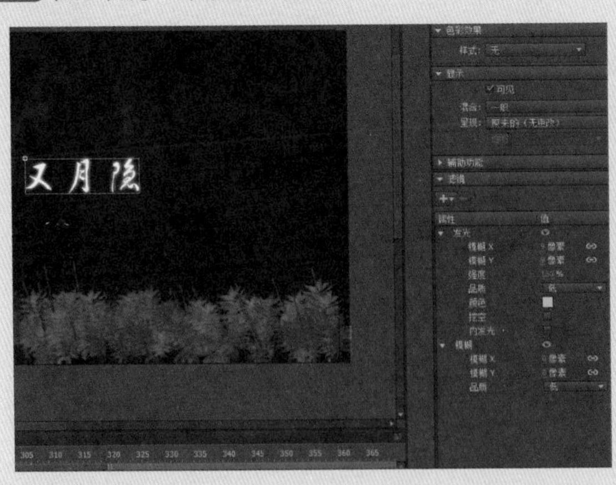

步骤 37 在第320帧处将元件下移，设置Alpha值为0，在400帧处将元件上移，设置Alpha值为0，分别为第320到340帧和第380到400帧之间创建补间动画，如下左图所示。

步骤 38 为“月亮”和“背景”图层第320帧和第340帧处创建关键帧，在第340帧处把月亮元件的Alpha值设为0，在第320到340帧之间创建补间动画，如下右图所示。

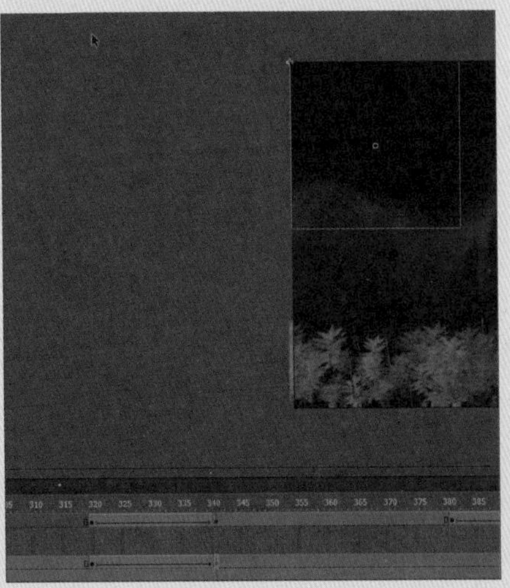

步骤 39 至此，日出日落动画就制作完成了，按下Ctrl+Enter组合键预览动画效果，如下左图所示。

步骤 40 动画中日落的效果展示如下右图所示。

课后练习

1. 选择题

（1）打开Animate CC软件，执行“文件>导入>导入到舞台”命令或者按下（　　）组合键，打开“导入”对话框。

A. Ctrl+D　　B.Alt+D

C. Ctrl+R　　D.Alt+R

（2）将位图转换为矢量图时，设置颜色阈值，其数值越高颜色的数量就（　　）。

A. 越多　　B. 越少

C. 不变　　D. 以上都有可能

（3）在Animate CC中导入音频素材，包括（　　）格式。

A. MP3　　B. AU

C. WAV　　D. 以上都行

（4）在“属性”面板中设置音频效果时，下面说法错误的是（　　）。

A.“向右淡出”表示声音从右声道逐渐传至左声道

B.“淡入”表示声音在持续时间内逐渐增强

C.“淡出”表示声音在持续时间内逐渐减弱

D.“无”表示不应用任何声音效果

2. 填空题

（1）将位图转换为矢量图时，在“转换位图为矢量图”对话框中设置角阈值的选项包含________、________和________3个。

（2）在Animate CC中导入AI格式的文件时，在打开对话框中设置文本转换，其中包括________、________和________。

（3）选中需要优化的声音，在“库”面板中单击面板底部的“属性”按钮，即可打开________对话框，单击“压缩”下三角按钮，选择声音的压缩形式。

（4）选中矢量图形，执行________命令，即可将矢量图形转换为位图图像。

3. 上机题

通过本章知识的学习，用户可以将相应的素材图片导入到Animate CC中，并抠取图片中水的部分，制作出水波纹效果。下图是制作过程的参考图片。

第二部分

综合案例篇

综合案例篇共3章内容，主要通过案例的形式对Animate CC在工作中的实际运用和重点知识进行精讲和操作，使读者更加深刻掌握Animate的应用技巧，达到运用自如、融会贯通的学习目的。

第9章 制作新年电子贺卡

本章概述

每逢佳节倍思亲，人们在节假日时的祝福也是多样化的，电子贺卡是比较流行的传达祝福的方式之一。本章将利用导入素材、插入帧、创建动画等功能对制作电子贺卡的操作过程进行详细讲解。

核心知识点

❶ 熟悉图像和声音素材的导入
❷ 掌握插入各种帧的方法
❸ 掌握创建动画的方法
❹ 掌握文本工具的应用
❺ 掌握元件的应用

9.1 电子贺卡简介

科技的发展改变了人与人之间的沟通方式，例如每逢佳节时，亲戚朋友之间很少会互送纸质贺卡，取而代之的是通过互联网发送电子贺卡。电子贺卡是深受人们喜爱的联络感情和互致问候的方式，因为它不仅具有温馨的祝福语言，还有浓郁的感情色彩，是促进和谐的重要手段。

电子贺卡通过电子邮件传递，收件人只需单击即可链接到相关网址观看贺卡。电子贺卡画面丰富，还包含动画和音乐，能够从视觉和听觉刺激收件人，使其能够深深感受到朋友之间最真挚的祝福。电子贺卡主要用于各种节日，如中秋节、端午节以及春节等，其中生日祝福贺卡应用也很普遍。用户也可以制作爱情贺卡，来表达情人之间的爱情。常见的电子贺卡如下图所示。

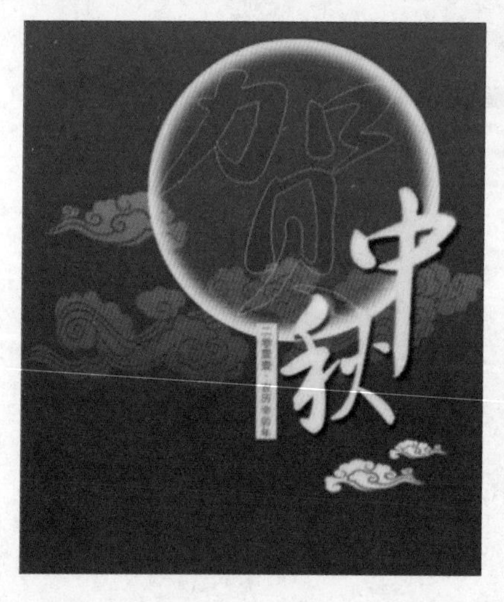

在制作电子贺卡时，可以使用图像、声音等把需要的气氛表达出来，这也需要设计者有丰富的经验和设计水平。设计者在制作电子贺卡时，要具有新颖的创意，色彩要符合气氛，下面介绍电子贺卡制作的设计要求。

- **色彩**：色彩是最有感染力的元素，贺卡的颜色一定要符合应用的场景气氛。如果要展现温馨的氛围，可以使用暖色调，如黄色、橘红色、橙色等。简洁明了的贺卡，则尽量使用纯色。
- **创意**：设计者的创新思维意识决定了贺卡的质量和档次，好的创意给人耳目一新的感觉。
- **动画**：电子贺卡和纸质贺卡最大的区别在于可以制作动画效果，更能体现送祝福人的感情，也能突出贺卡的主题。

9.2 制作放烟花动画

新春佳节，烟花爆竹是人们庆祝节日不可缺少的新年气息，本节将制作电子贺卡中室外小朋友们放烟花的动画，突出迎春节、其乐融融的场景。

9.2.1 导入素材文件

在制作动画之前需要导入相关素材文件，使画面更丰富多彩。下面介绍素材文件的导入以及为导入灯笼创建光晕效果的方法，操作步骤如下。

步骤 01 打开Animate CC软件，首先创建一个空白文档，具体参数设置如下左图所示。

步骤 02 执行“文件>导入>导入到舞台”命令，如下右图所示。

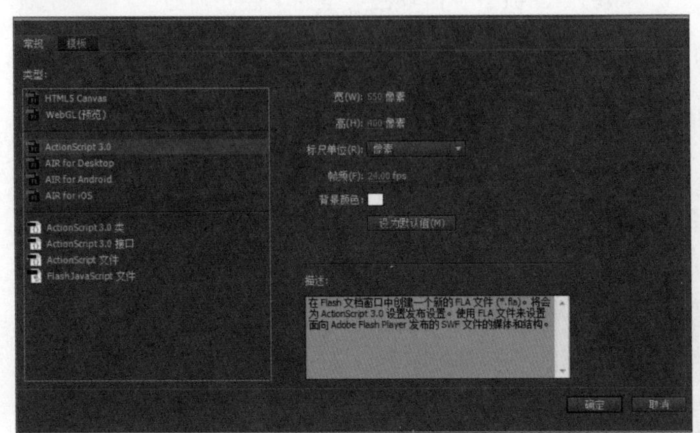

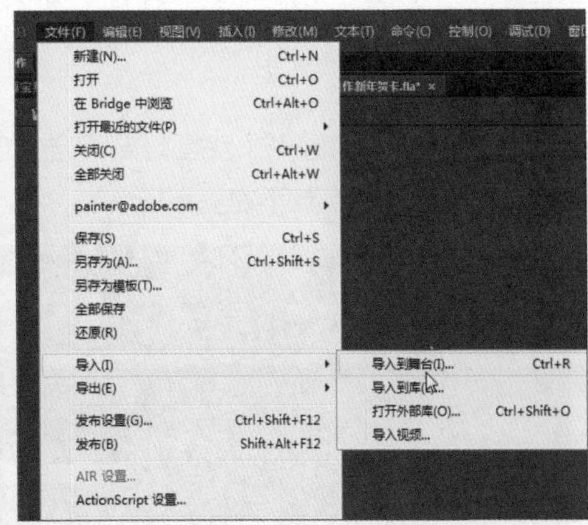

步骤 03 在打开的对话框中按住Ctrl键选中需要的素材，单击“打开”按钮，如下左图所示。

步骤 04 使用任意变形工具调整导入素材的大小和位置，效果如下右图所示。

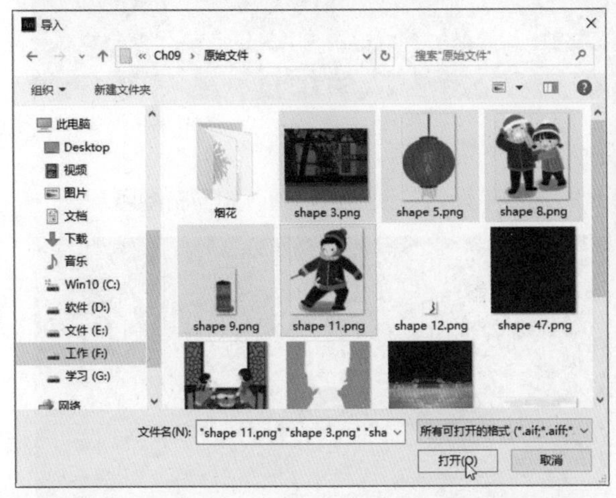

步骤 05 选中任意一个素材，执行“修改>转换为元件”命令，如下左图所示。

步骤 06 按照相同的方法为其他素材创建元件，全选素材并右击，在快捷菜单中选择“分散到图层”命令，如下右图所示。

步骤 07 新建图层，使用椭圆工具绘制圆形。在“颜色”面板中设置颜色类型为“径向渐变”，第一个颜色关键点设置为R:243、G:251、B:0、A:1%，第二个颜色关键点设为R:255、G:51、B:0、A:48%，如下左图所示。

步骤 08 选中绘制的圆形，移至灯笼下方并创建光晕效果，为圆形建立元件，在“色彩效果”选项区域中设置Alpha为66%，如下右图所示。

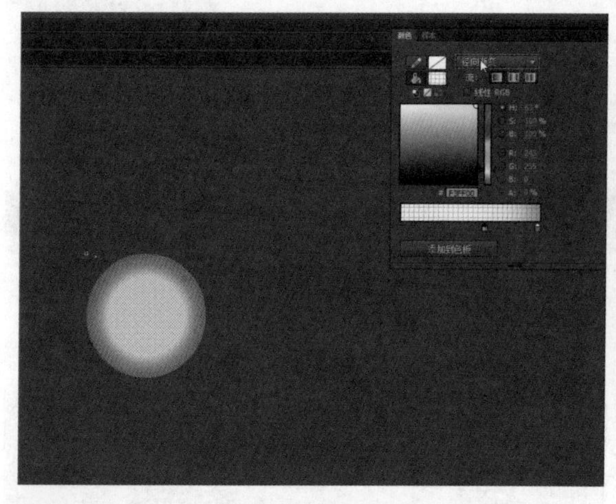

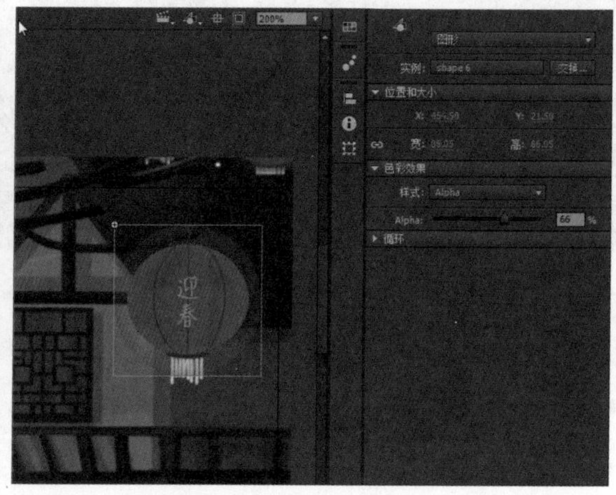

步骤 09 按下F5功能键，将所有图层的帧都延长到第49帧，如下左图所示。

步骤 10 在第49帧为每个图层都创建关键帧，灯笼和灯笼的光晕除外，并锁定这两帧，如下右图所示。

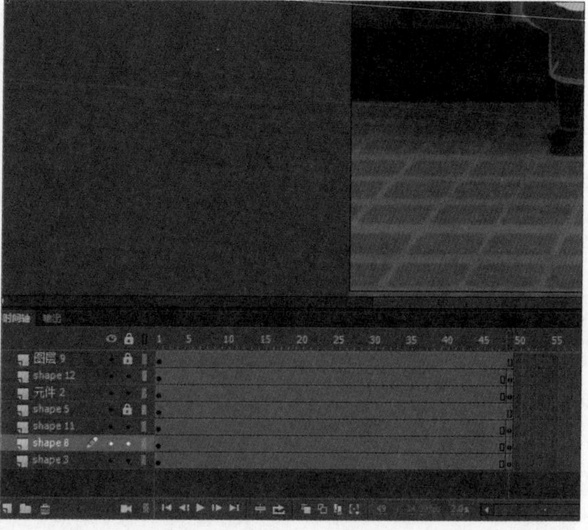

步骤 11 在第49帧按下Ctrl+A组合键执行全选操作，并向下移动一段距离，如下左图所示。

步骤 12 然后在第1到49帧之间创建补间动画，制作一个镜头位移效果，如下右图所示。

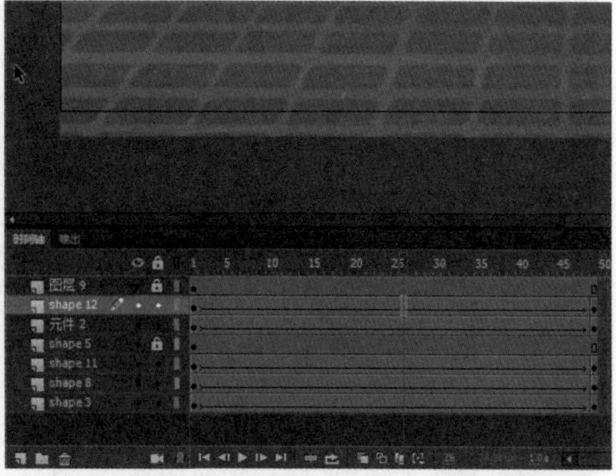

步骤 13 选中灯笼的光晕，为其创建一个元件，并双击进入该元件，如下左图所示。

步骤 14 选中该元件的第20帧，将Alpha值设为26%。在第1到20帧、第20到40帧之间分别创建补间动画。退回场景1，把光晕元件改为“图形”，这样灯笼就有了忽明忽暗的感觉，如下右图所示。

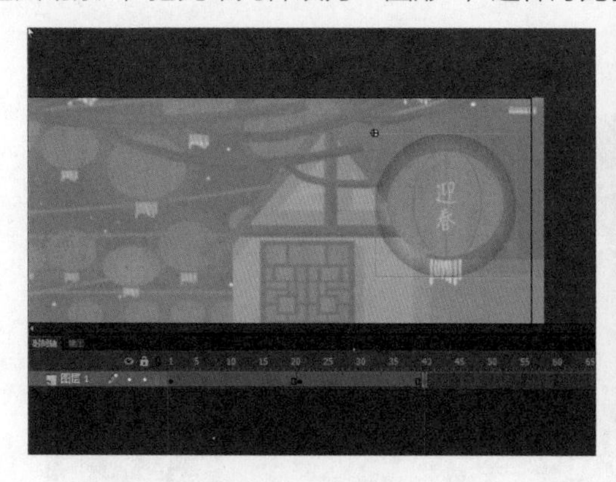

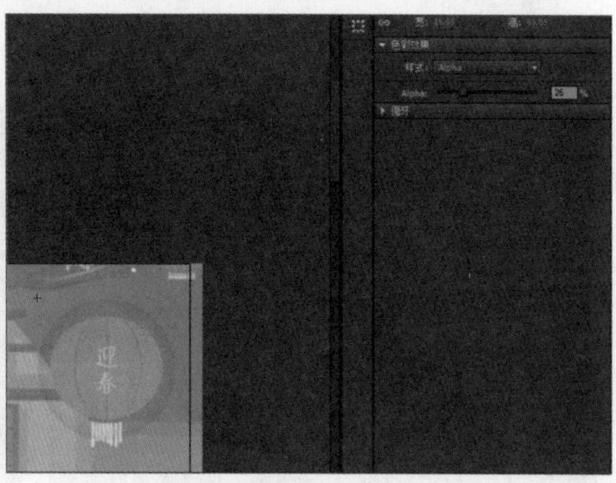

9.2.2 制作外景烟花动画

素材导入完成后，下面将制作新春贺卡中从小朋友为烟花点火、烟花喷放到烟花最后消失在夜空中的动画效果，下面介绍具体操作方法。

步骤 01 续上一案例，新建图层，在第50帧创建元件，在元件中使用逐帧的方法绘制出火苗抖动的效果。退回到场景1，把该元件设置为“图形”。在该层84帧处创建空白关键帧，如下左图所示。

步骤 02 在两个孩子元件所在的层，分别为第65帧和第85帧创建关键帧，如下右图所示。

步骤 03 在第85帧处设置人物两个元件的Alpha值为0，并把元件拖至场景外，如下左图所示。

步骤 04 在人物所在图层，为第65到85帧之间创建补间动画，如下右图所示。

步骤 05 创建新图层，在第88帧处创建关键帧，制作烟花喷出的逐帧动画，然后选择工具箱中的画笔工具，如下左图所示。

步骤 06 用一拍二的速度绘制3帧，并为其创建元件，如下右图所示。

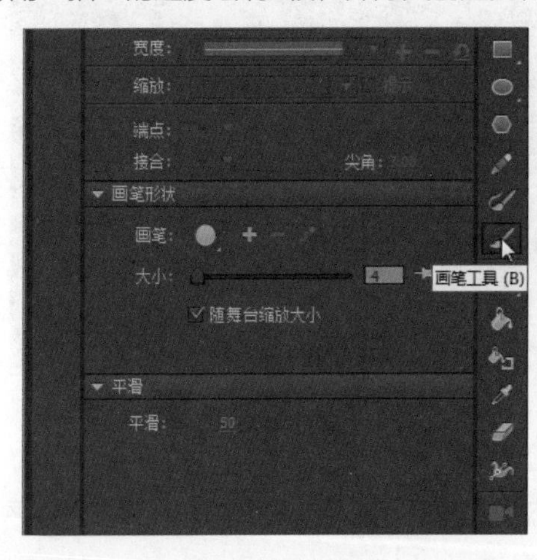

步骤 07 按住Alt键同时使用鼠标拖曳，复制出1个烟花效果，如下左图所示。

步骤 08 再复制1个烟花，直接延续到舞台外，表示烟花已经喷出，如下右图所示。

步骤09 至此，电子贺卡中的烟花动画制作完成，按下Ctrl+Enter组合键查看效果，小朋友放烟花的效果如下左图所示。

步骤10 烟花喷射并逐渐至舞台外的效果，如下右图所示。

9.3 制作欣赏烟花动画

上一节介绍了新年电子贺卡中烟花动画的制作过程，如此美丽的画面是不会缺少欣赏者的。下面介绍在浓厚的节日气氛中家人吃着美食、赏着美景的电子贺卡场景。

9.3.1 制作动画部分

动画部分主要还是制作烟花的效果，首先导入相关素材，然后通过插入帧、创建补间动画等功能完成本案例，下面介绍具体操作方法。

步骤01 继续上一案例，新建图层，在第85帧处创建关键帧，使用矩形工具绘制一个黑色矩形遮盖住整个画面并创建元件，如下左图所示。

步骤02 在第94、97和105帧处分别创建关键帧，并分别在第85到94帧和第97到105帧之间创建补间动画，如下右图所示。

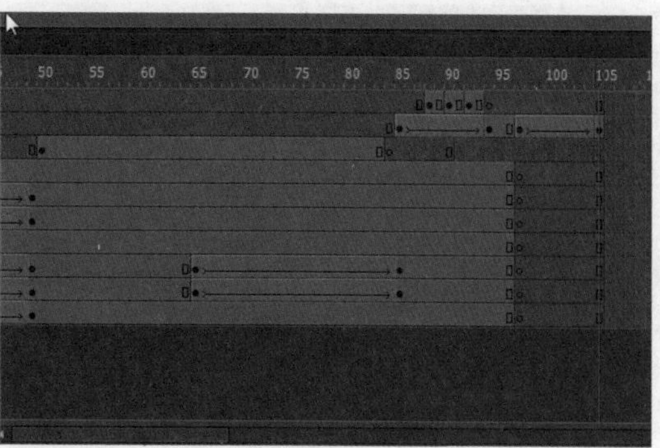

步骤03 在第85帧和第105帧处选中该矩形元件，设置Alpha值为0%，制作一个淡入淡出遮罩，如下左图所示。

步骤04 在淡入图层下新建一个图层，在第97帧处创建空白关键帧，如下右图所示。

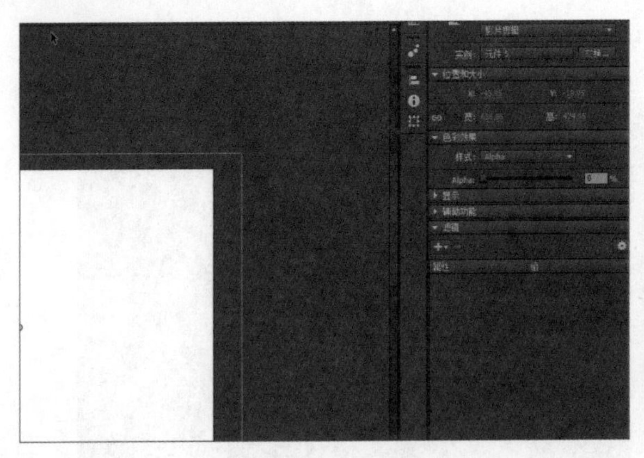

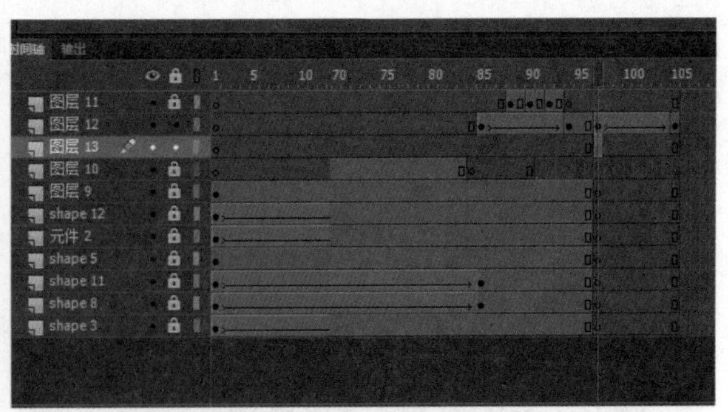

步骤 05 执行“文件>导入>导入到库”命令，打开“导入到库”对话框，把shape 58.png、shape 60.png和shape 47.png素材导入，如下左图所示。

步骤 06 然后再创建两个新图层，把导入到库里的素材分别拖曳到各自图层，并各自创建元件，效果如下右图所示。

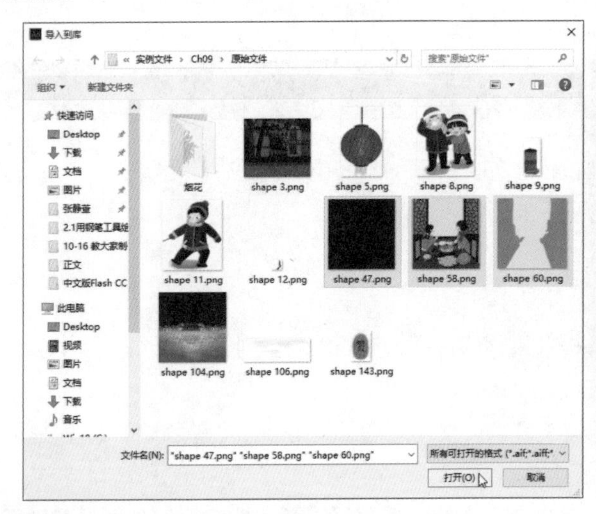

步骤 07 进入shape 60元件里，在第20帧和第40帧处分别创建关键帧，如下左图所示。

步骤 08 在第20帧处选中该元件，在“属性”面板中设置Alpha值为0%，如下右图所示。

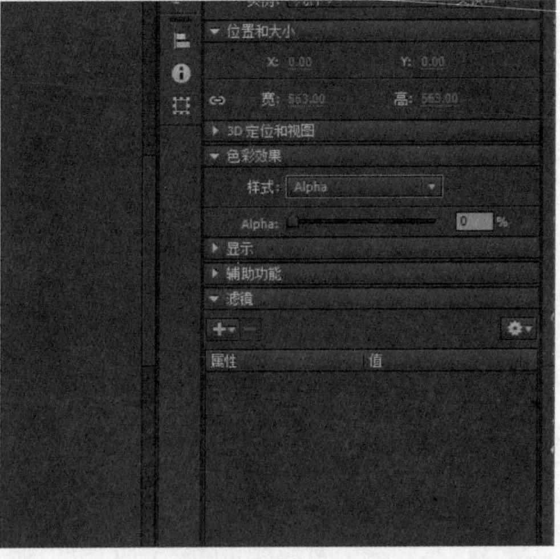

步骤09 分别为第1到20帧和第20到40帧之间创建传统补间，如下左图所示。

步骤10 返回到场景1，在这3个图层的第170帧处创建关键帧，按下Ctrl+A组合键全选并向下移动。然后在这3个图层的第97到170帧之间分别创建补间动画，如下右图所示。

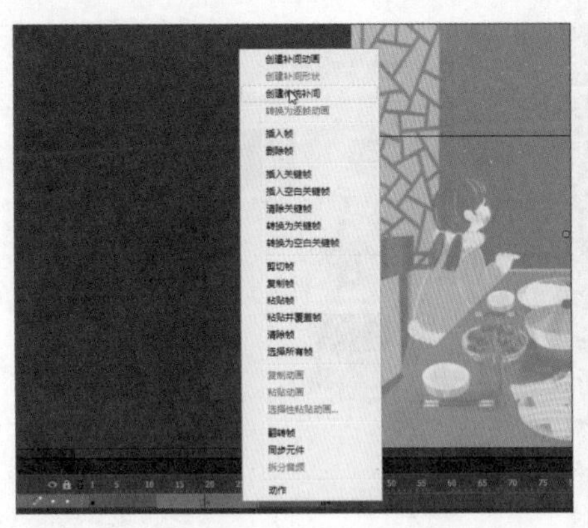

步骤11 在shape 47所在的图层上面创建图层，并锁定其他图层，在第106帧处创建空白关键帧，如下左图所示。

步骤12 创建一个元件，然后导入烟花素材，由于素材是序列的，所以按下Crtl+A组合键全选并直接打开即可，如下右图所示。

步骤13 全选导入的烟花素材并右击，在快捷菜单中选择“分散到图层”命令，可见每个图层都有图片的编号，按照编号顺序组成动画，如下左图所示。

步骤14 返回到场景1，选中烟花元件，在“属性”面板中选择“图形”选项，使用任意变形工具将其缩放到合适的大小，如下右图所示。

步骤 15 多创建几个图层，把烟花元件放在上面，在烟花动画播完的地方创建空白关键帧并禁止该元件循环播放，如下左图所示。

步骤 16 新建图层并放置在最上面，在第160帧创建关键帧，导入相关素材，并创建元件，如下右图所示。

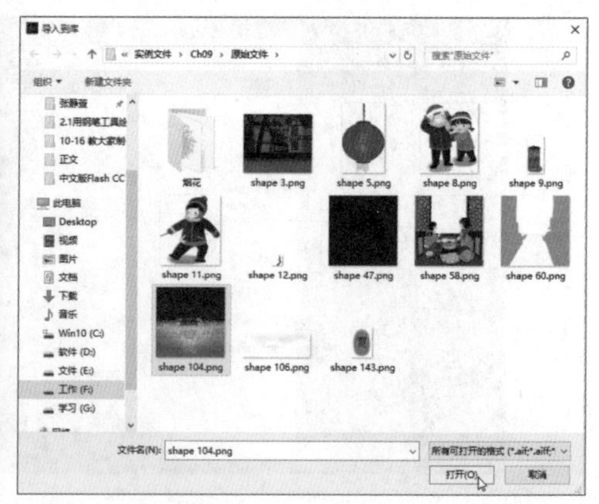

步骤 17 在170帧创建关键帧，选中第160帧处的元件，设置Alpha值为0%，然后在第160到170帧之间创建补间动画，如下左图所示。

步骤 18 在第230帧创建关键帧，并把元件下移，在第170到230帧之间创建补间，做出移动镜头的动画，如下右图所示。

步骤 19 新建图层，在第230帧创建空白关键帧，将图层19和图层20延长到第300帧，如下左图所示。

步骤 20 在第230帧处导入Shape 106.png素材到舞台上，并为其创建元件，如下右图所示。

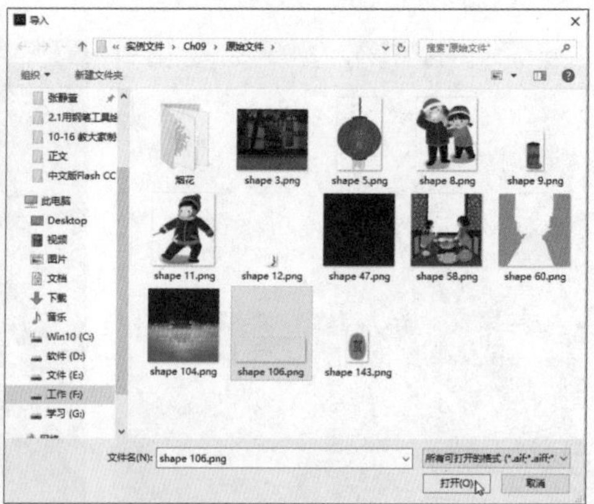

步骤21 双击新创建的元件，在第20帧和第40帧处创建关键帧，如下左图所示。

步骤22 在第20帧处选中元件，设置Alpha值为0%，分别在第1到20帧和第20到40帧之间创建补间动画，如下右图所示。

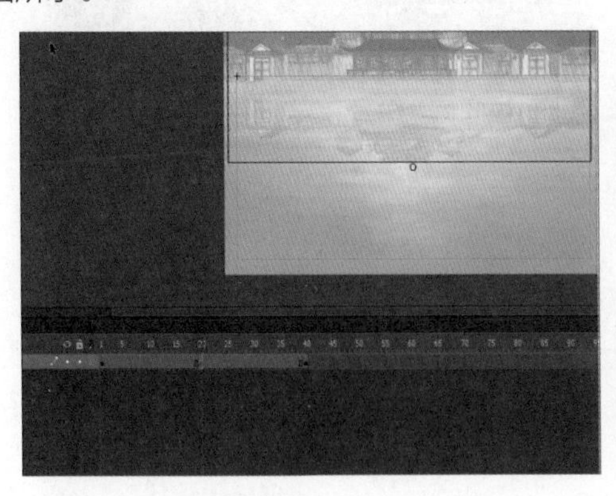

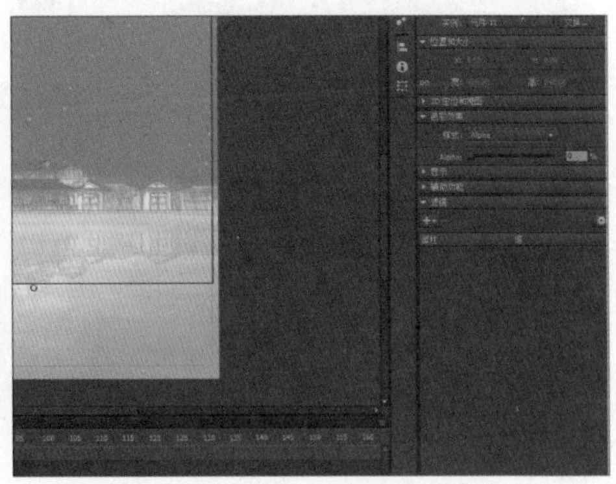

9.3.2 制作新年寄语

辞旧迎新之时，千言万语已经无法表达人们的情感，只能依托祝福的话语。下面介绍制作新年电子贺卡时，为动画添加文字的方法。

步骤01 续上一案例。新建图层，在第10帧创建元件，选择文本工具，在“属性”面板中选择文本方向为垂直并设置文字的属性，如下左图所示。

步骤02 在舞台上输入文字，然后按下Ctrl+B组合键将文字打散，退回到场景1，如下右图所示。

步骤03 分别在第15、45和55帧处创建关键帧后，分别为第10到15帧和第45到55帧之间创建传统补间，如下左图所示。

步骤04 接着设置第10帧和第55帧元件的Alpha值为0%，如下右图所示。

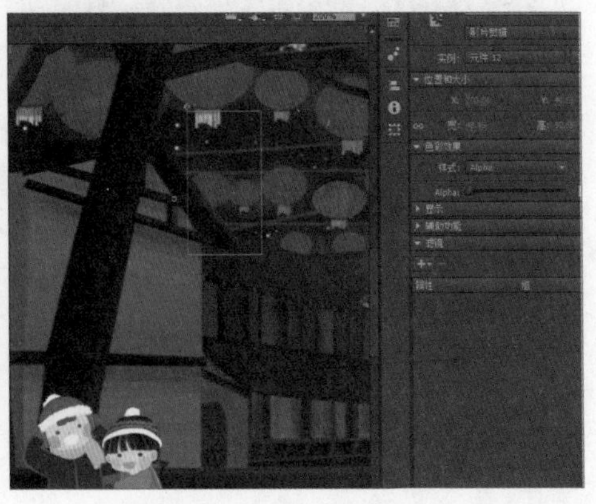

步骤 05 新建图层，在第110帧创建关键帧，使用文本工具输入文字并打散，如下左图所示。

步骤 06 在第115、155和160帧处分别创建关键帧，如下右图所示。

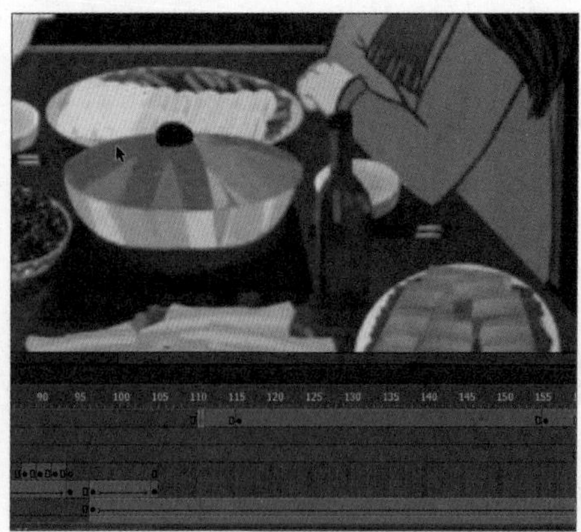

步骤 07 分别为第110到115帧和第155到160帧之间创建补间动画。将第110帧和第160帧处元件的Alpha值设为0%，如下左图所示。

步骤 08 新建图层，在第205帧创建关键帧并创建元件，输入文字并打散。退回到场景1，在第210、265和270帧处分别创建关键帧，如下右图所示。

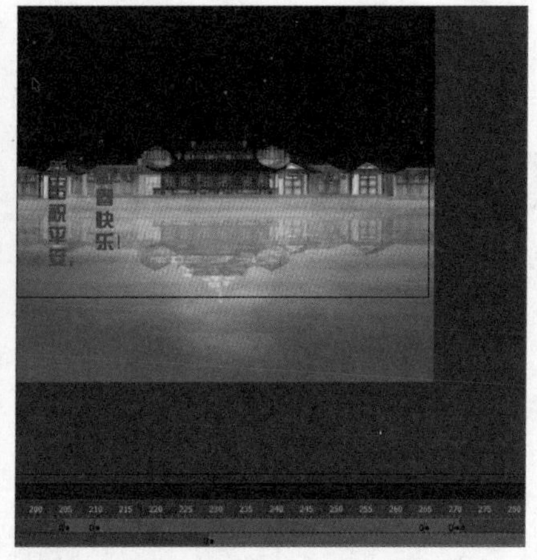

步骤 09 分别为第205到210帧和第265到270帧之间创建补间动画，并把第205帧和第270帧元件的Alpha值设为0%，如下左图所示。

步骤 10 新建图层，执行“文件>导入>导入到库”命令，将音频导入，如下右图所示。

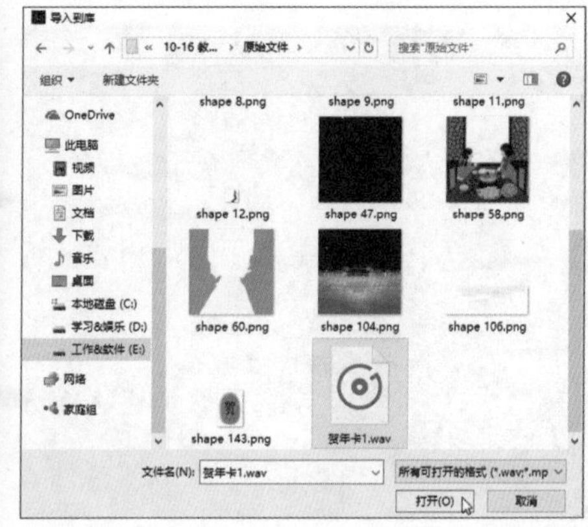

步骤11 在“库”面板中直接将导入的音频素材拖曳到新建图层中，如下左图所示。

步骤12 选中音乐所在的图层，在“属性”面板的“声音”选项区域中将“同步”设置为“数据流”，如下右图所示。

步骤13 至此，完成新年电子贺卡动画的制作，按下Ctrl+Enter组合键进行预览，下左图为外景最终效果。

步骤14 下右图为电子贺卡中室内欣赏烟花的效果。

步骤15 新年电子贺卡动画播放结束的效果，如下图所示。

第10章 制作Banner动画

本章概述

商业Banner动画是网络广告中最常见的广告形式，本章将介绍企业Banner动画的制作方法，将使用Animate的图片处理、动画创建以及遮罩层创建等功能。通过本章内容的学习，使用户可以制作出效果丰富的Banner动画作品。

核心知识点

❶ 了解横幅的标准尺寸
❷ 掌握图片颜色调整的方法
❸ 掌握添加滤镜的方法
❹ 掌握遮罩层的创建
❺ 掌握创建动画的方法

10.1 Banner广告简介

Banner也称为横幅，主要指制作报纸杂志的大标题、各种活动用的旗帜以及最流行的网站的横幅广告。横幅在生活中很常见，打开网络首先看到的就是横幅，各种大小会议悬挂的横幅等。随着电子行业的发展，在各大商场都出现大屏幕的显示器，因此电子横幅也很普遍。下图为联想官网和万科房产的横幅广告。

10.1.1 横幅的标准尺寸

当前网络广告的各种尺寸繁多，这让广告客户在Banner广告的价格和表现形式方面都难以选择。因此，美国交互广告署（IAB）和欧洲交互广告协会（EIAA）联合推出网络广告宣传物的标准尺寸。这些标准尺寸是广告生产者和消费者都能接受的平衡标准。到目前为此，共公布两次标准尺寸，下面介绍于2001年公布的第二次的标准，具体如下。

- 120×600："摩天大楼"形；
- 160×600：宽"摩天大楼"形；
- 180×150：长方形；
- 300×250：中级长方形；
- 336×280：大长方形；
- 240×400：竖长方形；
- 250×250："正方形弹出式"广告。

10.1.2 横幅的设计方法

横幅的设计一般按照以下几种方法。

- **正/倒三角形构图：** 使用正三角形构图，可以使Banner展示的立体感强烈，使重点更突出，空间表现更强烈。正三角形构图给人稳定、安全的感觉。
  使用倒三角形构图，可以突出空间立体感，比正三角形构图更加活泼动感。倒三角形构图方式可以激发设计师的创意感。
- **对角线构图：** 采用对角线构图改变常规的排版方式，比较适合组合展示，其比重相对平衡，具有较强的视觉冲击力。
- **扩散式构图：** 扩散式构图活泼不失重点，次序感强，主要通过运用光晕、射线等图形突出主体，能给人深刻的视觉印象。

10.2 制作企业Banner动画

Banner动画是一种比较常见的广告形式，下面介绍制作企业Banner动画的方法，本案例共包括4个镜头，前3个镜头起抛砖作用，最终引出动画的主要部分。在本案例的制作过程中，先设置导入的图片的色彩，使其符合动画的主色调；再导入声音，刺激观众的听觉，使人在脑海中久久回味着该动画内容，下面介绍具体操作方法。

步骤 01 首先创建一个空白文档，具体参数设置如下左图所示。

步骤 02 执行“文件>导入>导入到舞台”命令，如下右图所示。

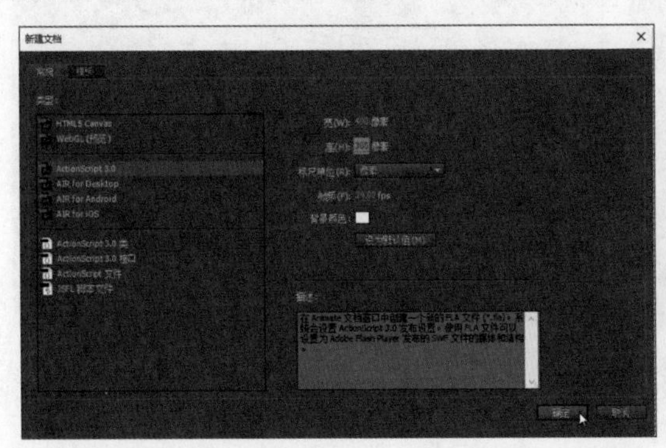

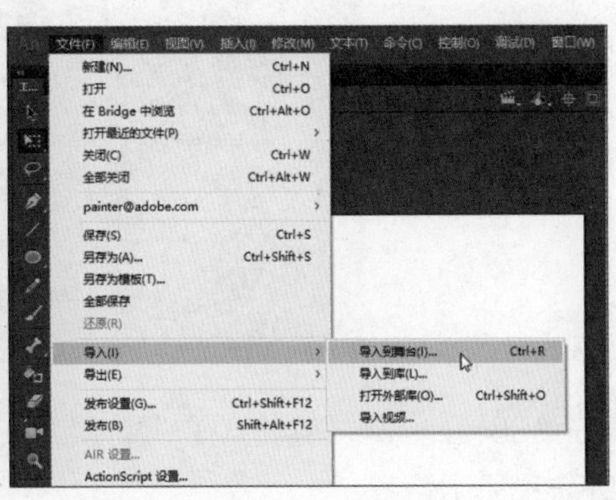

步骤 03 打开“导入”对话框，选择“背景1.gif”素材，单击“打开”按钮，并创建元件，如下左图所示。

步骤 04 选中该元件，单击“属性”面板中“添加滤镜”下三角按钮，选择“调整颜色”选项，然后设置相关参数，如下右图所示。

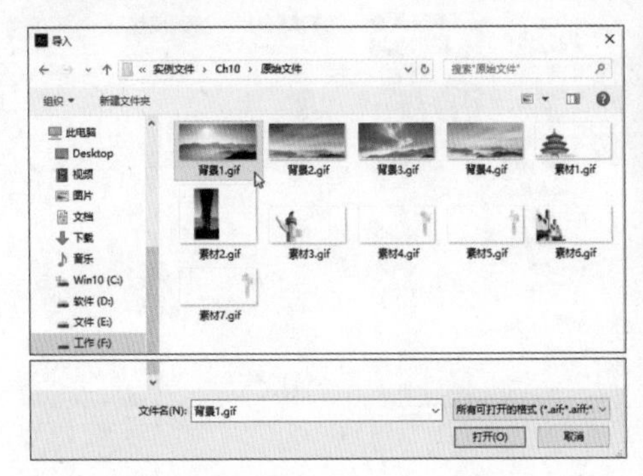

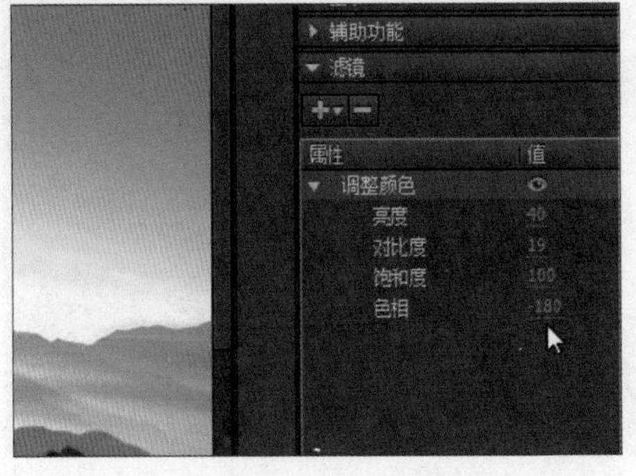

步骤 05 在第48帧创建关键帧，为第1到48帧创建补间动画，如下左图所示。

步骤 06 在第1帧选择该元件，在“属性”面板的“色彩效果”选项区域中设置“样式”为“高级”，然后设置相关参数，如下右图所示。

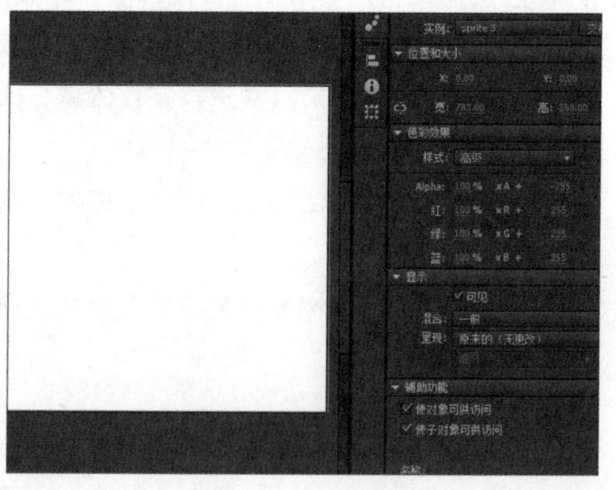

步骤 07 在第13帧创建关键帧，然后在“属性”面板中设置Alpha值为-145、“红”为145、“绿”为145、“蓝”为145，如下左图所示。

步骤 08 在第32帧创建关键帧，然后“属性”面板中设置Alpha值为-34、“红”为34、“绿”为34、“蓝”为34，如下右图所示。

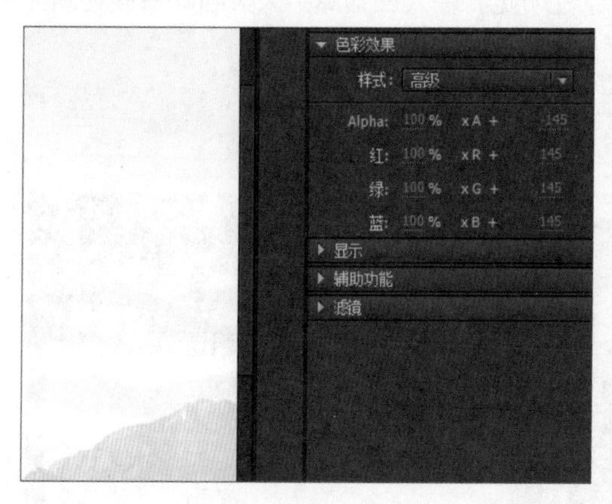

步骤 09 在第35帧处创建关键帧，在“属性”面板中设置Alpha为-25、“红”为25、“绿”为25、“蓝”为25，如下左图所示。

步骤 10 新建图层，在第50帧处创建关键帧。导入素材图片，并为其创建元件，如下右图所示。

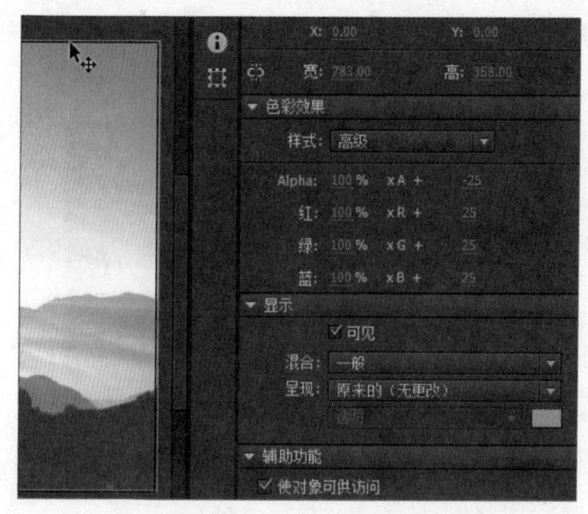

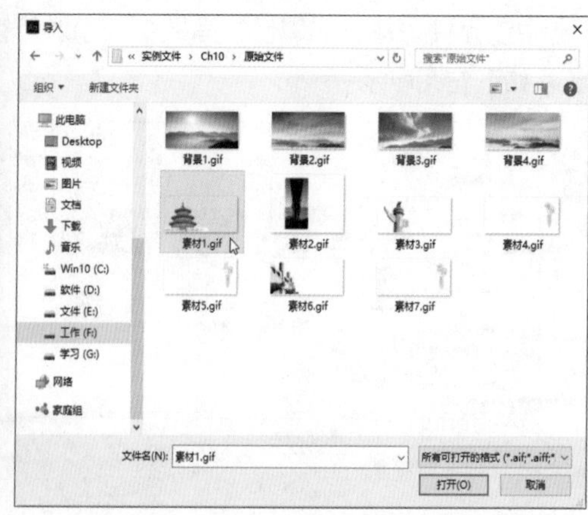

步骤 11 退回场景1，在“属性”面板中选择“样式”为“高级”，设置Alpha值为-255、“红”为255、“绿”为255、“蓝”为255，设置位置的X为-106、Y为91，如下左图所示。

步骤 12 在第105帧创建关键帧，设置“样式”为“无”，将位置Y值改为60。为第50到105帧之间创建补间动画，效果如下右图所示。

步骤 13 新建图层，在第100帧创建关键帧，执行“文件>导入>导入到舞台”命令，将“素材2.gif”导入，如下左图所示。

步骤 14 然后退回场景1，选中该元件，添加调整颜色滤镜，设置亮度值为40、对比度值为19、饱和度值为100，色相值为-180，效果如下右图所示。

步骤 15 新建图层，在第100帧绘制遮罩，并放置在毛笔笔触素材上方的场景外，如下左图所示。

步骤 16 在第115帧处遮盖毛笔笔触，为第100到115帧之间创建形状补间动画，如下右图所示。

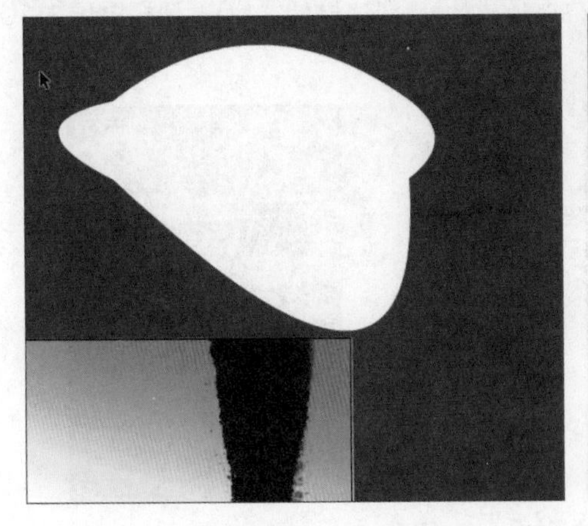
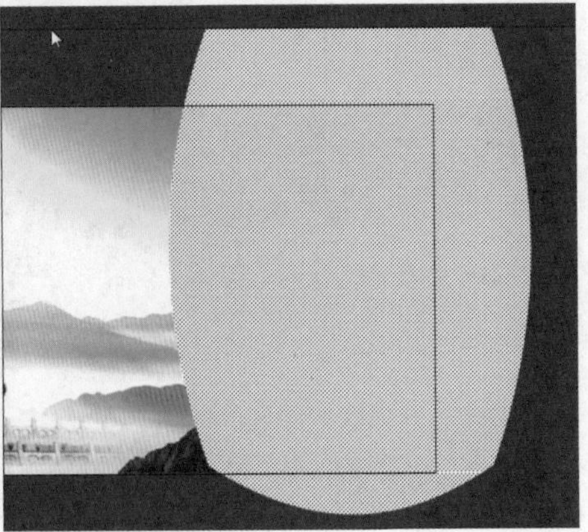

步骤 17 选择该图层并右击，在快捷菜单中选择“遮罩层”命令，并把毛笔笔触的图层拖到遮罩层下方，如下左图所示。

步骤 18 新建图层，在第120帧处导入“文字1.gif”素材，并创建元件，如下右图所示。然后退回到场景1，在第135帧处创建关键帧。

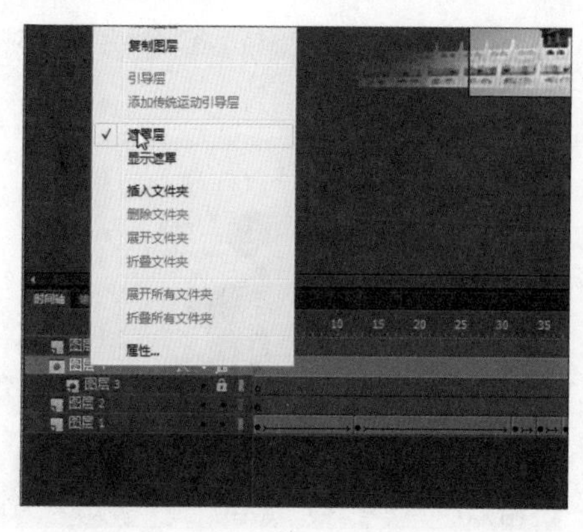

步骤 19 在第120帧处选中该元件，在“属性”面板中设置“样式”为“高级”、Alpha值为-255、“红”为255、“绿”为255、“蓝”为255，并且放大到200%。为第120到135帧之间创建补间动画，如下左图所示。

步骤 20 选择第120到135帧并右击，在快捷菜单中选择“复制帧”命令。新建图层，在第127帧处执行粘贴帧操作，制作出重影文字的特效，如下右图所示。

步骤 21 新建图层，在第220帧创建关键帧，按下Ctrl+R组合键，在打开的对话框中选择“背景2.gif”素材，并创建元件，如下左图所示。

步骤 22 选中该背景元件，添加调整颜色滤镜，设置亮度值为30、对比度值为50、饱和度值为100、色相值为180，如下右图所示。

步骤 23 在第239帧创建关键帧，然后为第220到239帧之间创建补间动画，如下左图所示。

步骤 24 在第220帧选中背景元件，设置“样式”为“高级”、Alpha值为-255、“红”为255、“绿”为255、“蓝”为255，如下右图所示。

步骤 25 新建图层，在第270帧创建关键帧，导入“素材3.gif”图片，调整好导入图片的大小和位置，并创建元件，效果如下左图所示。

步骤 26 在第320帧处创建关键帧，然后在第270到320帧之间创建补间动画，并在第270帧选中该元件，设置Alpha值为-255、“红”为255、“绿”为255、“蓝”为255，如下右图所示。

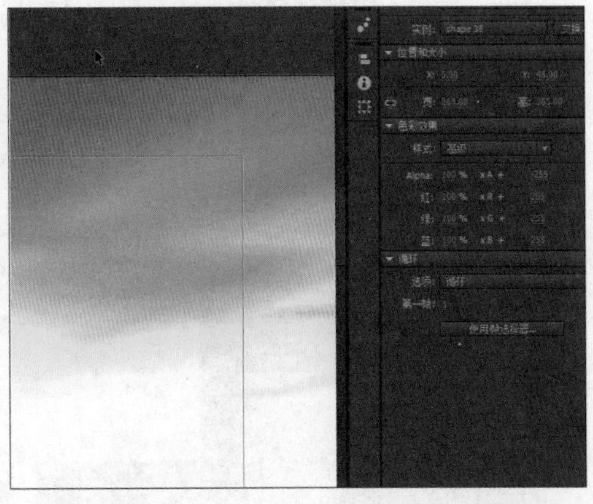

步骤 27 新建图层，在第318帧处创建关键帧，复制之前的毛笔笔触元件，粘贴到当前位置，如下左图所示。

步骤 28 新建图层，把前面的遮罩层的补间动画复制到第318帧处，并改为遮罩层，如下右图所示。

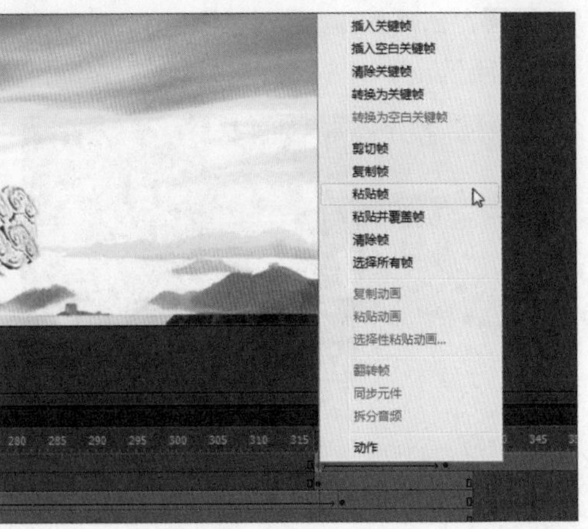

步骤 29 新建图层，在第337帧处创建关键帧。导入“文字2.gif”素材到舞台，并为其创建元件，如下左图所示。

步骤 30 在第353帧处创建关键帧。在第337帧选中该元件，设置“样式”为“高级”、Alpha为-255、“红”为255、“绿”为255、“蓝”为255，在“变形”面板中设置变换为200%，创建补间动画，如下右图所示。

步骤 31 复制为该文字创建的补间动画。新建图层，并粘贴在第344帧处，制造出文字重影的效果，如下左图所示。

步骤 32 新建图层，在第440帧创建关键帧，导入“背景3.gif”素材，并创建元件。在第480帧处创建一个关键帧，如下右图所示。

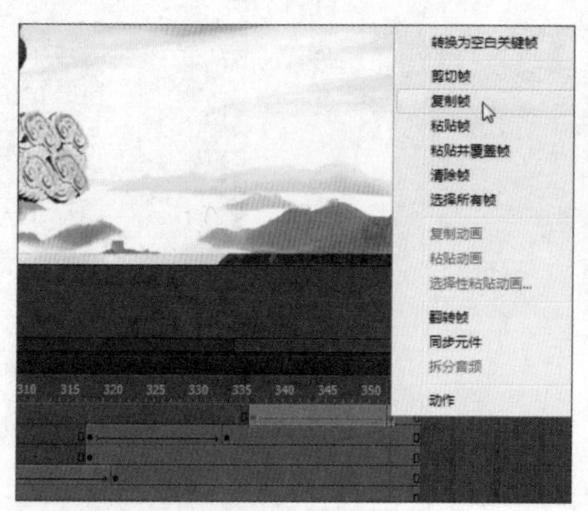

步骤 33 在第440帧处选中该元件，在“属性”面板中设置“样式”为“高级”、Alpha为-255、“红”为255、“绿”为255、“蓝”为255，如下左图所示。然后为第440到486帧创建补间动画。

步骤 34 新建图层，在第490帧导入“素材6.gif”文件并创建元件。在第550帧处创建关键帧，并创建补间动画，如下右图所示。

步骤 35 新建图层，导入“文字3.gif”素材，创建元件。在第558帧和第574帧创建关键帧，在第558到574帧之间创建补间动画，如下左图所示。

步骤 36 选择第558帧上的元件，设置“样式”为“高级”、Alpha为-255、“红”为255、“绿”为255、“蓝”为255，在“变形”面板中设置自由变换为200%，然后创建补间动画，如下右图所示。

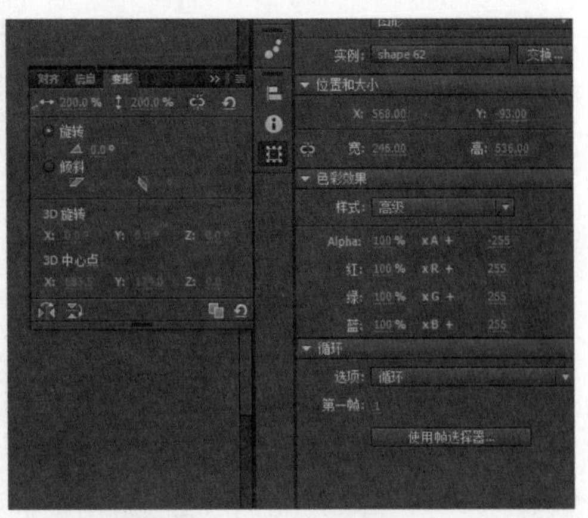

步骤 37 复制该补间动画帧，在第565帧上粘贴帧，制造出重影文字效果，如下左图所示。

步骤 38 新建图层，在第660帧导入“背景4.gif”素材，并创建元件，如下右图所示。

步骤 39 在第660帧先中该元件，添加调整颜色滤镜，设置亮度为0、对比度为60、饱和度为100、色相为180，如下左图所示。

步骤 40 在第660帧处选中元件，在“变形”面板中设置自由变换为160%。在第700帧处创建关键帧，然后创建补间动画，如下右图所示。

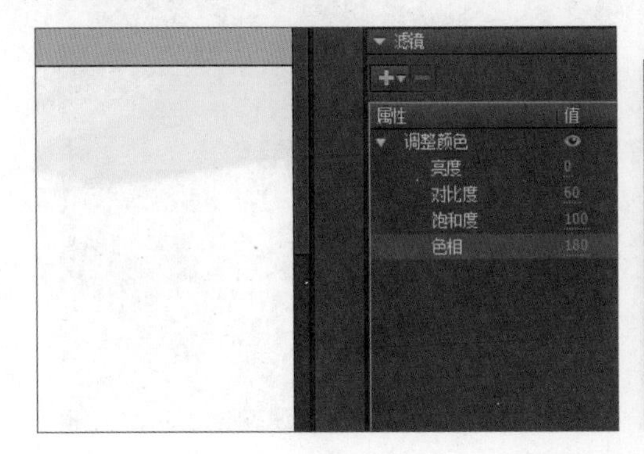

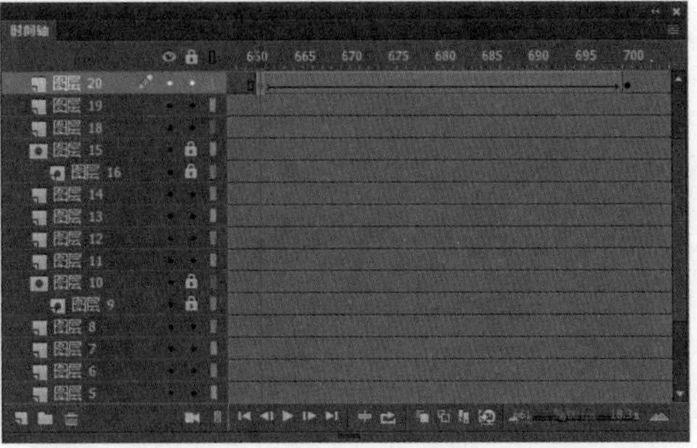

步骤 41 新建图层，在第685帧处创建关键帧，输入Logo和公司名称，并创建元件，设置该元件的Alpha为-255、“红”为255、“蓝”为255、“绿”为255，如下左图所示。

步骤 42 在第685帧选中该元件，在“变形”面板中设置自由变换大小为160%。在第720帧创建关键帧并创建补间动画，如下右图所示。

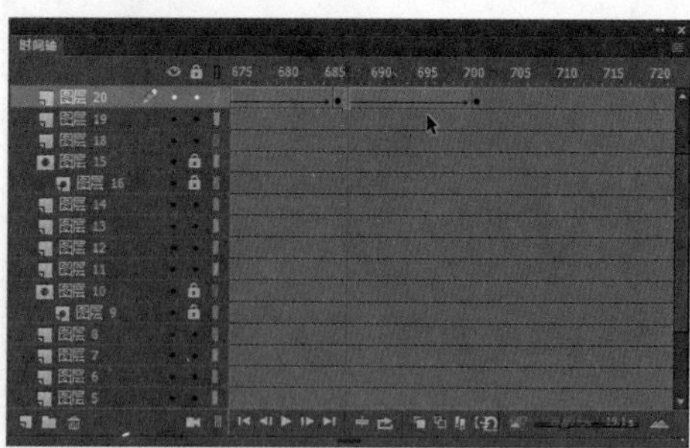

步骤 43 新建图层，在第686帧处输入文字并创建元件，如下左图所示。

步骤 44 在第710帧处将文字元件移到紧贴Logo文字的位置，在第686到710帧之间创建补间动画，如下右图所示。

步骤 45 新建图层，在第686帧绘制一个黑色矩形，为“专业品质，成就辉煌”文字创建遮罩，并转换为遮罩层，如下左图所示。

步骤 46 新建图层，将音乐导入到库中，拖曳至新建图层，在“属性”面板中设置“同步”为“数据流”，如下右图所示。

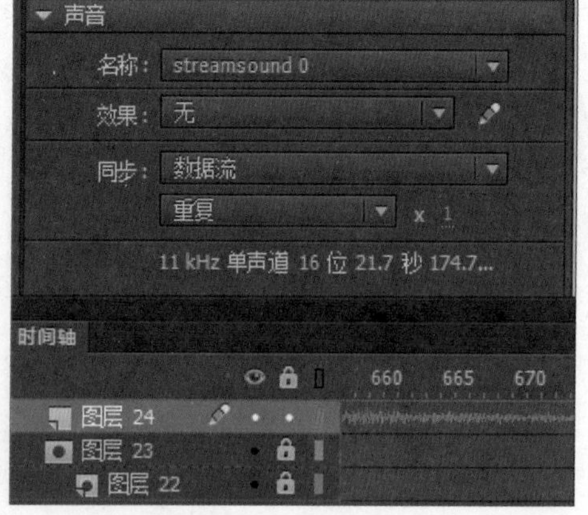

步骤 47 至此，企业的Banner动画制作完成，按下Ctrl+Enter组合键，预览效果。下左图为本案例第1个动画效果。

步骤 48 下右图为本案例第2个动画的效果。

步骤 49 下左图为本案例第3个动画的效果。

步骤 50 下右图为本案例第4个动画的效果。查看效果满意后，可将其导出保存。

第11章 制作MG动画

本章概述

MG动画融合了平面设计、动画和影视等诸多元素，随着科技发展，MG动画的应用也越来越广泛。本章以G20峰会为题材，介绍MG动画的制作过程。通过本章学习，使用户掌握制作动画的技巧，之后可以尝试制作不同种类的MG动画。

核心知识点

1. 了解MG动画的应用
2. 掌握各种工具的用法
3. 掌握元件的应用方法
4. 掌握制作弹性效果的技巧

11.1 MG动画简介

Motion Graphics简称MG动画，也称为图形动画或动态图形，是一种融合了动画的运动规律，将视频设计、多媒体CG设计以及平面设计等信息巧妙地结合到一起的微型综合体。MG动画属于影像艺术，简单解释就是设计会动的图形。下图为某银行业务展示的MG动画效果。

11.1.1 MG动画应用领域

MG动画融合了平面设计、动画设计和电影语言，表现的形式多种多样，包容性强，能和各种表现形式以及艺术风格搭配。所以其应用领域主要集中在电影电视片头、MV、商业广告、节目频道包装以及现场舞台屏幕等方面。

11.1.2 MG动画的历史

随着动态图形技术的完善，MG动画在如今的工作生活中已经随处可见。MG动画的发展历史可以追溯到1960年，在美国有位著名动画师约翰·惠特尼，他创立了名为Motion Graphics的公司，在当时主要通过机械模拟计算机技术制作电影电视片头及广告。约翰·惠特尼最著名的作品是在1958年和著名设计师索尔·巴斯合作，为希区柯克电影《迷魂记》制作的片头。

在80年代，随着彩色电视和有线电视技术的兴起，为了区分有线电视网络的固有形象，后起的电视频道纷纷开始使用动态图形作为树立形象的宣传手段。

在90年代，基利·库柏将印刷设计中的手法用在动态图形设计中，从而把传统设计与数字技术结合在一起，他最具代表性的MG动画作品是为《七宗罪》设计的片头。

11.2 制作杭州G20峰会MG动画

G20是一个国际经济合作论坛，2016年9月4日，于中国杭州召开的G20峰会主题为“构建创新、活力、联运、包容的世界经济”。本章将介绍制作杭州G20峰会MG动画的方法。

11.2.1 制作MG动画首页

首先制作MG动画的首页，要求简洁明了，能够突出主题。在制作过程中使用简单的图形和少量色调作为背景，使其稳重而不失灵活，再以文字突出动画的内容，具体操作方法如下。

步骤 01 首先创建一个空白文档，尺寸为1920×1080像素，如下左图所示。

步骤 02 执行“插入>新建元件”命令，打开“创建新元件”对话框，设置元件类型为“图形”，单击“确定”按钮，如下右图所示。

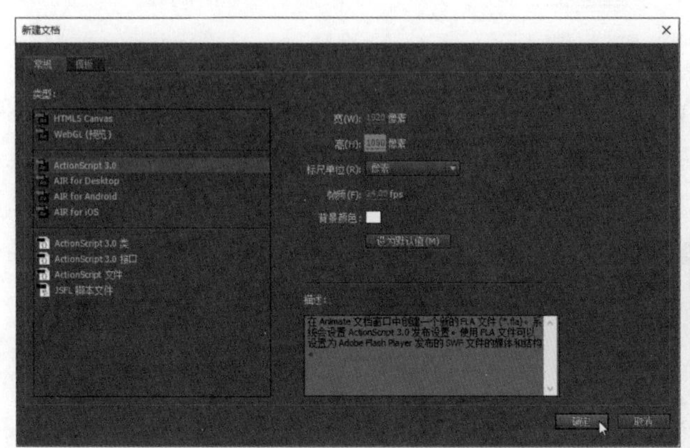

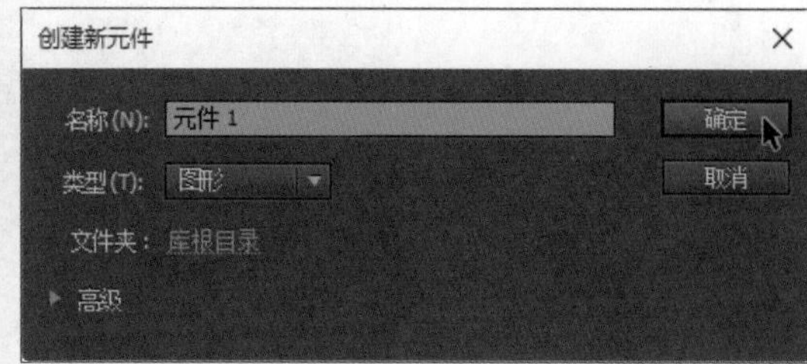

步骤 03 使用矩形工具绘制1920×1080的矩形，如下左图所示。

步骤 04 新建图层，绘制一个中黄色矩形，并创建元件。在第8帧创建关键帧，如下右图所示。

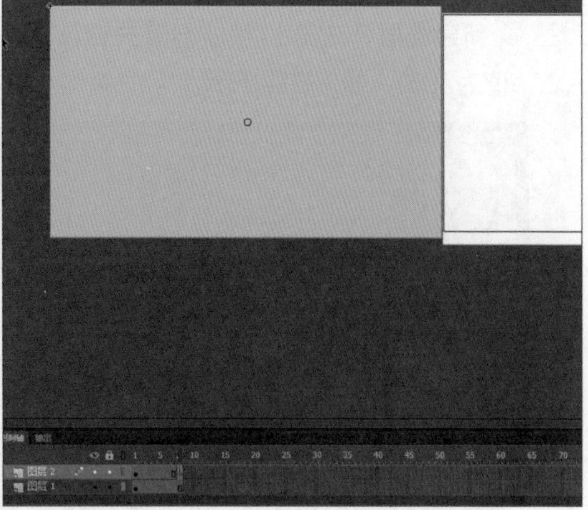

步骤 05 在第1到8帧创建传统补间动画，在第8帧把矩形元件完全覆盖在场景上，如下左图所示。

步骤 06 新建图层，在第12帧创建关键帧，使用椭圆工具绘制一个很小的纯白色圆形并创建元件，如下右图所示。

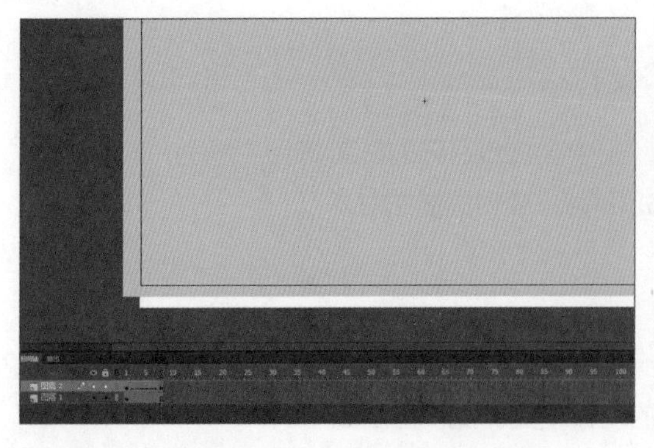

步骤07 选中绘制的圆形，在“属性”面板的“色彩效果”选项区域选择“样式”为Alpha，设置该值为20%，效果如下左图所示。

步骤08 在该层第16帧和第19帧分别创建关键帧，在第16帧处把圆形放大，效果如下右图所示。

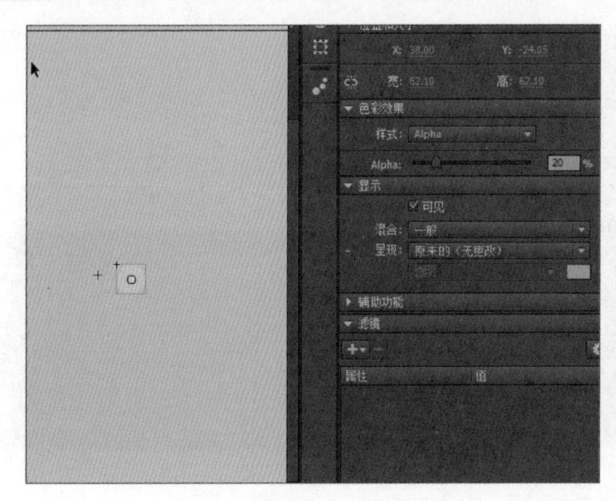

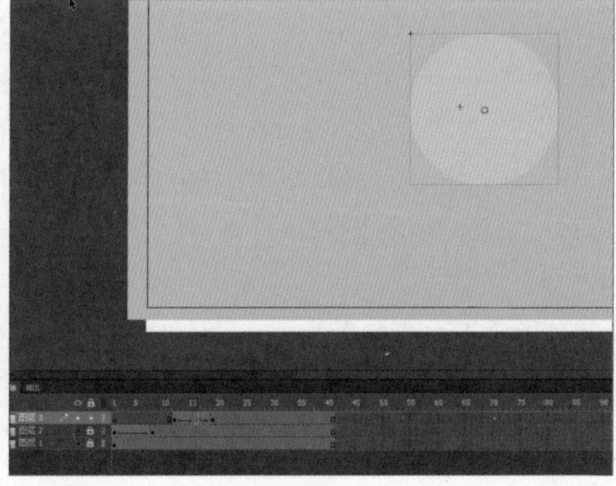

步骤09 在第19帧把圆形缩小并移至场景中央。在第12到19帧之间创建补间动画，为圆形制作从小变大入镜的弹性效果，如下左图所示。

步骤10 新建图层，在第17帧处创建关键帧，绘制小的纯白色圆形并创建元件。在“属性”面板中设置Alpha值为20%，如下右图所示。

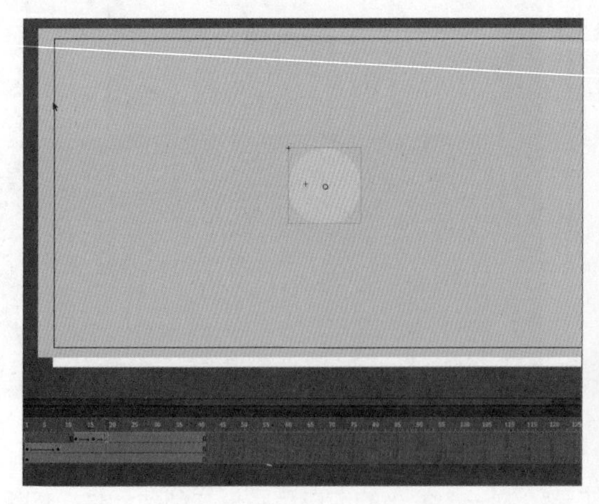

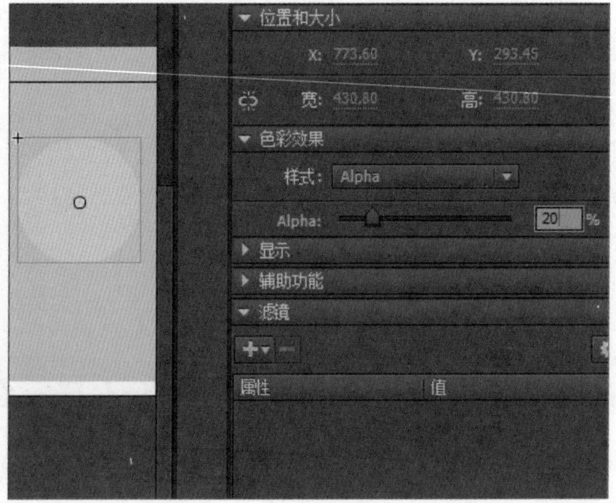

步骤11 在第21帧和第24帧处分别创建关键帧，并在21帧处把圆形放大，如下左图所示。

步骤12 在第24帧处把圆形缩小一些，为第21到24帧之间创建补间动画，如下右图所示。这样设置可以体现MG动画弹性和层次的特点。

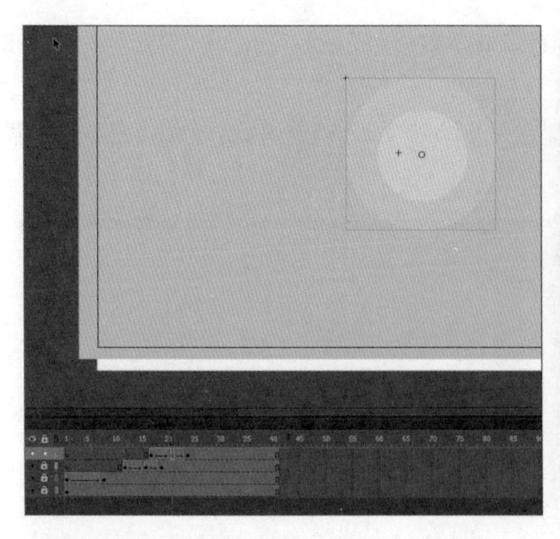

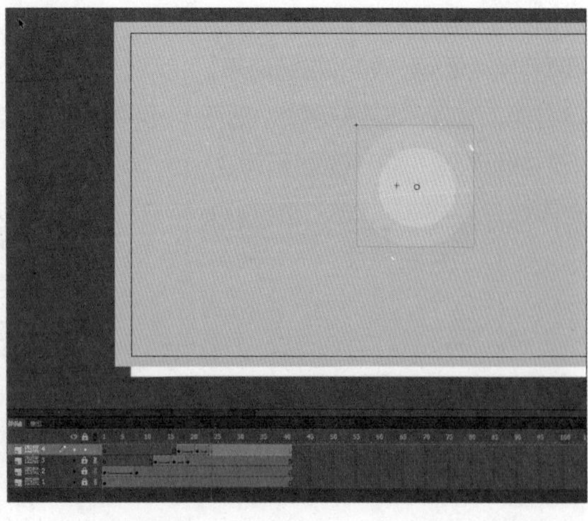

步骤13 新建图层，在第22帧处绘制一个圆形，在第27帧和第30帧创建关键帧，并制作一个圆形作为最外圈，效果如下左图所示。

步骤14 新建图层，在第27帧处创建关键帧，使用线条工具分别绘制4条曲线。执行“修改>形状>将线条转化为填充”命令，填充不同的颜色，效果如下右图所示。

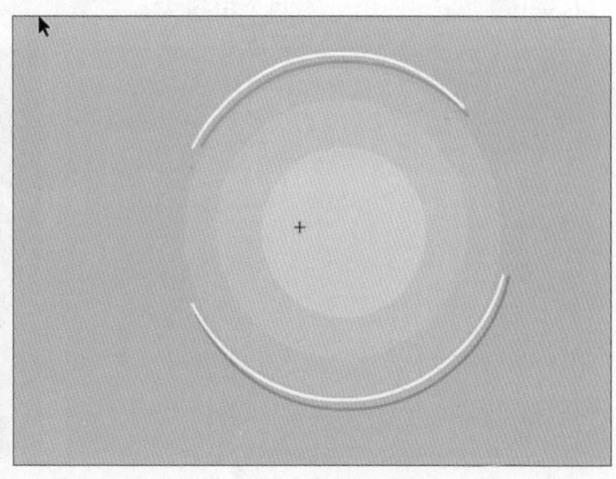

步骤15 在第29帧、第31帧和第33帧处分别创建关键帧，然后在每一个关键帧上删去一小段曲线，在第33帧处留下一点线端，如下左图所示。

步骤16 框选这3个关键帧并右击，在快捷菜单中选择“翻转帧”命令，制作出一个点变线的动画效果，如下右图所示。

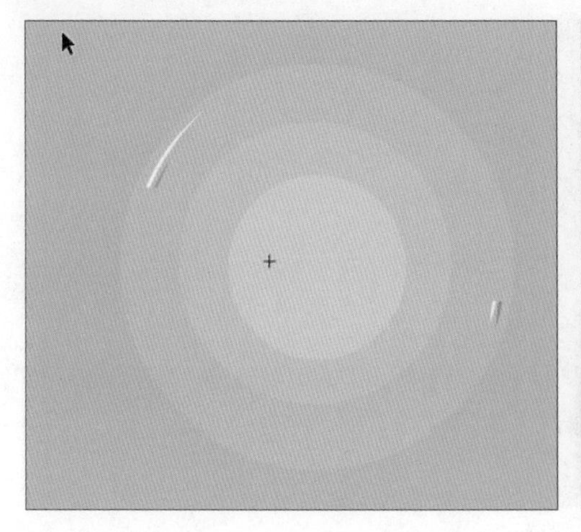

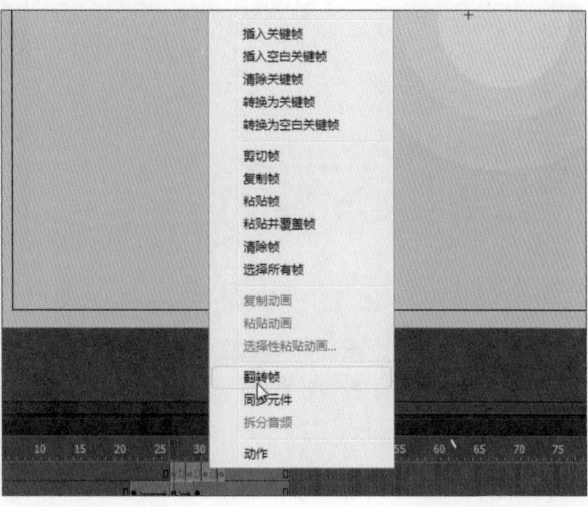

步骤 17 新建图层，使用文本工具输入文字，并按下Ctrl+B组合键将其打散。将上下两段文字分成两个元件并分散到两个图层，如下左图所示。

步骤 18 在第27帧处创建关键帧，把两个元件分别移到舞台两侧，在第35帧处进场，然后为第27到第35帧之间创建补间动画，如下右图所示。

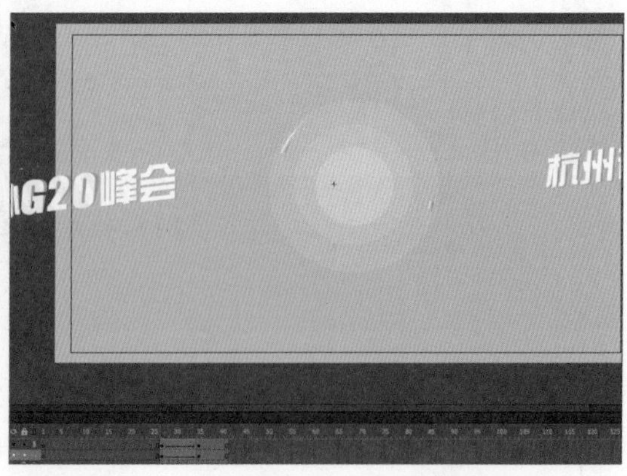

步骤 19 新建图层，在第45帧处使用线条工具绘制一个三角形，并填充蓝色，如下左图所示。

步骤 20 在第50帧处把三角形的两个角拉大，在第45到50帧之间创建形状补间，如下右图所示。

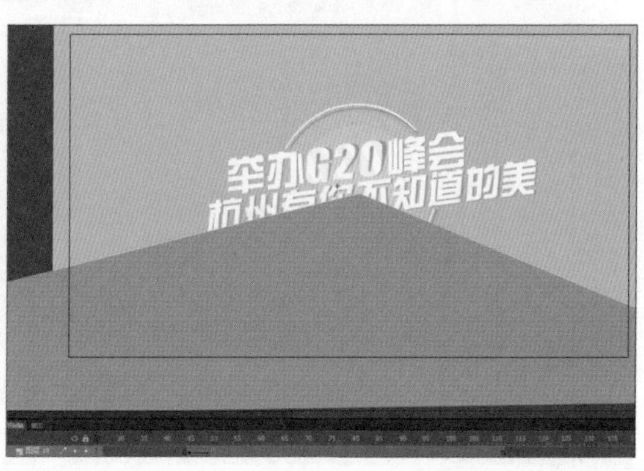

步骤 21 新建图层，在第50帧处创建关键帧并绘制颜色稍深的三角形，在第54帧处创建关键帧，并创建形状补间，如下左图所示。

步骤 22 在"时间轴"面板中将这两个图层移动到透明圆形所在图层之下、黄色矩形图层之上，如下右图所示。

步骤 23 新建图层，创建一个元件，复制之前创建圆形出场的动作帧，粘贴到新元件中。单击“编辑多个帧”按钮，选中所有关键帧，在“属性”面板中设置“样式”为“色调”，设置颜色为蓝色，效果如下左图所示。

步骤 24 退回到场景1，把圆形元件设置为“图形”。新建元件，根据相同的方法制作一个黄色圆形元件，然后复制出两个，利用自由变换工具将元件调整大小不一的效果。利用关键帧制作出圆形不同时间入场的效果，如下右图所示。

步骤 25 将时间控制在100帧。退回场景1，在“时间轴”延长到第100帧，并且把元件改为“图形”，如下左图所示。

步骤 26 至此，MG动画首页制作完成，效果如下右图所示。

11.2.2 制作MG动画主体

下面我们介绍MG动画主体部分的制作方法，本案例围绕G20峰会在杭州举办的特点，主要从杭州的环境、交通、科技、人文、经济等方面制作不同的镜头效果。

在制作杭州G20峰会MG动画主体时，主要使用各种绘图工具元件以及动画等功能，具体操作方法如下。

步骤 01 继续上一案例。新建图层，在第92帧处创建关键帧，新建元件并命名为“镜头2-1”，双击进入元件，如下左图所示。

步骤 02 绘制一个蓝色矩形，尺寸为1920×1080，创建元件并放在其右下角，在第7帧处把该矩形覆盖到场景上，为第1到7帧之间创建补间动画，如下右图所示。

步骤 03 新建图层，在第3帧创建关键帧并制作1920×1080的仿青色矩形，放在右下角。在第9帧处覆盖场景，为第3到9帧创建补间动画，如下左图所示。

步骤 04 新建图层，在第9帧处创建关键帧，绘制白色的矩形并稍微旋转作为场景，如下右图所示。

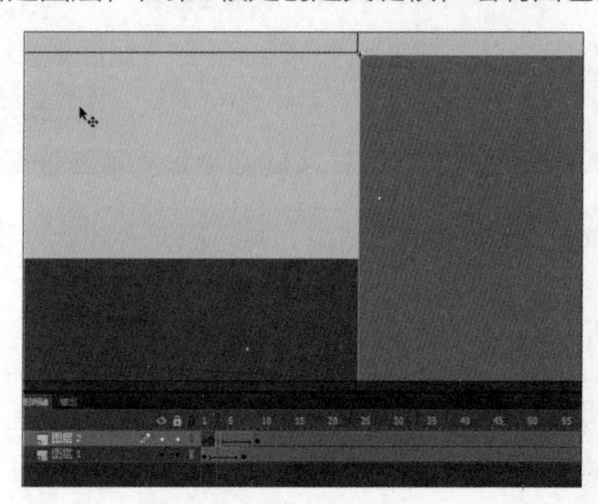

步骤 05 新建图层，绘制热气球、云彩和鸟图形并填充颜色，并分别创建元件，然后按下Ctrl+A组合键全选图形，最后创建元件并命名为“镜头2-2”，如下左图所示。

步骤 06 在第14帧创建关键帧，把轴点移至最上面。在第20帧处把元件向上缩放，并在第23帧处还原尺寸，为第20到23帧之间创建补间动画，如下右图所示。

步骤 07 新建图层，绘制一个人物，在第32帧将该画面移至舞台外的左侧，在第39帧移至舞台中，然后为第32到39帧之间创建补间动画，如下左图所示。

步骤 08 在第42帧和第45帧处将人物向左稍微移动，制作出横向回弹动作，并创建补间动画，效果如下右图所示。

步骤 09 新建图层，绘制另一个人物。在第49帧将人物移到舞台外右侧，在第56帧处移到舞台内，在第59帧和第62帧制作横向回弹动作，并创建补间动画，如下左图所示。

步骤 10 新建图层，在第67帧处创建关键帧，绘制中国地图，并创建元件，效果如下右图所示。

步骤 11 新建4个图层，分别绘制4个标识符元件并放在4个图层中，分别在第69帧、第77帧、第86帧和第97帧创建弹性出场的效果，如下左图所示。

步骤 12 新建图层，在第116帧处输入文字，并创建关键帧，制作弹性出场的效果，如下右图所示。

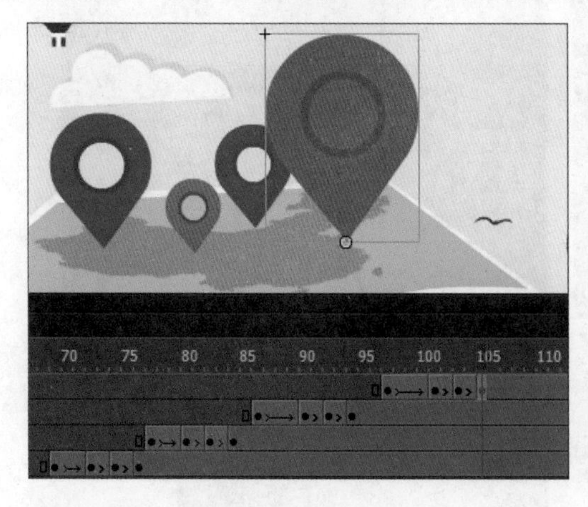

步骤 13 新建图层，在第116帧创建关键帧。创建一个元件并绘制圆形。在该图层下方新建图层，并导入素材图片。右击圆形所在图层，在快捷菜单中选择“遮罩层”命令，如下左图所示。

步骤 14 根据相同的方法为该元件制作弹性入场效果，如下右图所示。

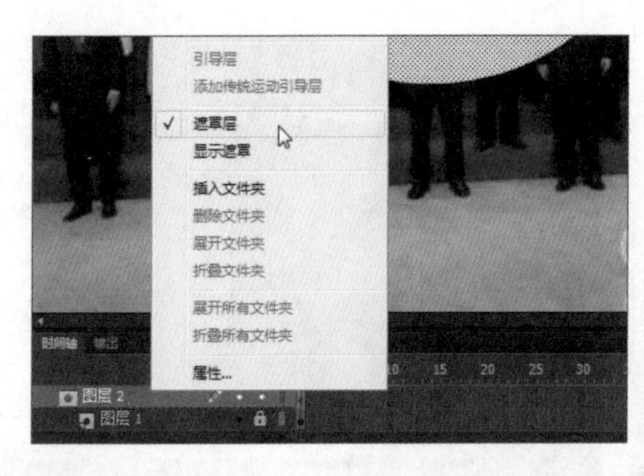

步骤 15 新建图层，在第159帧创建关键帧，使用文本工具输入文字，并创建元件，为其制作一个弹性入场效果，如下左图所示。

步骤 16 退回“镜头2-1”元件，复制图层2的补间动画，新建图层，在第9帧处粘贴帧，并设置为遮罩层，如下右图所示。

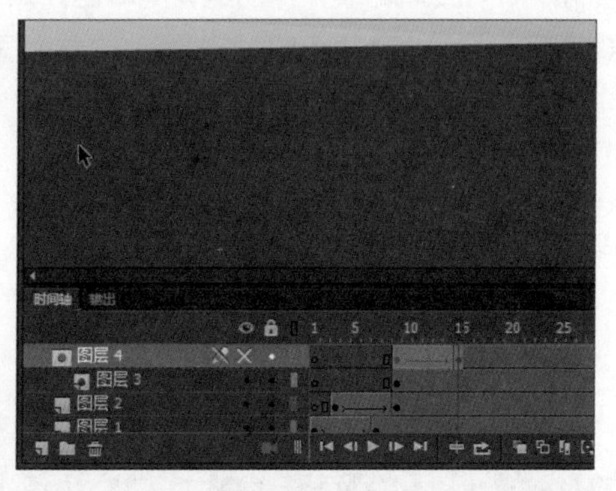

步骤 17 新建图层，在第350帧处创建关键帧，并创建元件，制作3个色块，分别放在3个图层，使其错开时间，从上到下入场，如下左图所示。

步骤 18 复制3个色块，然后退回“场景1”，在第375帧创建关键帧，按下Ctrl+Shift+V组合键粘贴到当前位置。全选3个色块并创建元件，如下右图所示。

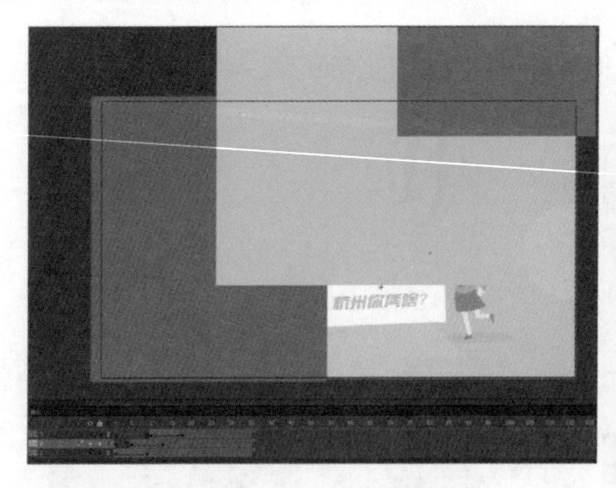

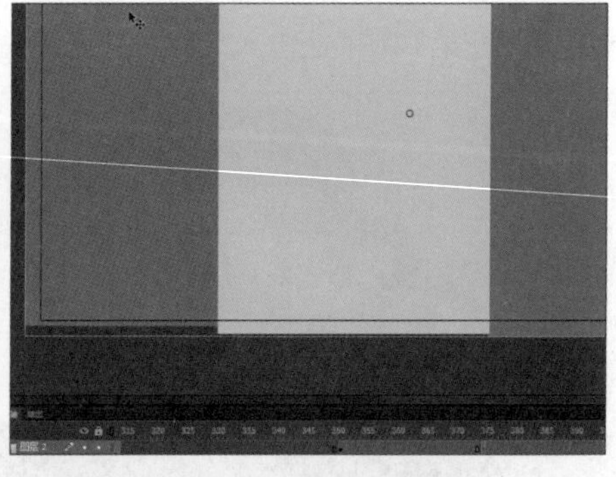

步骤 19 双击进入色块的元件内，新建图层，绘制一个不规则色块，宽度为1080，如右图所示。

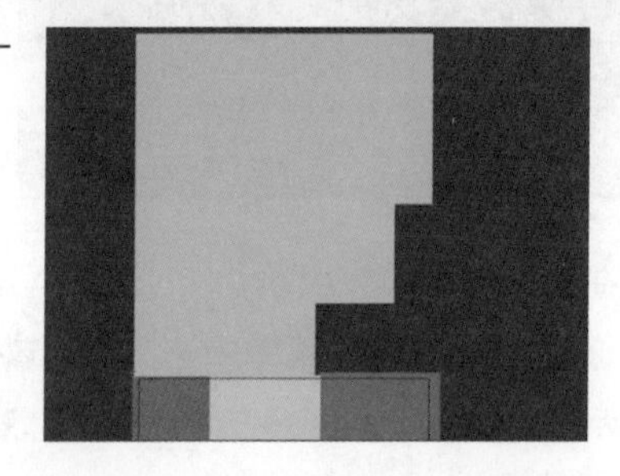

步骤 20 在第14帧将不规则图形移到场景里，并完全遮挡住整个屏幕，如下左图所示。

步骤 21 隐藏该层，在该图层下面新建图层，并创建名为“杭州”的元件，双击进入该元件，在第1帧处绘制一个太阳、云彩、天空和海的场景，如下右图所示。

步骤 22 新建图层，在第10帧创建关键帧并绘制一个楼房，创建元件。在第20帧创建关键帧，并回到第10帧把该元件缩小，底边贴紧地平线，在第10到第20帧之间创建补间动画，如下左图所示。

步骤 23 新建图层，在第22帧创建关键帧，绘制一个宝塔和树，并创建元件。在第28帧创建关键帧，并把第22帧处的元件缩小，紧贴地平线，为第22到28帧之间创建补间动画，如下右图所示。

步骤 24 新建3个图层，在第45帧处创建关键帧，绘制亭子、楼房和三座石塔。在第55帧处创建关键帧，在第45帧处分别缩小3个元件，为第45到第55帧之间创建补间动画，如下左图所示。

步骤 25 新建图层，在第115帧处创建关键帧，使用文本工具输入文字并打散，创建元件。在第130帧处创建关键帧，并在第115帧处把该元件移出镜头外，为第115到第130帧之间创建补间动画，如下右图所示。

步骤 26 退回至不规则图形元件，将该图层设置为遮罩层，如下左图所示。

步骤 27 选中“杭州”元件，在第168帧处创建关键帧。在第175帧处创建关键帧，并在第175帧处将“杭州”元件向左移出镜头，如下右图所示。

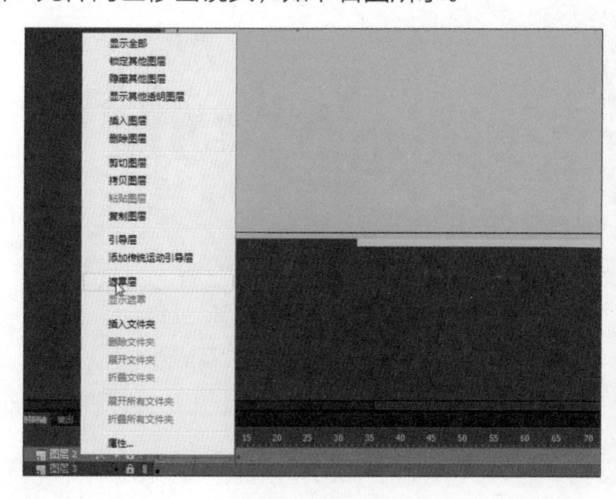

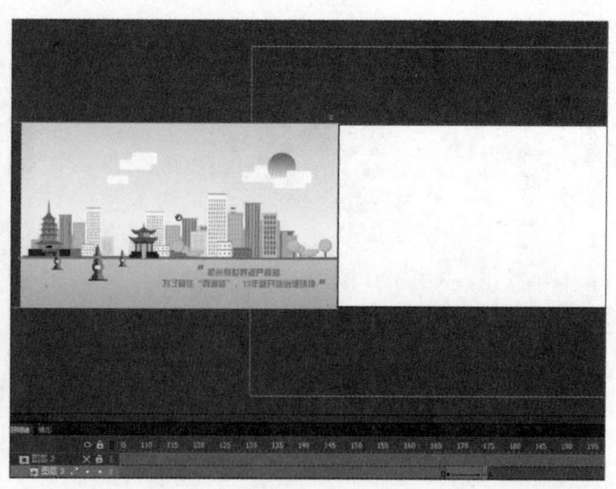

步骤 28 新建图层，在176帧处创建关键帧，新建元件并双击进入元件内部，绘制一个场景，如下左图所示。

步骤 29 新建图层，在第11帧处创建关键帧，绘制楼房并创建元件，如下右图所示。

步骤 30 在第23帧处创建关键帧，把第11帧上的元件缩小，在第11到第23帧之间创建补间动画，并制作回弹的效果，如下左图所示。

步骤 31 新建图层，在第24帧处输入一段文字并创建元件。在第36帧处创建关键帧，接着在第24帧处把元件拖到右边镜头外。在“属性”面板中设置模糊滤镜的X值为135、Y值为0，为第24到第36帧之间创建补间动画，如下右图所示。

步骤 32 新建图层，在第64帧处绘制一辆小汽车，然后使用补间动画制作从镜头外由右向左驶入舞台并在第97帧停止。停止时使用关键帧制作急刹的停顿效果，如下左图所示。

步骤 33 新建图层，在第113帧处创建关键帧，绘制火车站并创建元件，如下右图所示。

步骤 34 在第124帧处创建关键帧，将火车站元件压扁在地平线的位置，为第113到第124帧之间创建补间动画，并制作回弹的效果，如下左图所示。

步骤 35 新建图层，在第154帧处绘制一段高光。在第174帧处将其移动到字的另一边，为第154到第174帧之间创建补间动画，如下右图所示。

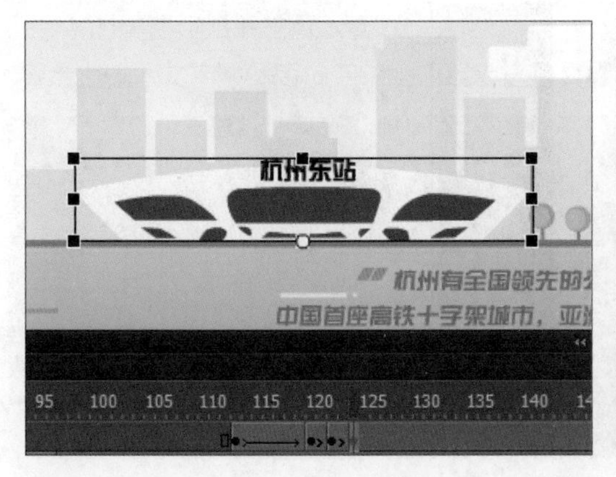

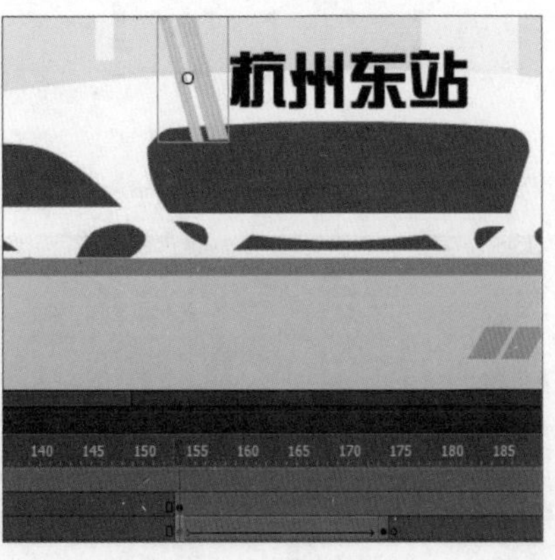

步骤 36 新建图层，复制“杭州东站”4个字，在第154帧处粘贴并和建筑上的文字对齐，将该图层设为遮罩层，如下左图所示。

步骤 37 复制高光动画帧，在同一图层的第198帧处粘贴，为文字制作两次高光效果，如下右图所示。

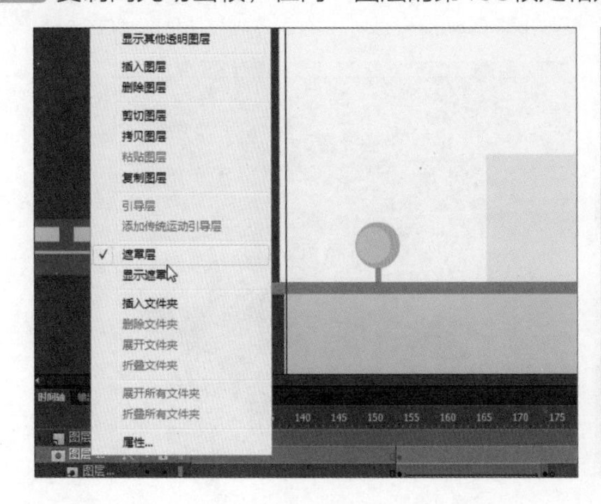

步骤38 新建图层，在第148帧处绘制一辆小火车，并将该图层拖曳至火车站图层下方。在第164帧处将火车移至左边镜头外，然后在第148到第164帧之间创建补间动画，如下左图所示。

步骤39 退回到场景1，在第770帧处绘制一个矩形并填充颜色，作为底子。创建元件并进入该元件，效果如下右图所示。

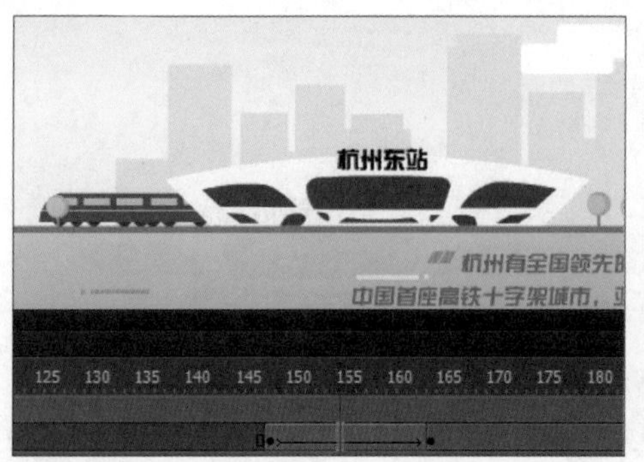

步骤40 新建图层，在第1帧处使用文本工具输入文字，在第11帧处创建关键帧并把文字缩小，在第1到第11帧之间制作补间动画，并制作弹性效果，如下左图所示。

步骤41 新建图层，在第19帧处创建关键帧，绘制一块地图并输入文字，全选后创建元件。在第32帧处创建关键帧，把第19帧元件缩小，并创建补间动画，如下右图所示。

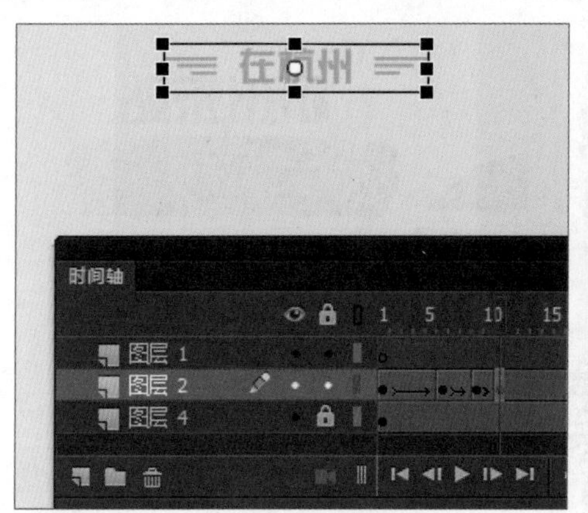

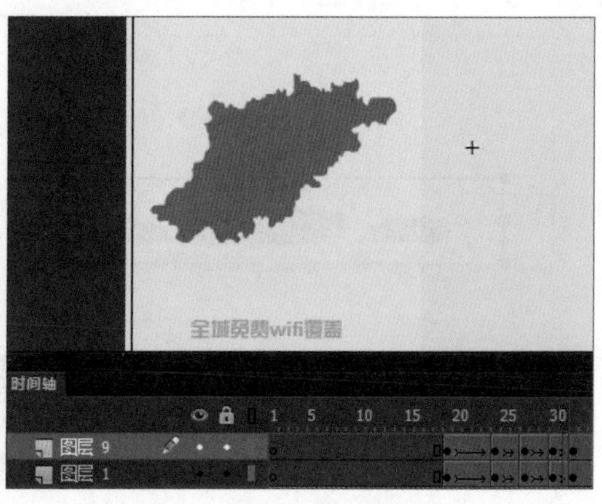

步骤42 新建图层，在第33帧处创建关键帧，绘制图形，在“属性”面板中设置Alpha值为0。在第52帧设置Alpha值为100%，创建补间动画，如下左图所示。

步骤43 新建图层，在第51帧处创建关键帧，使用线条工具绘制信号形状，并将线条转换为填充，设置颜色为蓝色，如下右图所示。

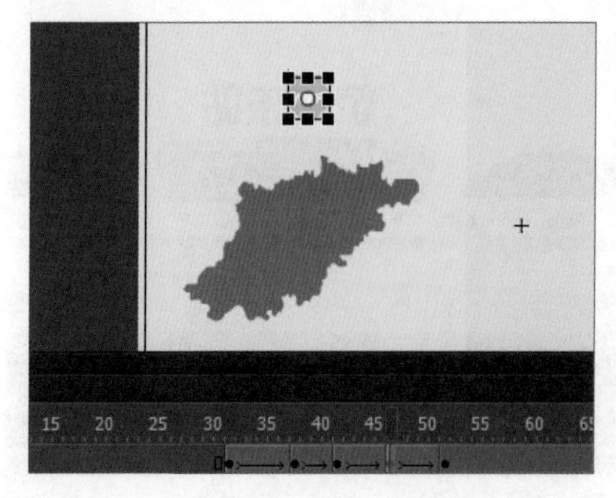

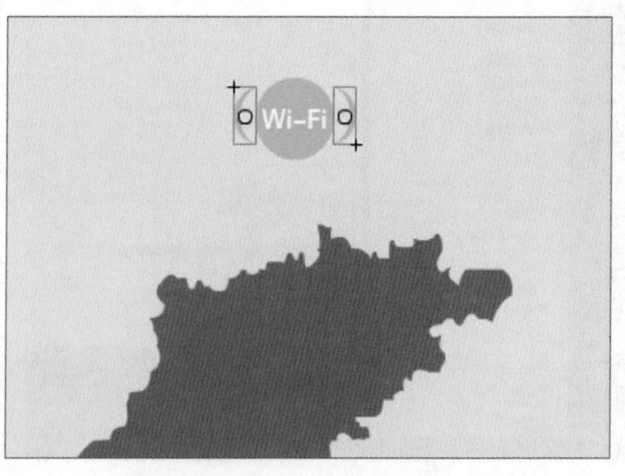

步骤 44 采用逐帧的方法绘制信号逐渐变满格的效果，如下左图所示。

步骤 45 新建图层，在第74帧处采用逐帧1拍2的方式创建一条斑马线，在每个关键帧处创建1条矩形，如下右图所示。

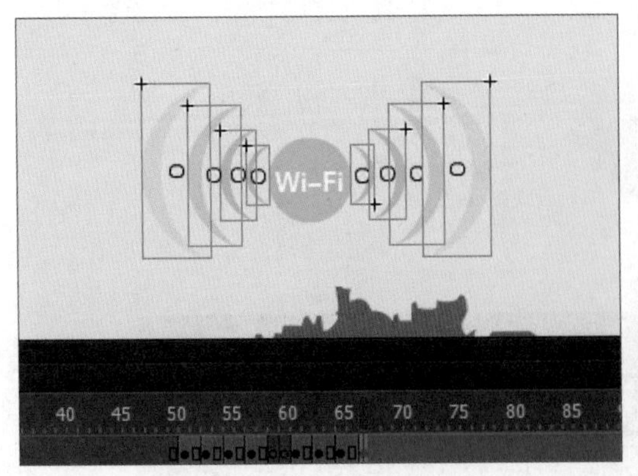

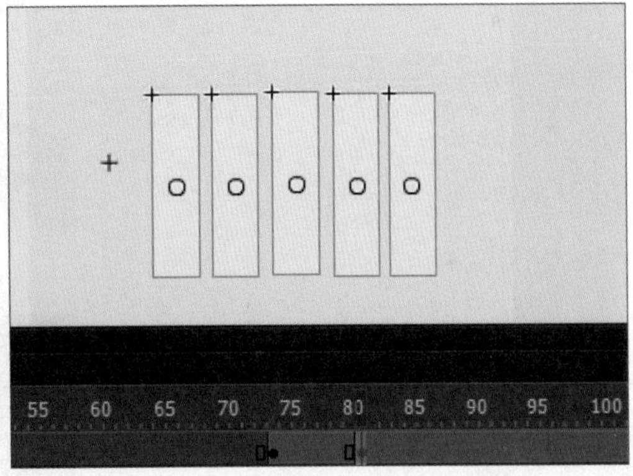

步骤 46 新建图层，在第84帧处创建关键帧，绘制白色矩形并创建元件，在第92帧处将矩形延长，作为停车线，在第84到第92帧之间创建补间动画，如下左图所示。根据相同方法制作对面停车线。

步骤 47 新建图层，在第89帧创建关键帧，绘制3个白色矩形并创建元件，在第92帧处创建关键帧，把第89帧元件放大，为其创建补间动画，制作两车道中间的虚线，如下右图所示。

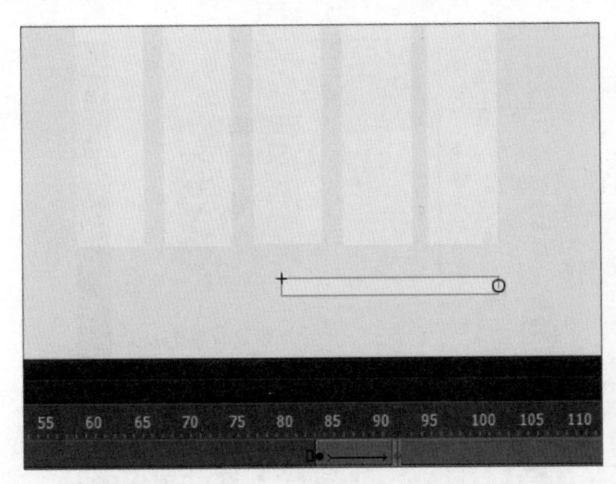

步骤 48 新建图层，在第96帧处创建关键帧，绘制几个小人并创建元件，将其移到斑马线左侧，如下左图所示。

步骤 49 在第115帧处创建关键帧，把该元件移到斑马线的右侧，在第96到第115帧之间创建补间动画，如下右图所示。

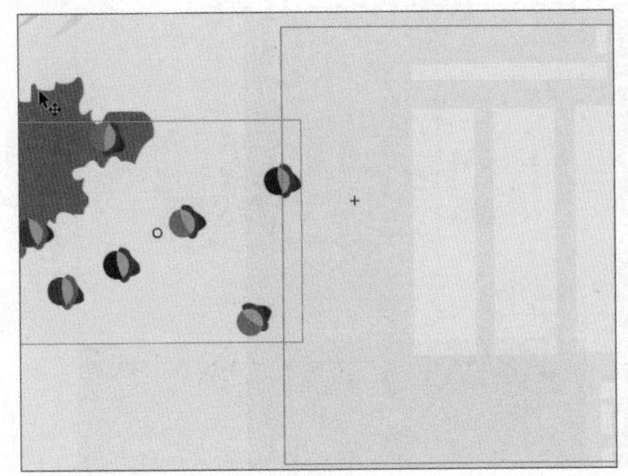

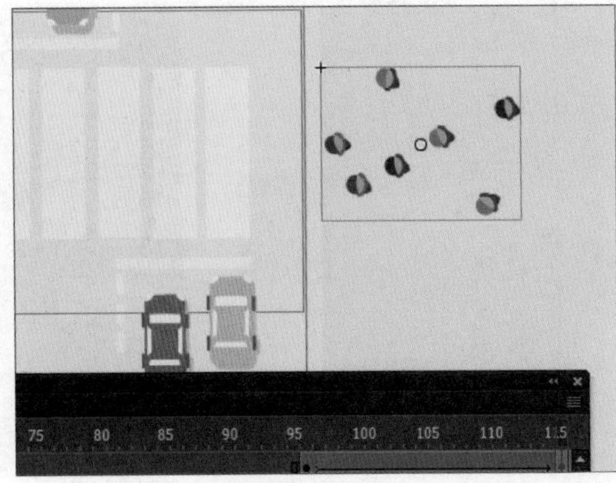

步骤50 新建4个图层，分别在各图层的第99帧处绘制一辆汽车，并创建元件，如下左图所示。

步骤51 分别在第109帧、第116帧、第123帧和第132帧创建关键帧，并分别把汽车移到图中停车线的位置，分别创建补间动画，如下右图所示。

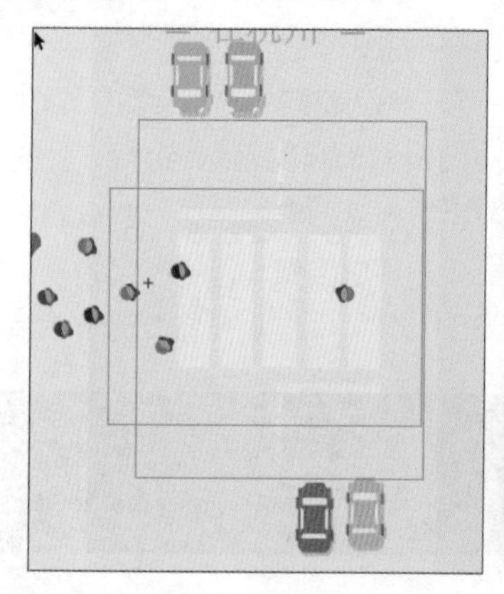

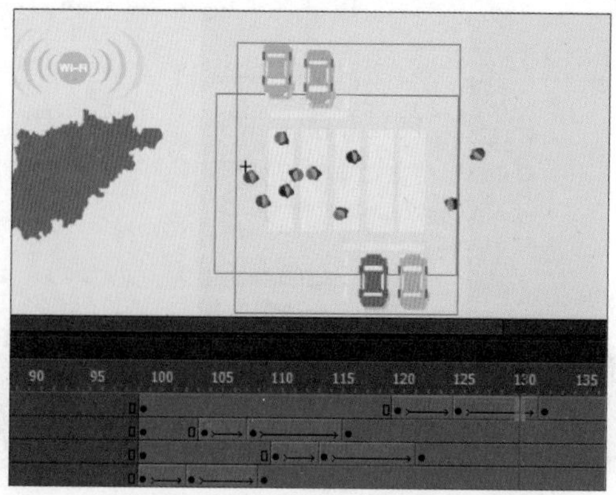

步骤52 新建图层，在第140帧处创建关键帧，绘制一个书架，使用任意变形工具将其压扁，创建元件，如下左图所示。

步骤53 在第150帧处创建关键帧，并还原压扁的元件，在第140到第150帧之间创建补间动画，并制作弹性的效果，如下右图所示。

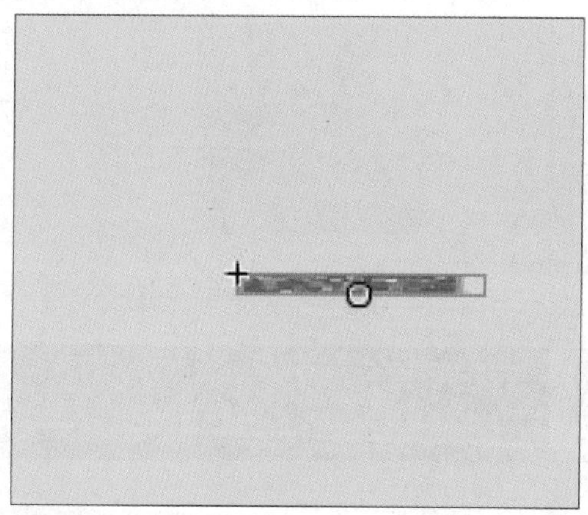

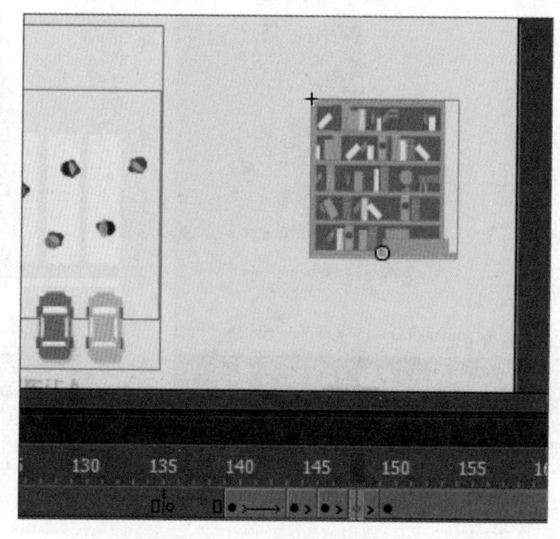

步骤54 新建图层，在第145帧的镜头外绘制一张书桌，如下左图所示。

步骤55 在第156帧处将其移入镜头内。在第145到第156帧之间创建补间动画，并制作左右摆动的效果，如下右图所示。

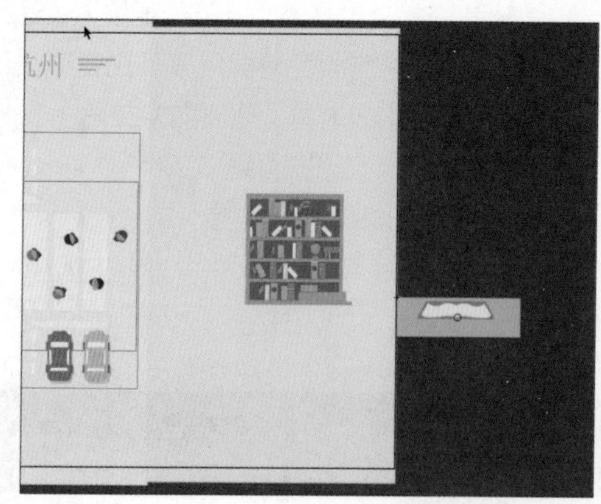

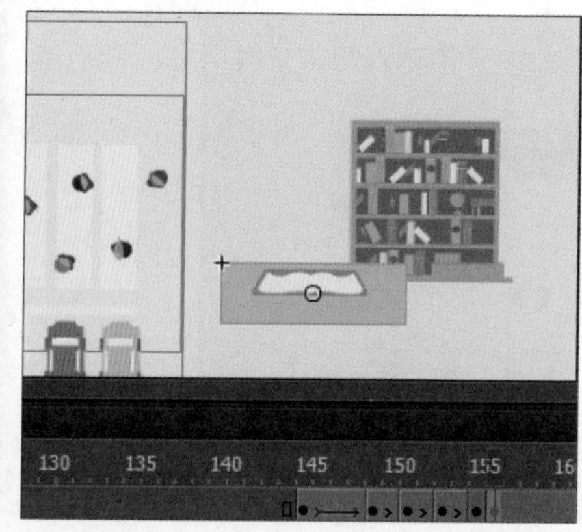

步骤 56 新建图层，在第154帧处绘制1个男孩并压扁。在第159帧处还原，在第154到第159帧之间创建补间动画，如下左图所示。

步骤 57 双击进入男孩元件，在第8帧处将手伸长一些，在第14帧把手缩回去，并创建补间动画，如下右图所示。

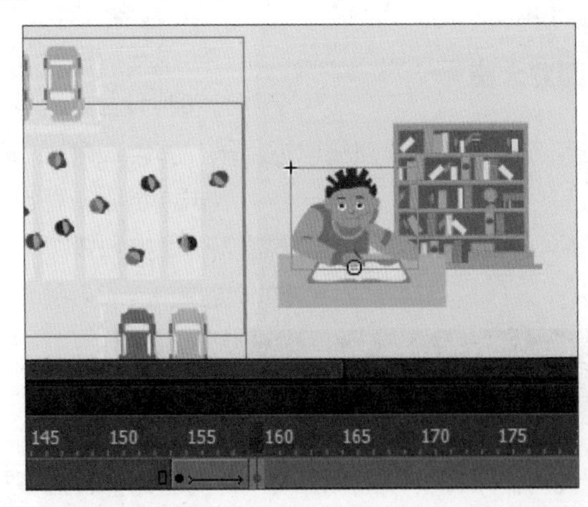

步骤 58 新建两个图层，在第205帧的每层分别绘制1个矩形元件，如下左图所示。

步骤 59 在第214帧处放大元件，使其遮盖住整个镜头，并在第205到214帧之间创建补间动画，如下右图所示。

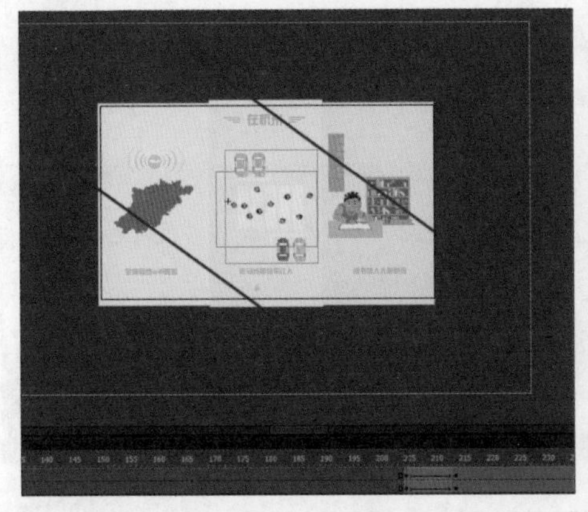

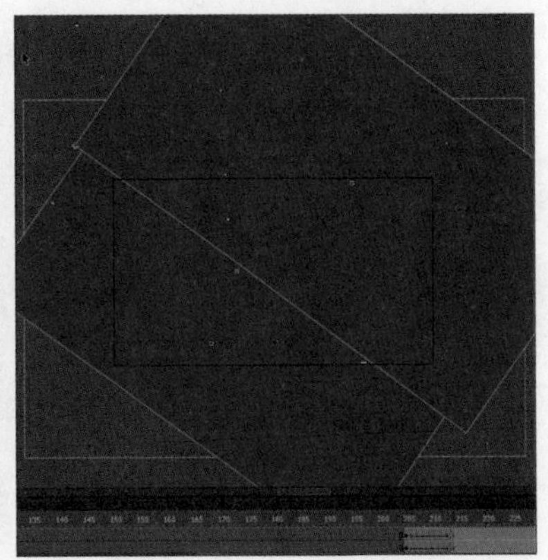

步骤 60 复制放大后的两个矩形，粘贴到第986帧处，并全选后创建元件，如下左图所示。

步骤 61 双击进入元件，把两个矩形分为两层，在第11帧处创建关键帧，把矩形变细移出画面，如下右图所示。

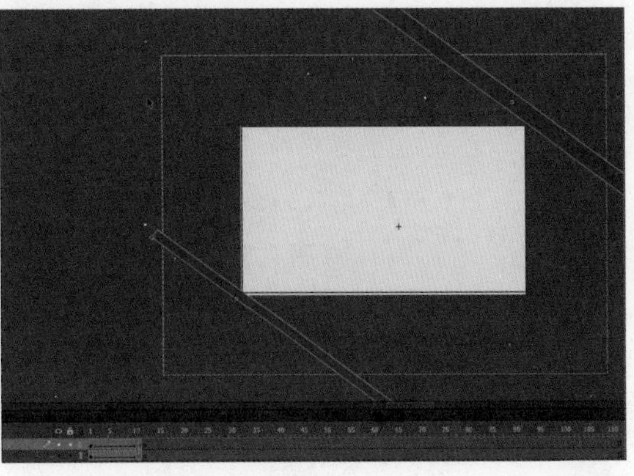

步骤 62 新建图层，创建一个浅色底。再新建图层，使用文本工具输入文字并创建元件，在第27帧处设置由下至上入镜的效果，在第35帧停止，如下左图所示。

步骤 63 新建图层，在第38帧处绘制两条虚线，并创建元件。制作从上到下入镜的效果，在第48帧停止，如下右图所示。

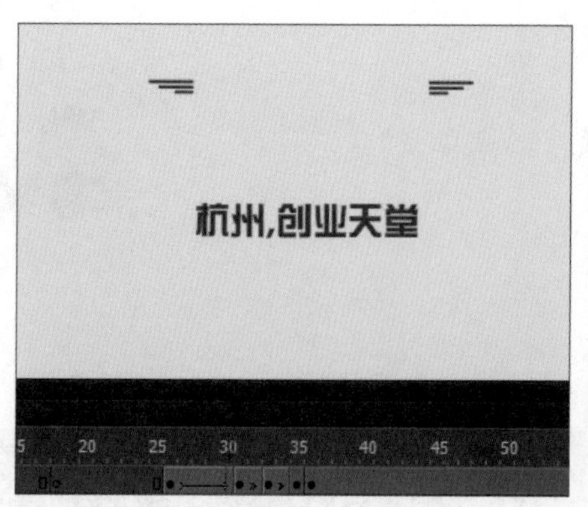

步骤 64 新建图层，在第44帧处创建关键帧，在两条虚线内输入文字并将其压扁，并创建元件，如下左图所示。

步骤 65 在第52帧处创建关键帧，并还原文件元件，在第44到第52帧之间创建补间动画，制作出上下伸缩的效果，如下右图所示。

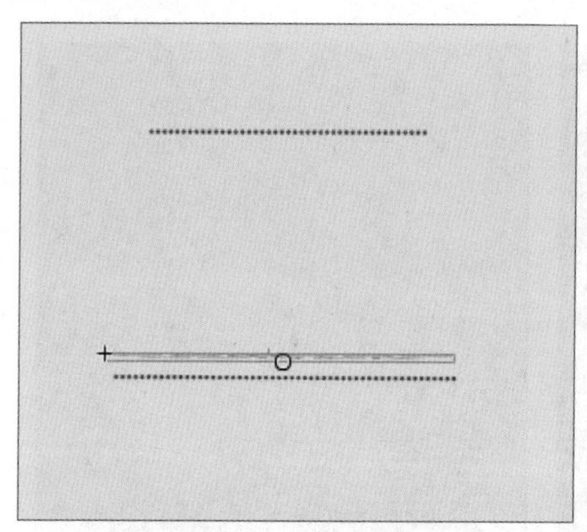

步骤 66 新建图层，在第71帧处插入关键帧，绘制蓝色矩形，并调整其位置和旋转角度，创建元件，如下左图所示。

步骤 67 在第74帧选中元件，在“属性”面板中设置Alpha值为0，在第76帧设置Alpha值为100，在第80帧设置Alpha值为0，在第83帧设置Alpha值为100，创建补间动画，如下右图所示。

步骤68 新建图层，在第43帧处创建关键帧，绘制各种图形，制作从小到大旋转的入镜效果，在第49帧停止，如下左图所示。

步骤69 新建图层，在第49帧处绘制1个显示器图形，将其移至左下角并旋转，使显示器倾斜，效果如下右图所示。

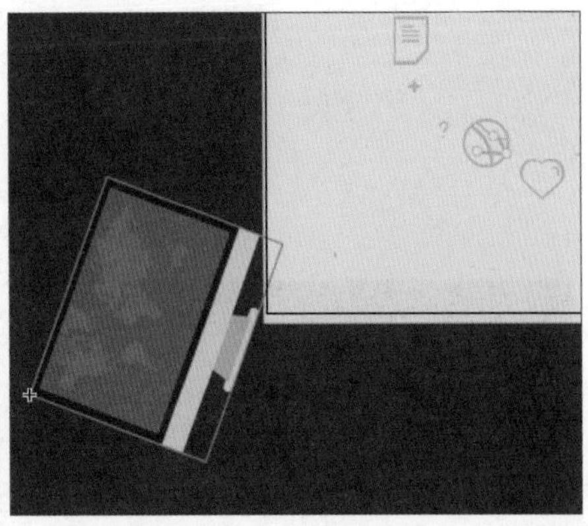

步骤70 在第57帧处创建关键帧，并将显示器移到舞台中，进行旋转调正，在第49到第57帧之间创建补间动画，如下左图所示。

步骤71 在第58帧处绘制手机元件，制作手机从下向上飞入画面中的效果，在第66帧处停止，如下右图所示。

步骤72 新建图层，在第66帧处创建关键帧，绘制图形并创建元件，如下左图所示。

步骤73 在第70帧处创建关键帧，并将图形元件稍微放大，在第66到第70帧之间创建补间动画，如下右图所示。

步骤74 退回到场景1，创建一个元件，双击进入，然后绘制几条线段，为其制作由外向内飞入舞台的效果，如下左图所示。

步骤75 新建图层，在第15帧处创建关键帧，使用文本工具输入文字并创建元件，在第20帧处插入关键帧，将文字缩小，创建第15到第20帧的补间动画，如下右图所示。

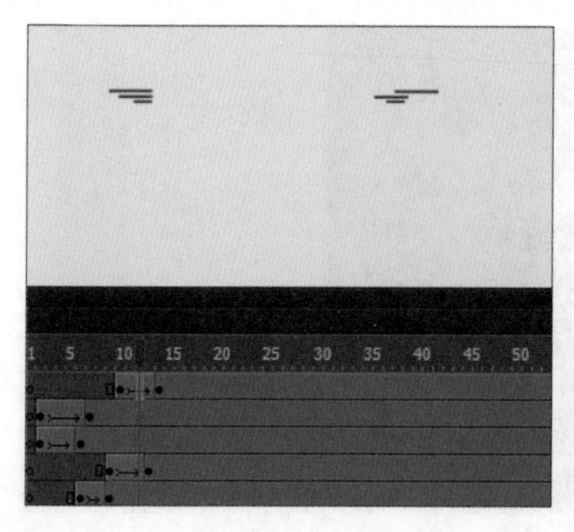

步骤76 新建图层，在第25帧处创建关键帧，输入文字并创建元件，调整轴点在下方，把该元件压扁，在第35帧拉伸为正常比例，创建补间动画，制作向下拉伸的效果，如下左图所示。

步骤77 在第45帧创建关键帧，在第49帧将该元件向上移动，并在第45到第49帧之间创建补间动画，如下右图所示。

步骤78 新建图层，在第45帧处绘制该元件，将轴点放在下方并压扁。在第49帧处拉伸为正常比例，在第45到第49帧之间创建补间动画，如下左图所示。

步骤79 在第61帧处创建关键帧，在第65帧把两个元件都向上移动，并创建补间动画，如下右图所示。

步骤 80 在第62帧创建关键帧，绘制元件，将轴点下移并压扁。在第73帧处拉伸为正常比例，并制作上下拉伸效果，创建补间动画，如下左图所示。

步骤 81 在第75帧处为以上3个元件创建关键帧，在第80帧处创建关键帧，将3个元件向上移动，创建补间动画，如下右图所示。

步骤 82 新建图层，在第75帧处创建关键帧，绘制文字元件，轴点移到下方并压扁。在第85帧处拉伸为正常比例，创建补间动画，如下左图所示。

步骤 83 在第95帧处为以上4个元件创建关键帧，全选所有元件并创建元件，如下右图所示。

步骤 84 在第104帧处创建关键帧，将元件向左移动并缩小，在第95到第104帧之间创建补间动画，如下左图所示。

步骤 85 新建图层，在第100帧处创建关键帧，绘制一个圆形，在第104帧处创建关键帧并将元件放大，为其创建补间动画，如下右图所示。

步骤 86 新建图层，在第104帧处创建关键帧，绘制矩形，将轴点移至下方并压扁，在第106帧处拉伸成正常比例，创建补间动画，如下左图所示。

步骤 87 新建3个图层，根据上述步骤的方法创建其他3个柱形，在“时间轴”面板中设置错开时间进入舞台，如下右图所示。

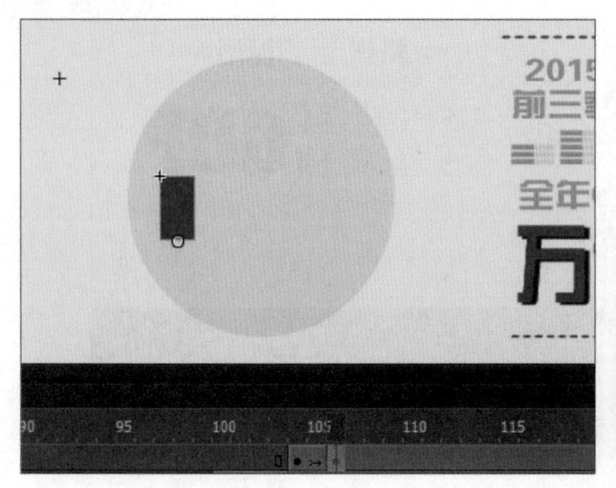

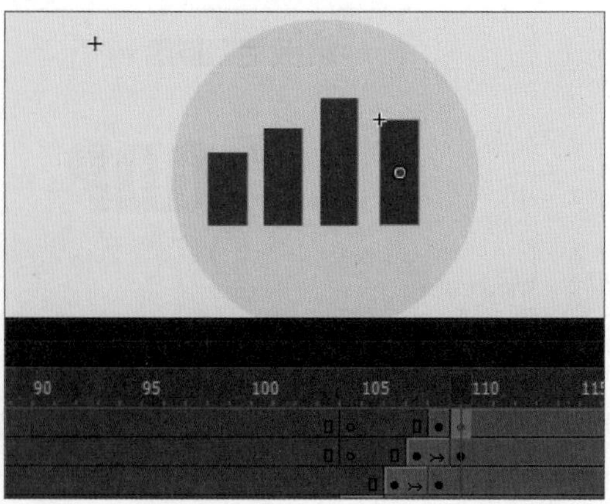

步骤 88 新建图层，在第109帧处创建关键帧，绘制绿色描边、无填充颜色的矩形，在第117帧处创建关键帧，将轴点移至左侧边上并拉大，创建补间形状，如下左图所示。

步骤 89 新建图层，在第119帧处创建关键帧，创建手形的元件，将轴点向下移动，如下右图所示。

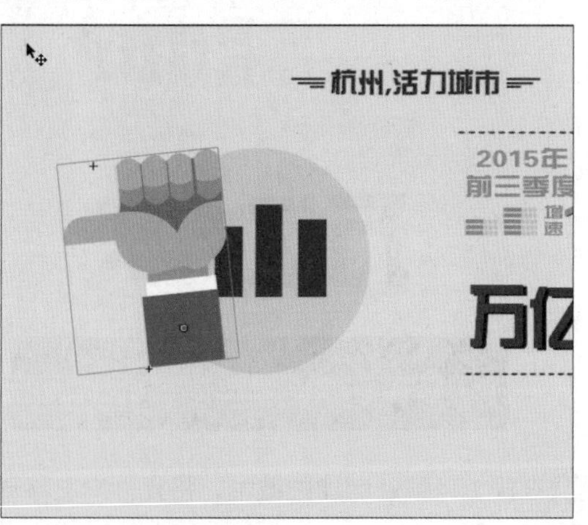

步骤 90 在第130帧处调整元件角度，并创建补间动画，如下左图所示。

步骤 91 至此，G20峰会MG动画制作完成，按下Ctr+Enter组合键预览效果，如下右图所示。

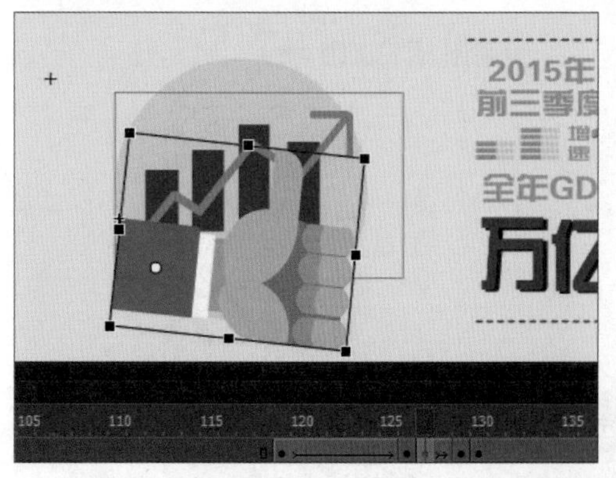